农业重大科学研究成果专著

动物基因组编辑

（第二版）

李　奎　等　编著

科学出版社

北　京

内 容 简 介

动物基因组编辑技术是当前国际研发热点。本书详细介绍了动物基因组编辑技术的衍生和发展历程，包括基因组编辑新技术及其原理、动物基因组编辑相关技术及其原理、基因组编辑动物生物安全评价原则及应用前景等内容。本书主要由工作在基因组编辑动物制备和培育一线的青年科技工作者编写。作者结合国内外最新研究报道及切身的经验和体会，结合基因组编辑动物制备和培育的实际案例，详细介绍了猪等大家畜中基因组编辑技术应用的现状、技术细节、成功经验及发展趋势。

本书可供从事动物基因组编辑、动物基因组学、动物育种等方面的科研工作者、研究生和本科生阅读参考。

图书在版编目(CIP)数据

动物基因组编辑/李奎等编著. —2 版. —北京：科学出版社，2021.3
(农业重大科学研究成果专著)
ISBN 978-7-03-068386-1

Ⅰ. ①动… Ⅱ. ①李… Ⅲ. ①动物-基因组-研究 Ⅳ. ①Q953

中国版本图书馆 CIP 数据核字(2021)第 047049 号

责任编辑：李秀伟　白　雪/责任校对：郑金红
责任印制：赵　博/封面设计：刘新新

科学出版社 出版
北京东黄城根北街 16 号
邮政编码：100717
http://www.sciencep.com
涿州市般润文化传播有限公司印刷
科学出版社发行　各地新华书店经销

*

2017 年 3 月第 一 版　开本：720×1000　1/16
2021 年 3 月第 二 版　印张：13 1/2
2022 年 1 月第二次印刷　字数：277 000
定价：**168.00 元**
(如有印装质量问题，我社负责调换)

编委会名单

前　言

工欲善其事，必先利其器。方法技术从来都是科学进步的推动力，在生命科学领域更是如此。基因组编辑技术是通过人工核酸酶介导的基因组定点修饰技术。这种技术原则上能在任何物种基因组的任何位置上进行设计，从而能在内源性序列上引入特异性修改。人工核酸酶介导的基因组编辑技术入选 2011 年的 *Nature Methods* 最受关注的技术成果。2013 年的 *Science*、*Nature Biotechnology* 等杂志接连报道规律成簇间隔短回文重复序列/规律成簇间隔短回文重复序列关联蛋白（clustered regularly interspaced short palindromic repeats/CRISPR-associated protein, CRISPR/Cas）系统成为基因组编辑的一个简单、通用的工具。这一系列基因组编辑新技术的研究和利用，进一步将靶向基因操纵推向高潮，使得多个基因敲除、敲入变得更为简单、高效，将令动物育种、干细胞定向分化、遗传疾病定点修复等在未来数年内得到迅猛发展。

畜牧业是国家农业生产的支柱，畜牧业的发展状况是反映一个国家和地区农业生产水平高低的重要指标。随着社会进步和人民生活水平的提高，畜牧生产得到了高速发展。畜禽品种作为影响畜牧业生产效率的重要因素，受到了政府、社会和广大畜牧工作者的高度重视。纵观古今，从依靠环境影响、自然突变来选择和利用优良基因，人工杂交对优选基因进行重组和积累，到分子标记辅助选育，人类从未停止对家畜的遗传改良。动物基因组编辑技术已经成为在动物体内进行高效、位点特异性基因修饰的一个常用技术，通过对动物基因组进行靶向特异性的突变，从而解答并提出更多精确的畜牧生产中的问题，是改良畜禽品种的有效手段，具有重要的科学研究价值和应用前景。

本书既介绍了传统的基因打靶技术，还囊括了锌指核酸酶（zinc-finger nuclease, ZFN）、转录激活因子样效应物核酸酶（transcription activator-like effector nuclease, TALEN）及 CRISPR/Cas 系统等基因组编辑新技术。同时，还汇总整理了显微注射、体细胞核移植等一系列基因组编辑相关技术，涵盖了数十项基因组编辑技术方法，对于从事和即将从事相关研究的科研人员是一本实用参考书。

本书编写者主要为工作在科研一线的青年教师、博士后和博士研究生，他们在动物基因组编辑研究工作中具有丰富的实践经验。本书的编著过程还得到了国内同行专家的关心，特别是上海交通大学杨立桃教授等，在此感谢他们悉心的指导和无私的帮助。受编者能力所限，管窥蠡测在所难免。企盼起到抛砖引玉的作用，恳请读者批评指正。

作　者

2020 年 8 月

目　录

第一章　动物基因组编辑技术的衍生和发展

基因组编辑是近年基因工程技术的新发展，可通过对目的基因进行"编辑"，包括特定 DNA 片段敲除、特异突变引入和 DNA 片段定点转入等，从而实现对基因组的精确修饰，是在外源基因导入、基因打靶及 RNA 干扰等技术之上发展起来的一项新技术。过去几十年中，外源基因导入、基因打靶及 RNA 干扰等技术是"反向遗传学"中研究基因功能的一系列主要方法，被广泛应用于生命科学研究的各个领域。但外源基因的导入通常是随机的，其导入基因组的位置往往不可预期；传统基因打靶虽可在动物基因组中实现精确修饰，但其打靶效率非常低，通常需要添加筛选标记基因对阳性细胞进行富集；而 RNA 干扰则是降低基因的表达，对基因表达的调控不可稳定遗传，且效果也较为短暂。近些年，基于序列特异性核酸酶的基因组编辑技术，如锌指核酸酶（zinc-finger nuclease, ZFN）、转录激活因子样效应物核酸酶（transcription activator-like effector nuclease, TALEN）、规律成簇间隔短回文重复序列 /Cas9（clustered regularly interspaced short palindromic repeat/Cas9, CRISPR/Cas9）系统等的出现，为动物基因组定点修饰提供了行之有效的新方法。当核酸酶锚定到基因组上的特异性序列时，可对目的基因组序列进行切割，从而产生双链断裂（double strand break, DSB）；基因组可通过非同源末端连接（non-homologous ending joining, NHEJ）或同源重组（homologous recombination, HR）的方式，对 DNA 双链断裂进行修复，在基因组特定位点实现 DNA 的插入、替换或删除，从而实现精确修饰。

基因打靶（gene targeting）技术是基于基因的同源重组发展起来的一种基因修饰技术，指外源性 DNA 片段与受体细胞基因组中的同源序列发生重组，并整合于特定的位点上，从而改变受体细胞遗传特性的一种方法。20 世纪初，美国生物学家 Morgan 等通过对果蝇眼色遗传的研究，揭示基因组产生交换的基础是同源染色体之间的 DNA 重组；70 年代，同源重组技术开始在酵母细胞中发展起来（Hinnen et al., 1978）；直到 1985 年，Smithies 等才在哺乳动物细胞中实现了同源重组（Smithies et al., 1985）。1989 年，真正通过同源重组获得的基因敲除小鼠诞生（Capecchi, 1989）。这项技术能精确地修饰基因组，从而定向地改变细胞或个体本身的遗传结构和特征，因而被广泛地应用于生物学研究的各个领域。

第一节 利用基因打靶技术制备基因工程动物的基本流程

通过基因打靶技术制备基因工程动物的基本流程为：**①打靶载体的构建**：将同源序列、目的基因及其调控元件、筛选标记基因等构建到打靶载体中。**②受体细胞的选择**：基因打靶技术在小鼠基因工程研究中的应用最为广泛，其主要原因在于小鼠具有完善的胚胎干细胞系统和胚胎重建技术，而其他绝大多数动物尚未建立胚胎干细胞系统或者胚胎重建技术发展缓慢，因而其基因敲除动物的制备受到了很大限制。大型动物中应用较多的主要为胎儿成纤维细胞。**③打靶载体的导入**：利用显微注射和电穿孔等一系列方法将载体导入细胞。**④阳性细胞的筛选**：由于同源重组的效率较低，一般会采用标记基因进行阳性细胞的富集。目前在动物细胞中常用的筛选标记基因主要有新霉素基因（*neomycin, Neo*）、单纯疱疹病毒-胸苷激酶基因（*herpes simplex virus thymidine kinase gene, HSV-tk*）及次黄嘌呤-鸟嘌呤磷酸核糖转移酶基因（*hypoxanthine-guanine phosphoribosyl transferase, HPRT*）等。**⑤阳性细胞的鉴定**：一般是先采用 PCR 法，其中一条引物位于打靶载体上的外源序列区，另一条引物位于基因组上同源序列的外侧，然后再通过 Southern blot 方法进一步确定是否发生了同源重组。**⑥基因工程动物的制备**：将重组阳性细胞培养成动物胚胎，大型动物一般采取体细胞核移植的方法制备基因工程动物。

打靶载体的构建是基因打靶过程中最为重要的一环。同源重组载体主要包括5′端和3′端的同源臂、两者间的外源序列及一些辅助细胞筛选的标记基因。该载体可以通过同源臂锚定其靶基因组上插入的位置，从而达到基因敲除（破坏内源基因的表达）、基因敲入（外源基因在宿主细胞特定位置表达功能蛋白）和基因定点突变（纠正宿主突变的致病基因）等目的。根据研究目的和要求的不同，目前基因打靶的策略主要有以下几种。

一、插入型载体（O 型载体）

插入型载体一般包含靶基因的同源臂及选择标记基因，且在同源臂内含有特异性的酶切位点。同源重组时可在载体同源臂内形成缺口，将载体插入染色体相应区域，达到基因敲除的目的。该方法较为简单，但其缺点是不能直接区别和筛选出随机整合和定点整合的细胞克隆。

二、置换型载体（Ω 型载体）

为了解决鉴别随机整合和定点整合的问题，学者们研制出了正负双向选择（positive-negative selection, PNS）载体系统，即载体中具有正负筛选标记基因。

正筛选标记基因位于同源区内，多为 *Neo* 基因，在同源重组或随机整合中均可正常表达，在细胞筛选过程中，不整合外源性片段的细胞将被 G418 杀死。而负筛选标记基因位于目标序列的同源区之外，多位于载体的 3′端，且多为 *HSV-tk* 基因。在同源重组过程中，*HSV-tk* 基因将被切除而丢失。如果发生随机整合，*HSV-tk* 基因则被保留下来。*HSV-tk* 可将无毒的丙氧鸟苷（ganciclovir, Ganc）转变为具有毒性的核苷酸，并杀死细胞，从而排除随机整合的现象。因此，最终获得的是不含 *HSV-tk* 基因的同源重组细胞株。目前该方法的应用最广泛。

除了上述两种载体构建策略以外，还有一些其他策略，如"打了就走"（hit and run）策略（Lakhlani et al., 1997）、标记与交换法（tag and exchange）（Askew et al., 1993）、双置换法（double replacement）（Wu et al., 1994）等。但如果我们需要模拟某些基因的表达模式，即在特定的组织、细胞中或者特定的发育阶段中失活等，上述的打靶载体就无法满足严苛的试验需求。而条件性基因打靶（conditional gene targeting）系统的发现使这种希望变成现实。目前应用最多的是重组酶 Cre/loxP 系统。在接下来的章节中会详细叙述该系统。

此外，将传统的基因打靶技术与新型的基因组编辑技术如 ZFN、TALEN 及 CRISPR/Cas9 等技术相结合，在实现精确突变的同时，既可大大提高生物基因组编辑的效率，又无需筛选标记，使得基因组编辑生物更加安全。

第二节　影响中靶效率的因素

受体细胞中靶效率指发生同源重组的细胞数占转染的细胞总数的百分比，也称同源重组效率，其影响因素主要有以下几个方面。

一、同源臂的同源性及长度

影响中靶效率的众多因素中，最主要是同源臂的同源性。同源性越高则打靶效率越高。因此，在构建打靶载体时，一般都采用高保真的 DNA 聚合酶来扩增同源序列以保证其同源性。此外，同源臂的长度也影响着打靶效率。总体上讲，较长的同源臂有利于基因组分子间的同源识别和杂合 DNA 链的形成。有研究表明，当载体同源臂的长度由 4kb 延长到 9kb 时，基因打靶效率可提高 10 倍，同时，非同源重组效率也提高了 40 倍（Thomas and Capecchi, 1987）。也有研究表明，同源臂达一定长度后，继续延长并不会明显提高同源重组效率（Hasty et al., 1991）。同时，同源臂太长会导致打靶载体过大，从而影响其构建和转染。目前打靶载体的同源臂一般在 4~8kb。

二、载体导入的方法

目前，载体导入受体细胞的方法主要有脂质体、显微注射、电穿孔、精子载体及病毒载体介导等方法。不同的转染方法对同源重组效率有明显影响。其中，显微注射法的同源重组绝对效率最高，但其成本较高；电穿孔方法的效率高，但对细胞损伤也较大。每种载体导入方法各有优缺点，针对不同细胞、载体和实验条件等，可以选择不同的载体导入方法。

三、靶基因位点

受体细胞中染色体结构或一些特异性的基因组序列会影响其与外源序列同源重组的概率，从而导致同源重组率不同。一般来说，转录活性高的基因有利于基因同源重组的发生（Frohman and Martin, 1989），DNA 超螺旋容易打开的部位容易被特异性重组酶和同源序列识别，有利于产生同源重组。

四、转染时细胞和细胞周期的选择

哺乳动物细胞尤其是体细胞的同源重组概率非常低，比胚胎干细胞（embryonic stem cell, ESC）要低得多，且非同源重组的概率较高。此外，相同的打靶载体在不同体细胞中的转染效率及基因同源重组效率也不尽相同。在有丝分裂细胞中，外源基因片段的同源重组具有一定的细胞周期依赖性，有学者认为其在 S 期更容易发生。因此，如果将体细胞同化到一个适当的时期，可能会提高打靶载体的同源重组效率。

第三节　传统基因打靶技术

20 世纪 80 年代发展起来的基于位点特异性重组（site-specific recombination, SSR）系统的基因打靶技术，可实现基因定点敲除、敲入、置换、倒置和组织特异性表达等遗传操作。该技术由于克服了随机整合和重组效率低等缺点，逐渐在功能基因研究领域占据了优势地位。位点特异性重组是由位点特异性重组酶介导，识别特异性重组位点，可以对基因功能进行精细的分析研究，给基因工程领域带来了历史性的革命。传统打靶技术已经在多个物种实现了基因的定点修饰。根据重组酶识别特异性位点时与靶序列形成共价连接的氨基酸的不同，重组系统分为酪氨酸家族（如 Cre 重组酶、FLP 重组酶等）和丝氨酸家族（如 ΦC31 重组酶等）。本书就传统基因打靶技术中研究和运用最多的 Cre/loxP、FLP/FRT 和 ΦC31 等 3 个位点特异性重组系统做简要介绍。

一、Cre/loxP 重组酶系统

1981 年，Cre 重组酶最早由 Sternberg 等学者于 P1 噬菌体中发现（Sternberg, 1981; Sternberg and Hamilton, 1981; Sternberg et al., 1981）。Cre 重组酶基因编码区序列全长 1029bp，编码 343 个氨基酸组成的 38kDa 的蛋白质。Arg259 位点在与 loxP 位点作用中发挥最重要的作用，该位点突变影响 Cre 重组酶对 loxP 位点识别的特异性。

野生型（WT）loxP 位点来源于 P1 噬菌体，长 34bp，含有两个 13bp 的反向重复序列和一个 8bp 的非对称间隔区序列。Cre 重组酶特异性识别和结合 13bp 的反向重复序列区域，间隔区是 DNA 链断裂和重组交换发生的区域。不对称的间隔区序列指示 loxP 位点的方向性（图 1-1A）。

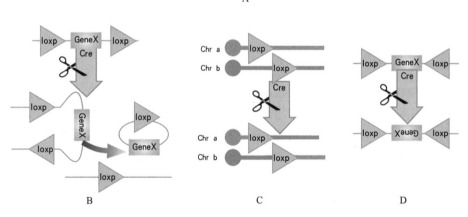

图 1-1　loxP 位点的结构及 Cre/loxP 的重组结果

A. loxP 位点的序列结构图。间隔区决定 loxP 位点的方向。B. 两个 loxP 位点方向相同，并且位于同一条 DNA 链上，则 Cre 重组酶能够将两个 loxP 位点之间的序列切除。C. 两个 loxP 位点位于不同的 DNA 链上或不同的染色体上，则 Cre 重组酶能使两条 DNA 链发生交换或使两条染色体易位。D. 两个 loxP 位点方向相反，并且位于同一条 DNA 链上，则 Cre 重组酶能使两个 loxP 位点之间的序列倒置

Cre 重组酶介导的两个 loxP 位点间的重组是一个动态、可逆的过程，可以分成三种情况：如果两个 loxP 位点位于同一条 DNA 链上，并且方向相同，Cre 重组酶能有效切除两个 loxP 位点间的序列（图 1-1B）；如果两个 loxP 位点分别位于两条不同的 DNA 链或不同的染色体上，Cre 重组酶能介导两条 DNA 链的交换

或染色体易位（图 1-1C）；如果两个 loxP 位点位于同一条 DNA 链上，但是方向相反，Cre 重组酶则导致两个 loxP 间序列的倒置（图 1-1D）。

Cre 重组酶介导 loxP 位点间的重组机制的模型为 Holliday 模型（Guo et al.,1997）。由于每个反向重复序列只能结合一个 Cre 重组酶分子，所以每次重组需要 4 个 Cre 重组酶分子，说明重组的效率在很大程度上与重组酶的表达水平有关（Hoess and Abremski, 1985）。Cre 重组酶的底物既可为超螺旋 DNA，也可是线性 DNA。

Cre/loxP 系统的基因打靶首先需要靶基因或重要功能域片段被两个 loxP 序列锚定（称为"floxed"），建立转基因系。由于该转基因系细胞中不表达 Cre 重组酶，被锚定的靶基因不会被改变（Rajewsky et al., 1996; Lakso et al., 1992）。在需要的时候引入 Cre 重组酶即可完成特定的遗传操作。由于普通细胞的重组效率极低，Cre/loxP 系统与胚胎干细胞的结合大大拓展了这一系统的应用。如果 Cre 重组酶的表达由可调控的启动子引导，则可完成条件性敲除、敲入、置换和倒置。小鼠胚胎干细胞体系的较早建立使基于 Cre/loxP 重组酶系统的组织特异性敲除在小鼠中得以广泛应用。组织特异性敲除首先要获得组织特异性启动子调控 Cre 蛋白表达的 Cre 小鼠及携带特定 loxP 位点的目的基因小鼠。目前 Cre 基因小鼠大多是通过常规的显微注射获得的，可以通过 Western 杂交或抗体进行检测。

二、FLP/FRT 重组酶系统

FLP/FRT（flippase/flippase recognition target）位点特异性重组系统具有非常高的重组效率和靶向性，广泛应用于多种微生物，拟南芥、水稻等植物，以及小鼠、大鼠、果蝇、线虫等模式动物的研究中，实现了基因敲除、基因敲入、单碱基突变、碱基缺失突变、染色体大片段删除等基因工程操作。

FLP 重组酶是 1980 年 Hartley 等对酿酒酵母（Saccharomy cescerevisiae）的 2μm 双链环状质粒进行测序时发现的。该质粒的特点是存在 2 个 599bp 的反向重复序列（Sternberg and Hamilton, 1981），并且 2 个反向重复序列之间能够发生重组。进一步研究发现，2μm 环状质粒内发生的 DNA 重组属于位点特异性重组，Broach 和 Hicks（1980）将这一重组酶命名为翻转酶重组酶（flippase recombination enzyme,FLP）。

FLP/FRT 系统与 Cre/loxP 系统类似，也包含 2 个组分，即 FLP 重组酶及其重组位点 FRT。FLP 重组酶基因全长共 1272bp，编码长度为 423 个氨基酸残基。FRT即 FLP 重组酶作用的靶序列，是 2 个 48bp 长的序列。包含 3 个 13bp 的重组酶结合区和 1 个非对称间隔区。8bp 间隔区紧邻的 2 个 13bp 的反向重复序列是重组酶识别和结合的位点，8bp 间隔区序列是 DNA 链断裂和重组的发生区域。间隔区序列的不对称性指示重组位点的方向性，重组位点的方向决定其重组方式。FLP 重组酶可以介导 3 种不同类型的位点特异性重组反应（图 1-2）：a. 当 2 个 FRT 位点位于同一条 DNA 链且方向相同时，会导致 2 个 FRT 位点间序列被删除；b. 当 2 个 FRT 位点位于同一条 DNA 链但方向相反时，会导致 2 个 FRT 位点间的序列发生倒置；c. 当 2 个 FRT 位点分别位于不同的 DNA 链上时，会导致 2 条 DNA 链发生易位。

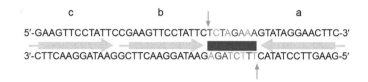

图 1-2　FRT 序列结构图

FRT 序列包含 3 个 13bp 的重复元件（a、b、c 的黄色箭头标记），它们共同构成 FLP 特异性结合的位点；"c"元件并非重组反应所必需的元件；"a" 和 "b" 元件被一个 8bp 的非对称间隔隔开（棕色方框），间隔区即重组发生的区域；垂直箭头表示 DNA 链断裂发生重组的 2 个位点

　　为了提高 FLP/FRT 系统的整合外源基因的能力，研究人员对 FRT 识别位点进行突变，一种是对 FRT 序列中的反向重复序列进行突变，另一种是对间隔区进行突变（即 FRT 位点 8bp 间隔区域的碱基突变）。由于反向重复序列位点突变影响了 FLP 酶的识别和结合效率，进一步降低了重组效率，因此这种类型的 FRT 突变位点并没有得到广泛的运用。与此相反，由于间隔区的突变不影响 FLP 重组酶对重组位点的识别和结合，反而提升了整合效率而得到了广泛应用。

　　另外，相对于 Cre/loxP 系统在哺乳动物细胞和基因工程小鼠中重组的高效性，FLP/FRT 系统在胚胎干细胞和基因工程小鼠中的重组效率一直很低，原因是 Cre 重组酶的最适反应温度是 37℃，而 FLP 重组酶是 30℃。直到研究者构建出了在 37℃ 也具有较好酶活性的耐热型 FLP 突变体（FLPe 和 FLPo）之后（Buchholz et al.，1998，1996），FLP/FRT 重组酶系统才在生物医药领域中得到广泛的应用。O'Gorman 等（1991）首次利用 FLP 重组酶系统在哺乳动物细胞内实现外源 DNA 序列的定点整合。此外，FLP/FRT 系统还可与 Cre/loxP 系统联合构建基因打靶小鼠模型。Turakainen 等（2009）构建了转座载体 Kan/Neo-loxP- FRT-Mu，该载体的抗性标记基因卡那霉素或者 Neo 两端均锚定 1 个 loxP 位点和 1 个 FRT 位点。将该载体转染小鼠的 ES 细胞，筛选培育获得基因工程小鼠模型，能够在 Cre 或 FLP 重组酶的作用下实现小鼠基因组中抗性标记基因的删除。

　　中国农业科学院北京畜牧兽医研究所的研究人员将 Cre/loxP 系统和 FLP/FRT 系统联合使用，在 miR-200b/a/429 基因组的两端将 loxP 序列及两端带有 FRT 的新霉素盒插入，这一序列（约 2kb）通过同源重组的方法整合进小鼠的 ES 细胞中。

进行筛选之后，利用 FLP 重组酶删除掉 *Neo* 基因，目的是排除 *Neo* 基因的干扰。
得到的阳性 ES 细胞株被注射进 C57BL/6 小鼠的囊胚中，得到 miR-200b/a/429 两
端带有 loxP 位点的小鼠（miRf1/f1）。脂肪特异性 miR-200b/a/429 敲除小鼠的产
生是通过 miRf1/f1 小鼠与脂肪组织特异性表达 Cre 重组酶的基因工程小鼠
（Fabp4-Cre）进行交配得到。Fabp4-Cre 基因工程小鼠采用脂肪组织特异性启动
子 Fabp4 指导 Cre 重组酶基因在小鼠脂肪组织中特异性表达，在肌肉、肝脏等其
他组织中未检测到基因表达，表达出的 Cre 重组酶基因能识别 loxP 位点，并将位
于同一染色体上两个相同方向的 loxP 位点之间的序列删除。miRf1/f1 鼠与
Fabp4-Cre 鼠交配得到的后代中部分个体基因组中同时整合了 loxP 序列和 Cre 重
组酶基因，这样 Cre 重组酶就能在脂肪组织中特异性表达并发挥作用删除目的基
因，得到 miR-200b/a/429 在脂肪组织中特异性敲除的小鼠（图 1-3）。脂肪特异
性 miR-200b/a/429 敲除小鼠可通过 PCR 进行基因型鉴定（Tao et al., 2016）。

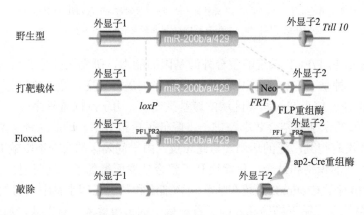

图 1-3　脂肪特异性 miR-200b/a/429 敲除小鼠制备流程

三、ΦC31 重组酶系统

　　ΦC31 重组酶来源于链霉菌噬菌体，特异性催化链霉菌基因组中的 attB 位点
和噬菌体基因组 attP 位点之间的重组。特异性重组的位点称为 att 结合位点
（attachment site），细菌的重组结合位点称作 attB（att bacteria），噬菌体的重组
结合位点称作 attP（att phage）。

　　ΦC31 噬菌体的 attP 位点和链霉菌的 attB 位点具有一定的同源性。attP 位
点的最小活性序列长度为 39bp，attB 位点的最小活性序列长度为 34bp（Groth
et al., 2000）。重组以两者之间 3bp 的重叠序列"TTG"为中心切割双链 DNA，
旋转 180°后再连接起来，形成 36bp 的 attL 和 37bp 的 attR。attL 不是重组酶的
底物，因此该整合不会产生可逆反应，使 ΦC31 重组酶成为一个高效的整合工

具（图 1-4）。

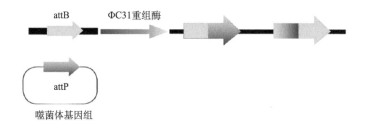

图 1-4　ΦC31 重组酶的作用模式图

　　由于其他物种体内存在与野生型 attP 位点相似的天然"假 attP 位点"（pseudo attP site）序列，ΦC31 重组酶可以锚定这些位点，介导外源基因的定点整合。研究人员在小鼠基因组中鉴定出 57 个假 attP 位点，在人类基因组大约有 370 个假 attP 位点（Chalberg et al., 2006; Thyagarajan et al., 2001）。人基因组中假 attP 位点的分布研究显示，74.5%位于基因间区，24.4%位于基因内含子区，仅有 1.1%位于基因外显子区（Chalberg et al., 2006）。因此外源基因在这些位点整合一般不影响基因功能，暗示了该系统潜在的应用前景。ΦC31 重组酶系统是目前大基因有效整合的最佳选择，能够将大约 50kb 的片段整合到链霉菌的基因组，这远远超出了病毒载体及转座子系统的极限。ΦC31 重组酶系统的上述特性使其成为继 Cre/loxP 系统和 FLP/FRT 系统之后的又一种基因修饰工具，在外源基因的位点特异性整合、基因治疗、基因工程动物制备等多个研究领域得到了广泛的应用。

　　随着基因打靶技术的不断改进，条件性基因打靶应运而生。所谓条件性基因打靶（conditional gene targeting），即对某个基因的打靶限定于特定的时间或空间，也就是说限定于某些特定的发育阶段或特定的组织类型。条件性基因打靶相比传统打靶有多个特点：通过条件性基因敲除，研究完全敲除具有致死效应的基因的功能及基因在特定的组织细胞或个体发育特定阶段的功能；通过条件性基因激活或抑制，实现基因的可控制性表达；通过 Cre 重组酶切除-条件性基因修复（Cre excision-conditional gene repair）可以研究一个基因的多种功能。首例成功进行组织特异性敲除的报道是观察 DNA 聚合酶 β 基因的缺失。该缺失对纯合子小鼠是致死性的。Gu 等（1994）将 Cre 编码序列与 T 细胞特异性的 Lck 基因的启动子/调控序列进行融合，在第二代鼠中，靶基因的缺失可特异性地在 T 细胞家族中诱导产生。Shibata 等（1997）主要研究腺瘤样结肠息肉易感基因（adenomatous polyposis coli, APC）在家族性腺瘤性息肉病（familial adenomatous polyposis, FAP）中的作用，在建立 FAP 小鼠模型时，因为 APC 缺陷导致胚胎致死而无法实现，于是他们通过 ES 细胞构建了含 "floxed *APC*" 的基因工程小鼠，接着将腺病毒携带的 Cre 表达载体注射入目的基因小鼠的结肠中，在四周之内，被注射小鼠中的80%发生了结肠癌，而且肿瘤中 APC 蛋白活性丧失。这些实验是条件性基因敲除的有力证据。

第四节　基因打靶的应用

基因打靶技术是人类探求生命本质的有力工具，目前已在众多生物学研究领域有着广泛的应用。

一、基因功能研究

随着测序技术的发展及其成本的降低，越来越多生物的基因组计划的完成，许多新基因被克隆，但科学家们对其具体功能了解很少。基于反向遗传学的理论基础，科学家们通过基因打靶技术对基因组中特定基因进行定点改造，从而获得定点突变细胞或个体，为进一步揭示基因的功能奠定了基础。例如，Selman 等（2009）编辑小鼠核糖体蛋白 S6 激酶 1 基因后，意外发现该基因的敲除限制了小鼠热量的摄入，实验鼠的寿命显著延长，这一研究为研发抑制人类衰老的药物提供了思路。Zhao 等（2007）敲除了小鼠的 miRNA-1-2，发现该基因对于心脏形态发生、电传导和细胞周期等方面的调控起着重要的作用。Wu 等（2007）敲除了小鼠的两个肿瘤抑制因子 Apc 和 Pten，结果发现所有的小鼠均出现了卵巢子宫内膜腺癌，且其肿瘤的发生、发展及转移过程和方式均与人类相似。这些研究极大地促进了科学家们对于基因功能的解析。

二、动物疾病模型与基因治疗

人类医学和生命科学的研究中，动物疾病模型非常重要。但通过自然突变或人工诱发所形成的人类疾病模型具有很大的局限性，无法完全满足现代人类医学和生命科学研究的需求。自发现黑尿症（alkaptonuria）遗传病以来（Yanez and Porter, 1998），学者们发现许多遗传病都是由于单个基因的突变引起的，通过基因打靶技术可以对动物中此类单基因进行突变，从而建立基因精确修饰的动物疾病模型。但目前，动物疾病模型主要集中在小鼠上，如心血管疾病、免疫缺陷、癌症、骨质疏松、神经退行性病变等一系列相关疾病的小鼠模型。而大型动物较少，2002 年，首例基因打靶猪——α-1,3-半乳糖苷酶基因敲除克隆猪诞生（Lai et al., 2002），为异种器官移植的研究提供了理想的实验动物模型。但在此后的十余年中，公开报道的只有敲除囊性纤维化跨膜传导调节因子（CFTR）（Rogers et al., 2008）、免疫球蛋白 κ 链基因（Ramsoondar et al., 2011）、免疫球蛋白重链 J 区基因（Mendicino et al., 2011）、运动神经元生存基因 *SMN*（Lorson et al., 2011）和延胡索酰乙酰乙酸水解酶基因 *FAH*（Hickey et al., 2011）等少数几例。

　　基因治疗的途径与建立疾病模型不同，不仅可通过基因打靶技术敲除影响正常生理功能的多余或过量表达的基因，也可通过基因的定点敲入技术将正常基因引入病变细胞中，修复异常基因，从而使细胞表达正常蛋白质，达到治疗疾病的目的。

三、家畜育种

　　通过基因打靶可以将有利基因如 ω-3 脂肪酸脱氢酶基因 *Fat1*（Kang et al., 2004）、Δ12-油酸去饱和酶基因 *FAD2*（Saeki et al., 2004）等引入特定的位点，如目前已有一定应用基础的 ROSA26（Li et al., 2014）及 H11（Ruan et al., 2015）等友好基因座，从而提高外源基因表达的稳定性和效率，改变动物的遗传特性，如提高动物的生产性能或增强其抗病能力等，最终育成满足人们需要的高产、优质、抗病动物新品种。此外，也可以对于一些负调控动物生长发育的基因进行修饰或敲除，培育出高产的基因工程动物。

　　肌肉生长抑制素（*myostatin, MSTN*）基因属于 TGF-β 超家族成员之一，是肌纤维生长发育的负调控因子，*MSTN* 基因敲除小鼠比野生型小鼠具有明显多的骨骼肌（McPherron et al., 1997）。中国农业大学、中国农业科学院北京畜牧兽医研究所和吉林大学等也针对猪 *MSTN* 基因设计了基因打靶载体，于 2008 年以来，先后获得了多个品种的 *MSTN* 基因敲除猪。其中，中国农业大学的 *MSTN* 基因打靶长白猪已经完成在北京和天津两地的生产性试验，该基因打靶猪显示出良好的高瘦肉率表型。2015 年，*Nature* 杂志网站报道，韩国首尔大学和中国延边大学的研究小组共同利用 TALEN 技术培育出了体格大又几乎没有脂肪的 *MSTN* 基因编辑"超级猪"。此外，为了快速获得双等位基因敲除猪，缩短研发时间，节约克隆猪制备成本，中国农业大学首次利用连续打靶技术，结合标记基因删除技术，针对 *MSTN* 基因打靶猪（单等位基因敲除）的胎儿成纤维细胞进行二次打靶（图1-5），成功制备了无筛选标记基因且 *MSTN* 双等位基因敲除纯合子猪（图1-6）。该技术与近年来新型的基因组编辑技术相比，理论上没有脱靶的可能，且两个等位基因完全纯合。

　　基因打靶技术在生命科学的相关理论研究和实践应用方面都有着广阔的前景。将其与新型基因组编辑工具如 ZFN、TALEN、CRISPR/Cas9 等技术相结合，提高基因定点修饰的效率，将大大促进其在生物学研究领域的应用。

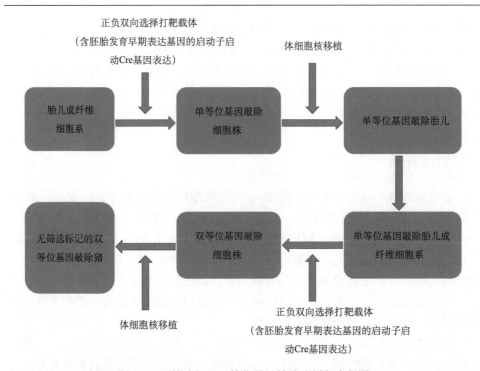

图 1-5　无筛选标记双等位基因敲除猪制备流程图

图 1-6　连续打靶技术制备的无筛选标记的 *MSTN* 双等位基因敲除猪

参 考 文 献

Askew G R, Doetschman T, Lingrel J B. 1993. Site-directed point mutations in embryonic stem cells: a gene-targeting tag-and-exchange strategy. Molecular and Cellular Biology, 13(7): 4115-4124.

Broach J R, Hicks J B. 1980. Replication and recombination functions associated with the yeast plasmid, 2μ circle. Cell, 21(2): 501-508.

Buchholz F, Angrand P O, Stewart A F. 1998. Improved properties of FLP recombinase evolved by cycling mutagenesis. Nat Biotechnol, 16(7): 657-662.

Buchholz F, Ringrose L, Angrand P O, et al. 1996. Different thermostabilities of FLP and Cre recombinases: implications for applied site-specific recombination. Nucleic Acids Res, 24(21): 4256-4262.

Capecchi M R. 1989. The new mouse genetics: altering the genome by gene targeting. Trends in Genetics, 5(3): 70-76.

Chalberg T W, Portlock J L, Olivares E C, et al. 2006. Integration specificity of phage ΦC31 integrase in the human genome. J Mol Biol, 357(1): 28-48.

Frohman M A, Martin G R. 1989. Cut, paste, and save: new approaches to altering specific genes in mice. Cell, 56(2): 145-147.

Groth A C, Olivares E C, Thyagarajan B, et al. 2000. A phage integrase directs efficient site-specific integration in human cells. Proceedings of the National Academy of Sciences of the United States of America, 97(11): 5995-6000.

Gu H, Marth J D, Orban P C, et al. 1994. Deletion of a DNA polymerase beta gene segment in T cells using cell type-specific gene targeting. Science, 265(5168): 103-106.

Guo F, Gopaul D N, van Duyne G D. 1997. Structure of Cre recombinase complexed with DNA in a site-specific recombination synapse. Nature, 389(6646): 40-46.

Hasty P, Rivera-Perez J, Bradley A. 1991. The length of homology required for gene targeting in embryonic stem cells. Molecular and Cellular Biology, 11(11): 5586-5591.

Hickey R D, Lillegard J B, Fisher J E, et al. 2011. Efficient production of *Fah*-null heterozygote pigs by chimeric adeno-associated virus-mediated gene knockout and somatic cell nuclear transfer. Hepatology, 54(4): 1351-1359.

Hinnen A, Hicks J B, Fink G R. 1978. Transformation of yeast. Proceedings of the National Academy of Sciences, 75(4): 1929-1933.

Hoess R H, Abremski K. 1985. Mechanism of strand cleavage and exchange in the Cre-lox site-specific recombination system. J Mol Biol, 181(3): 351-362.

Kang J X, Wang J, Wu L, et al. 2004. Transgenic mice: *fat-1* mice convert *n*-6 to *n*-3 fatty acids. Nature, 427(6974): 504.

Lai L, Kolber-Simonds D, Park K W, et al. 2002. Production of α-1,3-galactosyltransferase knockout pigs by nuclear transfer cloning. Science, 295(5557): 1089-1092.

Lakhlani P P, MacMillan L B, Guo T Z, et al. 1997. Substitution of a mutant α$_{2a}$-adrenergic receptor via "hit and run" gene targeting reveals the role of this subtype in sedative, analgesic, and anesthetic-sparing responses *in vivo*. Proceedings of the National Academy of Sciences, 94(18): 9950-9955.

Lakso M, Sauer B, Mosinger Jr B, et al. 1992. Targeted oncogene activation by site-specific recombination in transgenic mice. Proceedings of the National Academy of Sciences of the United States of America, 89(14): 6232-6236.

Li X, Yang Y, Bu L, et al. 2014. *Rosa26*-targeted swine models for stable gene over-expression and

Cre-mediated lineage tracing. Cell Research, 24(4): 501-504.

Lorson M A, Spate L D, Samuel M S, et al. 2011. Disruption of the Survival Motor Neuron (*SMN*) gene in pigs using ssDNA. Transgenic Research, 20(6): 1293-1304.

McPherron A C, Lawler A M, Lee S J. 1997. Regulation of skeletal muscle mass in mice by a new TGF-β superfamily member. Nature, 387(6628): 83-90.

Mendicino M, Ramsoondar J, Phelps C, et al. 2011. Generation of antibody- and B cell-deficient pigs by targeted disruption of the J-region gene segment of the heavy chain locus. Transgenic Research, 20(3): 625-641.

O'Gorman S, Fox D T, Wahl G M. 1991. Recombinase-mediated gene activation and site-specific integration in mammalian cells. Science, 251(4999): 1351-1355.

Rajewsky K, Gu H, Kuhn R, et al. 1996. Conditional gene targeting. J Clin Invest, 98(3): 600-603.

Ramsoondar J, Mendicino M, Phelps C, et al. 2011. Targeted disruption of the porcine immunoglobulin kappa light chain locus. Transgenic Research, 20(3): 643-653.

Rogers C S, Stoltz D A, Meyerholz D K, et al. 2008. Disruption of the *CFTR* gene produces a model of cystic fibrosis in newborn pigs. Science, 321(5897): 1837-1841.

Ruan J, Li H, Xu K, et al. 2015. Highly efficient CRISPR/Cas9-mediated transgene knockin at the H11 locus in pigs. Scientific Reports, 5: 14253.

Saeki K, Matsumoto K, Kinoshita M, et al. 2004. Functional expression of a Δ12 fatty acid desaturase gene from spinach in transgenic pigs. Proceedings of the National Academy of Sciences of the United States of America, 101(17): 6361-6366.

Selman C, Tullet J M, Wieser D, et al. 2009. Ribosomal protein S6 kinase 1 signaling regulates mammalian life span. Science, 326(5949): 140-144.

Shapiro S D. 2007. Transgenic and gene-targeted mice as models for chronic obstructive pulmonary disease. European Respiratory Journal, 29(2): 375-378.

Shibata H, Toyama K, Shioya H, et al. 1997. Rapid colorectal adenoma formation initiated by conditional targeting of the *Apc* gene. Science, 278(5335): 120-123.

Smithies O, Gregg R G, Boggs S S, et al. 1985. Insertion of DNA sequences into the human chromosomal beta-globin locus by homologous recombination. Nature, 317(6034): 230-234.

Sternberg N. 1981. Bacteriophage P1 site-specific recombination. III. Strand exchange during recombination at lox sites. J Mol Biol, 150(4): 603-608.

Sternberg N, Hamilton D. 1981. Bacteriophage P1 site-specific recombination. I. Recombination between loxP sites. J Mol Biol, 150(4): 467-486.

Sternberg N, Hamilton D, Hoess R. 1981. Bacteriophage P1 site-specific recombination. II. Recombination between loxP and the bacterial chromosome. J Mol Biol, 150(4): 487-507.

Tao C, Ren H, Xu P, et al. 2016. Adipocyte miR-200b/a/429 ablation in mice leads to high-fat-diet-induced obesity. Oncotarget, (7): 67796-67807.

Thomas K R, Capecchi M R. 1987. Site-directed mutagenesis by gene targeting in mouse embryo-derived stem cells. Cell, 51(3): 503-512.

Thyagarajan B, Olivares E C, Hollis R P, et al. 2001. Site-specific genomic integration in mammalian cells mediated by phage ΦC31 integrase. Mol Cell Biol, 21(12): 3926-3934.

Turakainen H, Saarimaki-Vire J, Sinjushina N, et al. 2009. Transposition-based method for the rapid generation of gene-targeting vectors to produce Cre/Flp-modifiable conditional knock-out mice. PLoS One, 4(2): e4341.

Wu H, Liu X, Jaenisch R. 1994. Double replacement: strategy for efficient introduction of subtle mutations into the murine *Col1a-1* gene by homologous recombination in embryonic stem cells. Proceedings of the National Academy of Sciences of the United States of American, 91(7): 2819-2823.

Wu R, Hendrix-Lucas N, Kuick R, et al. 2007. Mouse model of human ovarian endometrioid adenocarcinoma based on somatic defects in the Wnt/β-catenin and PI3K/Pten signaling pathways. Cancer Cell, 11(4): 321-333.

Yanez R J, Porter A C. 1998. Therapeutic gene targeting. Gene Therapy, 5(2): 149-159.

Zhao Y, Ransom J F, Li A, et al. 2007. Dysregulation of cardiogenesis, cardiac conduction, and cell cycle in mice lacking miRNA-1-2. Cell, 129(2): 303-317.

第二章　基因组编辑新技术

引　　言

　　尽管传统的基因打靶技术已经比较成熟，但打靶效率仍然非常低。研究人员一直在寻求新的生物工具来提高基因打靶的效率，近几年终于取得了突破性的进展。现有提升基因打靶效率的技术原理如下：DNA 发生双链断裂（double strand break, DSB）时，细胞自身会启动自我修复机制，当细胞内无含有同源臂的供体（donor）载体时，细胞会启用非同源末端接合（non-homologous end joining, NHEJ）方式进行修复，这一过程完全不需要任何模板的帮助，修复蛋白能够直接将双股断裂的 DNA 末端彼此拉近，并通过 DNA 连接酶（ligase）的帮助，将断裂的 DNA 连接成为完整的 DNA，该修复方式可能会造成碱基的插入或缺失，使目的基因发生移码突变，失去功能，达到基因敲除的目的；当细胞内存在大量含有同源臂的供体载体时，则会启动同源重组方式进行修复，且重组效率较传统打靶大幅度提升。

　　现有基因组编辑新技术的核心在于如何人为可控地在确定的 DNA 序列上制造双链断裂。经过多年努力，研究者开发出了 3 种定点制造 DNA 双链断裂的技术，应用这些技术，在基因组编辑上取得了突出的进展。这 3 种技术分别是 ZFN 技术、TALEN 技术与 CRISPR/Cas9 技术。

第一节　ZFN 技术

　　ZFN 是一种人工制造的蛋白嵌合酶，由两个部分组成：一是能够序列特异性地结合 DNA 的锌指结构域（即锌指蛋白，zinc-finger protein, ZFP）；二是非特异性的核酸酶结构域 Fok（Porteus and Carroll, 2005）。该核酸酶能够特异性地在 DNA 上制造双链断裂，具有操作简单、效率高、应用范围广等优点。锌指核酸酶技术发展迅速，已经应用到了植物（如大豆、玉米、烟草、拟南芥等），模式动物（如果蝇、斑马鱼、小鼠、大鼠等），以及各种人类细胞及猪、牛等大动物上。

　　ZFN 由 Chandrasegaran 等于 1996 年首先创制，它由三个锌指结构域相连后，与Ⅱ型限制性内切核酸酶 *Fok* I 连接而成（Chandrasegaran and Smith, 1999）。因为 ZFN 的每个锌指结构域都可以识别 3 个连续的碱基组合，如果是包含 4 个锌指结构域的 ZFN，其识别的 DNA 序列为 12bp，被识别的序列中间有 5~7bp 的间隔序列，因此一对 ZFN 可以特异性地结合近 30bp 长的 DNA 双链，这一长度对于大多数生物的基因组容量（约等于 1.15×10^{18}bp）几乎不会重复出现，所以 ZFN 在生物体中理论上能够做到特异性位点的 DNA 双链断裂。另外，锌指蛋白分子的排列可以有多种组合（3×10^{N}，N 代表已经发现的锌指蛋白分子个数），从而可构建结合不同 DNA 序列的大量特异性锌指核酸酶。由于 ZFN 的这些优点，自 2008 年起，锌指核酸酶被广泛应用于基因打靶的研究工作中，为基因敲除及基因修饰开启了一个新的时代。

　　尽管 ZFN 的发展如此之快，但其道路却并不平坦，早在 1996 年，ZFN 就已被大家所认知，该 ZFN 由 3 个锌指结构域和 1 个 II 型限制性内切核酸酶 *Fok* I 连接而成（Kim et al., 1996），3 个结构域仅可以结合 9bp 的序列，并且该 *Fok* I 无需形成二聚体便可对 DNA 完成切割，所以该 ZFN 仅能通过 9 个碱基完成基因组的特异性识别与切割，易造成非特异性切割，脱靶的概率极大，对细胞具有可怕的毒性，该毒性可能引起细胞的大面积死亡与凋亡（Pingoud and Silva, 2007），因此，ZFN 在很长一段时间里没有得到广泛的应用。在之后的研究中，科学家对 *Fok* I 进行了突变改进，使其只有在形成二聚体时才有切割活性（Mani et al., 2005），研究者利用蛋白质定向进化技术（Szczepek et al., 2007），对 *Fok* I 单体的互作结构域部分进行定向修饰，产生能有效互作的异型单体，互作能量较低，这样在两个 ZFN 单元都结合相邻的 DNA 序列后，切割酶的异源二聚体方能形成，该方法将识别碱基的数目扩大了一倍（图 2-1），大大降低了 ZFN 脱靶发生的概率，将 ZFN 技术真正推向了科研的舞台。为了进一步降低 ZFN 的脱靶率，有人将 ZFN 单体的锌指结构域的数量从 3 个提高到 4 个，这样就提高了 ZFN 的切割特异性。继续深入研究 ZFN 的切割特异性强弱，与锌指结构域数量之间的动力学关系可能得到更多的规律（Porteus and Carroll, 2005）。

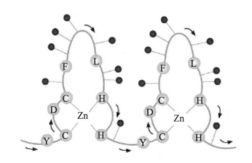

图 2-1　Cys2His2 锌指蛋白的折叠示意图

F. 苯丙氨酸；L. 亮氨酸；C. 半胱氨酸；D. 天冬氨酸；H. 组氨酸；Y. 脯氨酸

　　此外，切割结构域和识别结构域连接处的接头长度及两个单体识别序列中间相隔的碱基数也会影响 ZFN 切割的特异性（Händel et al., 2009），最初时的研究表明，ZFN 的两个单体识别序列间隔固定为 6bp 且没有接头时，其切割效率最高（Porteus and Baltimore, 2003）。后来的研究发现，接头长度和识别序列间隔数之间有一定的搭配才能获得最好的效果（Händel et al., 2009），如当接头是 9 个氨基酸组成的，那么 7bp 或 16bp 的间隔序列组合打靶效率最佳，而含 4 个氨基酸的接头与 5bp 或 6bp 的间隔序列组合更为合适。

　　目前应用最广泛的锌指蛋白是 Cys2His2 锌指蛋白（Durai et al., 2005），它为设计序列特异性的 ZFN 提供了最好的骨架。

一、ZFN 技术原理及制备方法

（一）工作原理

　　ZFN 是由 DNA 识别域 ZFP 与 DNA 切割域 Fok I 构成的，其中 ZFP 是由几个 Cys2His2 锌指蛋白连接组成，每个锌指蛋白均可识别 3 个碱基。锌指蛋白主要来自真核生物中的转录调控因子家族（图 2-2），在真核生物（酵母到哺乳动物）中广泛存在。该蛋白质能形成 α-β-β 二级结构，且每个锌指蛋白中都包含了一个锌离子，其与 DNA 的特异性结合主要取决于 α 螺旋的 16 氨基酸残基。

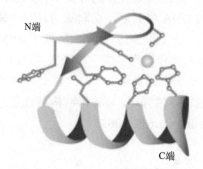

N端

C端

图 2-2　Cys2His2 锌指蛋白单元结构

　　目前来自天然的或人工突变的锌指蛋白所对应的识别核苷酸三联体的基因型主要包括：*GNN*、*ANN* 和部分 *CNN* 与 *TNN*。我们根据不同目的将多个锌指蛋白按照一定的顺序串联起来，便可以识别特异 DNA 序列并与之结合，与之连接的 Fok I 可达到对基因组进行特异性切割的目的。

　　当一对 ZFN 单体分别结合到 DNA 的两条链上间隔 6～8 个碱基的核苷酸位点后，两个 Fok I 可形成二聚体，从而激活了限制性内切核酸酶 Fok I 的剪切活性，对 DNA 双链进行切割，使 DNA 在该位点产生双链断裂（图 2-3），此后，

再通过细胞自我修复机制——非同源末端连接或同源重组方式修复断裂(图 2-4),
达到基因组编辑的目的。

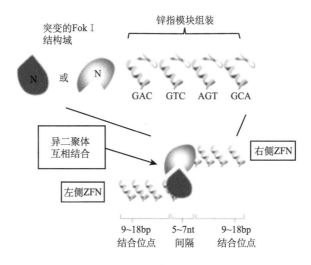

图 2-3 ZFN 作用示意图

右侧 ZFN 与左侧 ZFN 分别结合 9bp 长度的靶序列,Fok I 形成二聚体,激活剪切结构域
对两端靶序列中间的 DNA 序列进行剪切

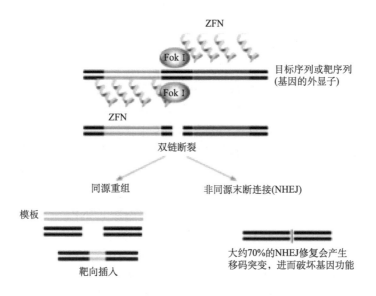

图 2-4 ZFN 介导的靶向基因修饰的细胞 DNA 损伤修复途径

　　当 DNA 双链被 ZFN 切割，发生断裂后，会启动自我修复机制。其中一种最为直接的修复方式为非同源末端连接修复，在该修复过程中，断裂的两条 DNA 双链会自行直接连接起来，但是在连接过程中则可能随机产生碱基的插入或缺失，且研究发现插入或缺失的碱基数目大部分较小，但仍然有大片段 DNA 的插入或缺失的发生，只是概率较低。当插入或缺失的碱基数目不为 3 的倍数，且突变的区域在基因的编码区序列（coding sequence, CDS）时，则会导致基因的翻译产生移码，不能产生正常的蛋白质，达到基因敲除的目的。

　　除了非同源末端连接修复，另一种修复方式就是同源重组修复（图 2-4），该修复过程需要带有同源臂的打靶载体（或称为供体载体）参与，其过程较传统打靶相近，与之不同的地方在于发生同源重组的概率，当 DNA 发生双链断裂后，断裂位点附近发生同源重组的概率可提高上千倍。在同源重组修复的过程中，我们可以将外源基因借助修复过程定点插入断裂位点中，从而达到定点敲入的目的。当细胞中含有打靶载体时，DNA 双链断裂会随机启动以上两种方式，但其中 70% 的细胞会采用非同源末端连接修复，为了能提高同源重组修复的概率，科学家会采用提高打靶载体浓度、抑制连接酶活性等方法，取得了较好的效果。

（二）技术特点

　　锌指核酸酶的制备方法：在制备 ZFN 之前，我们需要面对的是如何选择靶位点，然后设计出相应的 ZFN 构建思路。在设计 ZFN 靶位点时，我们将面对众多的限制，以 Sangamo 公司方法为例：Sangamo 公司主要采用锌指库筛选的方法，ZFN 对 DNA 的识别主要由锌指蛋白完成，这些蛋白质与对应的 DNA 序列有比较好的亲和力，该公司测定了大量的锌指蛋白与三联体碱基相对应的关系（Maeder et al., 2008），然后将它们进行归类，如将能够识别相同三联体碱基的锌指蛋白归入一类中，并用这种方法构建出一个锌指库，在选择位点时，我们选择的位点中的序列所对应的三联体组合往往需要在锌指库中找到对应的锌指蛋白，如果不能找到，则无法构建出该 ZFN，所以 ZFN 靶位点受到锌指库的限制。为了能够更为方便地设计出合适的 ZFN 靶位点，不同的公司都根据自己的数据库开发了相应的设计软件，我们可以根据这些软件设计出我们所需的靶位点。值得注意的是，在设计靶位点之前，我们首先应该排除单核苷酸多态性（SNP），因为 SNP 很有可能影响 ZFN 的识别效率。

　　目前应用最广泛的锌指结构是 Cys2His2 锌指蛋白（Durai et al., 2005），它为量身定做序列特异性的 ZFN 提供了最好的骨架，人工合成的锌指蛋白采用通用的氨基酸序列作为模板，该锌指蛋白骨架被证明是很有效的。如图 2-5 所示，序列中的 7 个氨基酸残基（XXXXXXX）用来识别三联体碱基，X 位置都是可以自行设计的氨基酸，改变氨基酸的种类就可以识别不同的 3 个碱基，上面的数字表示

该氨基酸在 α 螺旋里的位置，我们可以通过改变这些氨基酸来提高锌指结构域识别靶 DNA 的特异性。前端的接头序列用于连接相邻的两个锌指结构域。

接头   -1123456
TGEK PYKCPECGKSFS XXXXXXX HQRTH

图 2-5 锌指结构通用氨基酸序列

数字表示该氨基酸在 α 螺旋里的位置

目前设计与制备 ZFN 的方法共有 4 种：模块组装法、Sangamo 公司方法、开源法及 CoDA 法，下面进行详细介绍。

1. 模块组装法

模块组装法（modular assembly，MA）是最早出现的人工构建锌指核酸酶的方法。其主要原理是首先将能够识别并结合的核苷酸三联子的锌指蛋白作为一个单元模块，再根据现有的实验数据，收集有效的锌指蛋白与三联子的对应信息，并建立出一一对应的关系，得到锌指信息库。其后根据我们需要编辑的核苷酸位点，找出对应的锌指蛋白，然后将它们依此串联起来，连入锌指酶表达载体中得到锌指核酸酶。模块组装法通常是将 3 个锌指蛋白串联起来，所以能够识别 9 个碱基，该方法的制备非常简单，设计容易，不需要特殊的设备。然而该方法的设计过于简单，没有考虑上下游锌指蛋白之间的关系，且该效应对锌指酶识别和结合目标 DNA 序列的能力影响很大，由此制备出来的锌指酶打靶效率较低，所以并没有得到广泛的应用。

2. Sangamo 公司方法

由于模块组装法并没有考虑相邻的锌指蛋白相互作用对锌指核酸酶效率的影响，Sangamo 公司开发了一种新型的组装方法。该公司投入大量科研经费，收集了大量锌指蛋白与核苷酸三联体的对应关系，并依此构建了自己的锌指库，另外将单个锌指扩展为二联锌指单位（将两个锌指组合在一起），使得所组装的 ZFN 单体可包括 4~6 个锌指蛋白，从而使得一个 ZFN 单体可以识别 12~18 个碱基，一对 ZFN 则可以识别 24~36 个碱基。在拥有自己的锌指库后会面临一个问题，即由于识别同一个核苷酸三联体对应有大量的锌指蛋白，一条单体锌指酶中可能有上千种锌指蛋白组合可能，所以需要寻找一种有效方法鉴定出识别效率最高的锌指蛋白组合体。Sangamo 公司主要采用酵母双杂交的方法从锌指库中筛选出与靶位点结合效率最高的组合，并鉴定出它们的效率。由于该公司的锌指库投入了大量经费，所以锌指库并没有对外公开，科学家只能购买最终产品，使用成本很高。

但由于 Sangamo 公司开发的 ZFN 效率更为稳定，成功率高，所以在人、鼠、猪与牛等物种中得到了应用。

3. 开源（OPEN-SOURCE）法

由于 Sangamo 公司的锌指库不对外公开，且公司制备成本高，使得 ZFN 的应用受到一定的限制。为了解决这一问题，Joung 实验室在 2008 年联合 8 个实验室开发了一套新的方法——寡聚文库构建（oligomerized pool engineering, OPEN）法（Cathomen and Joung, 2008）。该方法可以看作 Sangamo 公司方法的简易版，他们共同开发了一套简易版的锌指库，该库共有 66 个"锌指"库，每一个锌指结构可与一个特异的 DNA 位点结合。之后利用细菌双杂交法筛选出与靶位点结合效率最高的组合，得到所需的 ZFN。为了研究者能更好地使用该方法平台，锌指技术协会（The Zinc Finger Consortium）提供了免费的 OPEN-SOURCE 法设计平台，设计网站为 ZiFiT（http://zifit.partners.org/ZiFiT/），该方法所需材料可由 Addgene 公司获得或直接联系 Joung 实验室获得。

由于该方法的锌指库较小，所以所组装的 ZFN 单体仅包括 3 个锌指蛋白，从而使得一个 ZFN 单体可以识别 9 个碱基，一对 ZFN 则可以识别 18 个碱基，识别区较短，可能会导致脱靶的概率提高，另外由于锌指库的限制，并不是所有的位点均能够选择，受到很大的限制。尽管如此，由于该方法的制备成本较 Sangamo 公司提供的 ZFN 大幅降低，一对仅仅需要 200 美元，且效率较高，所以也得到了广泛的应用。

4. CoDA 法

尽管锌指核酸酶的制备方法在不断改进，然而利用锌指库筛选出锌指酶的制备方法仍然较为烦琐，制备一对大约需要 2 个月时间，所以 Joung 实验室又开发了一种新的方法：上下文依赖组装（context-dependent assembly, CoDA）法。该方法为模块组装法的改进版，也是根据靶序列直接组装对应的锌指蛋白。与模块组装法不同的是，在 CoDA 法设计的过程中，考虑了相邻锌指蛋白之间的相互作用的影响，该方法提供了一个设计在线软件（http://zifit.partners.org/ZiFiT/），软件中收集了大量的实验数据，其中主要包括成功的锌指酶案例，然后根据这些案例找出上下游锌指蛋白的对应关系，即总结哪些锌指蛋白相连效率较高，他们发现这些有效的 ZFN 的中间锌指蛋白往往是一样的，于是认为其具有普遍性，将其固定下来，建立数据库用于 ZFN 设计。Joung 实验室利用该方法制备了大量 ZFN，他们的实验结果显示其成功率可以达到 50%。该方法与锌指库筛选的方法相比制备成本与时间大幅降低，且较模块组装法成功率大幅提高，所以得到了较广泛的应用。

二、ZFN 技术研究进展

（一）斑马鱼

ZFN 技术出现后，被迅速应用于斑马鱼基因的敲除和敲入。2008 年，Sangamo 公司在斑马鱼上成功进行了 ZFN 介导的基因敲除，得到了 3 个不同基因的突变体。次年，锌指协会的 Joung 实验室在探索构建方法的 OPEN 方案时，也成功敲除了 5 个斑马鱼基因（Cathomen and Joung, 2008）。

（二）鼠

2009 年，美国 Wisconsin 医学院的 Geurts 等（2009）利用 Sangamo 公司提供的 ZFN 对大鼠 Rab38 的 IgM 基因进行了突变，2010 年，Sigma 公司通过 ZFN 介导大鼠基因组同源重组，实现了外源基因的定点插入。这些实验结果使得大鼠遗传学研究获得突破，产生了大量的基因工程鼠。

（三）人类细胞

2005 年，Sangamo 公司首次在人类细胞系中进行了 ZFN 介导的基因打靶，并应用同一个 ZFN 蛋白，借助同源重组实现了基因定点插入，这也是继在果蝇上的同源重组后，首次应用 ZFN 实现人类细胞上的同源重组基因插入。之后，研究者们在多种类型的人类细胞上利用 ZFN 实现了不同基因的遗传修饰。ZFN 可以诱导序列特定的 DNA 产生定点突变，这就为人类遗传病的治疗带来了新的希望，但目前将 ZFN 应用于基因治疗还处于研究阶段，主要的研究方向如下：

1）治疗艾滋病。用 ZFN 破坏 T 细胞中的内源基因 CCR5，可以令人免疫缺陷病毒（HIV）失去重要的受体位点，进而抑制 HIV 的繁殖与传播。目前，Sangamo 公司针对 CCR5 基因设计的 ZFN 药物已进入临床试验。

2）将外源基因插入安全位点 AAVS1。AAVS1 位点是在人类 PPP1R12C 基因第一内含子里的一段特定序列。研究表明，在该区域内引入外源基因序列不会影响 PPP1R12C 基因和其他内源基因的表达，并且对培养细胞的毒性很小。因此，可以通过在此区段引入各种外源基因及调控序列，可控表达目的基因、治疗相应疾病。据 Sangamo 公司报道，根据此位点设计的 ZFN 蛋白可大大促进同源重组的效率。

3）治疗血友病。2013 年，Anguela 等完成了一项研究，针对患血友病的小鼠的突变基因设计了一对 ZFN 及修正基因的同源重组载体，转染注射进入小鼠肝脏中。经过一段时间后，小鼠的突变基因被修复，病情得到了有效的控制。该实验展示了 ZFN 技术在基因治疗上的应用潜力（Anguela, 2013）。

（四）猪、牛等大动物

有报道在体外培养的家猪体细胞中实现了对转入基因 *EGFP* 序列的切割，然后利用体细胞核移植的方法，得到了基因修饰的克隆猪。中国农业大学成功地在牛上通过 ZFN 技术实现了基因定点突变，得到了 ZFN 诱导 β-乳球蛋白基因突变的基因编辑牛。Qian 等（2015）借用锌指核酸酶技术对中国地方品种梅山猪的肌肉生长抑制素（*MSTN*）基因的第二外显子进行了编辑，制备了基因编辑猪，由于 *MSTN* 可抑制肌肉的生长，预计该基因编辑猪的肌肉生长量可大幅提高；中国农业科学院北京畜牧兽医研究所利用锌指核酸酶技术对猪的 ROSA26 位点进行编辑，将外源基因 *Fat1* 成功插入该位点中，且定点插入效率达到了 25%以上，由此可见，ZFN 技术将为大家畜的基因组修饰提供强有力的工具。

三、ZFN 技术前景

ZFN 作为最先出现的基因组定点修饰工具，正受到科研工作者们广泛的关注。尤其是在传统方法难以实现基因打靶的动植物中，ZFN 有可能发挥更大的作用。同时，ZFN 在基因治疗领域也可能有很多独特的优势，有潜力成为一种基因治疗的重要手段。然而，现在 ZFN 技术仍然存在一些有待解决的问题，主要有以下几个方面。

首先，虽然 ZFN 在基因治疗上拥有很大的应用潜力，然而其离临床应用仍然有很大的距离。在 ZFN 进入机体时，首先需要面对的便是 ZFN 如何应对机体的免疫系统的攻击，包括体液免疫与细胞内部的免疫。目前基因治疗采用的策略主要有：①从患者体内抽取细胞，对这些细胞进行体外基因组编辑操作，再重新注回患者体内；②将 ZFN 用病毒包装后直接注射个体，然而其效率却非常低，机体的免疫系统的攻击对它们的效果影响很大。另外，在躲过了免疫系统的攻击后，我们更应该小心谨慎，因为最小的错误也可能导致细胞癌变等严重的后果。

其次，已有大量的文献表明 ZFN 有可能产生非特异性切割，即脱靶，有一定的细胞毒性，从而造成细胞的死亡，所以提高 ZFN 的特异性、降低其毒性已成为一个重要的研究方向。为了这一目标，科学家已开展了一定的工作，如对内切酶 *Fok* I 进行改进，使其只有在形成二聚体时才能完成切割作用；再如，Sangamo 公司为了让 ZFN 能识别更多的碱基，投入大量的经费，开发了庞大的锌指库，使 ZFN 的识别碱基扩大到 30 个以上。这两方面的研究大大降低了 ZFN 的脱靶概率，使 ZFN 更加安全，然而当 ZFN 真正用于疾病治疗时，可能会面临更为严格的要求，因为一点点的差错就可能导致难以挽回的后果发生。

再次，在 Sangamo 公司投入大量经费开发了自己的锌指库，带来更高效、更安全的 ZFN 的同时，却产生了一个新的问题——高昂的制备成本。一方面，ZFN

的制备本身就是一个较为烦琐的过程，需要从锌指库的大量组合中筛选出效率最高的组合；另一方面，为了收回前期锌指库的研发成本，则需要其他使用者提供较高的费用，这使得 ZFN 的制备成本居高不下，在初期 Sangamo 公司针对一个基因制备的 ZFN 费用竟高达近 5 万美元，这个费用使得大部分研究者望而却步。尽管其后科学家开发了不少降低成本的方法，如 OPEN-SOURCE 法与 CoDA 法，前者是建立了一个小型的锌指库，后者是通过实验数据总结出效率较高的组合，然而它们却牺牲了 ZFN 的特异性与制备的成功率，OPEN-SOURCE 法与 CoDA 法仅仅能识别 18 个碱基，且根据相关实验数据，通过这两种方法制备出的 ZFN 较 Sangamo 公司制备的 ZFN 的效率仍然有一定的差距。近几年来，基因组编辑技术发展迅速，尽管 ZFN 是最先发展起来的基因组编辑技术，然而其后发展的 TALEN 技术与 CRISPR/Cas9 技术却更有优势，主要集中在制备时间与制备成本上。例如，Sangamo 公司制备出一对高效的 ZFN 往往需要 2 个月时间，而构建一对 TALEN 或一条 CRISPR/Cas9 系统的 sgRNA 表达载体仅仅需要一周的时间。所以在今后的研究中，ZFN 想要突破 TALEN 技术与 CRISPR/Cas9 技术的包围，则需要在不损失效率的前提下，对制备流程进行改进，缩短制备时间，降低制备成本。

　　总之，虽然 ZFN 具有高度的特异性，但是也可能发生极低概率的脱靶事件，在错误的 DNA 序列上发生切割。在全基因组范围内，ZFN 错误切割序列相似的基因的概率大约为两万分之一，甚至更低。对于艾滋病和其他重大疾病的基因治疗而言，这样极低的脱靶概率还是能够接受的，所以其在基因治疗的应用中仍然具有一定的前景。另外，由于 ZFN 的精准切割编辑特性，其在动物模型的制备、基因功能的研究上也将有较大的应用前景。

（一）ZFN 技术介导的 *MSTN* 基因编辑猪

　　ZFN 技术介导的 MSTN 突变使梅山猪产生双肌表型（Qian et al., 2015）。肌肉生长抑制素（myostatin, MSTN）是一种肌肉生长的负性调控因子，该基因失活的小鼠、牛等动物个体，均表现出产肉量显著增加的表型。中国农业科学院北京畜牧兽医研究所针对猪 MSTN 基因的第二外显子末端，设计了 ZFN 质粒对，并成功制备了 MSTN 基因编辑梅山猪育种新材料。

1. 材料方法

（1）载体构建

　　针对猪 *MSTN* 基因外显子 2 的末端设计了 ZFN 质粒对，具体识别位点见图 2-6。

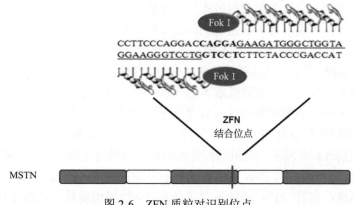

图 2-6　ZFN 质粒对识别位点

（2）基因编辑猪的制备

将 ZFN 质粒对转染梅山猪胎儿成纤维细胞，采用有限稀释法进行结合 PCR 产物克隆测序的方法进行阳性细胞筛选和鉴定。将获得的阳性细胞采用体细胞核移植的方法进行基因编辑猪的制备，并对所获得的 *MSTN* 基因编辑梅山猪进行 DNA 水平鉴定。

（3）脱靶检测

针对与 *MSTN* 基因序列高度相似的 11 条序列进行了 PCR 扩增，进行脱靶效率检测。

（4）转录产物检测

提取 *MSTN* 基因编辑梅山猪的 RNA 序列，设计引物，检测其转录产物。

（5）目标性状测定

测定了不同 *MSTN* 基因型梅山猪的生长发育情况，并对 3 头 $MSTN^{-/-}$、6 头 $MSTN^{+/-}$、4 头 $MSTN^{+/+}$ 雄性梅山猪进行了屠宰性能测定。

2. 结果

载体构建及编辑效率检测：成功构建了针对 *MSTN* 基因第二外显子末端的 ZFN 质粒对，转染梅山猪胎儿成纤维细胞，通过有限稀释法共收集了约 1800 个细胞克隆，通过 PCR 测序鉴定得到 80 个阳性细胞克隆（其中包括 2 个双等位 *MSTN* 基因编辑），总编辑效率约为 4.5%。

将其中的 105 号细胞系（$MSTN^{+/-}$，缺失 15 个碱基）和 110 号细胞系（$MSTN^{+/-}$，

缺失 11 个碱基）进行体细胞核移植，分别得到 7 头和 1 头克隆猪。经检测，均为 $MSTN^{+/-}$ 梅山猪。对这些 $MSTN$ 基因编辑梅山猪进行扩繁和选育，该猪群的规模已达 200 多头，且已获得 F_2 $MSTN^{-/-}$ 群体（图 2-7）。

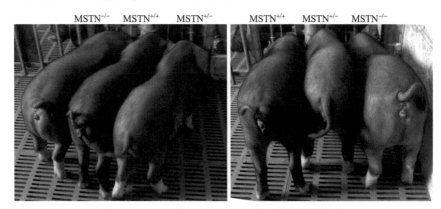

图 2-7　ZFN 技术介导的 $MSTN$ 基因编辑梅山猪

利用 B 超仪对 6 月龄原代的 7 头单等位基因敲除克隆阳性猪和 2 头野生型克隆梅山猪进行了背膘厚和眼肌面积的活体测定。结果显示，单等位基因敲除猪的平均背膘厚显著低于野生型克隆猪，而平均眼肌面积则显著提高。结果初步显示 $MSTN$ 敲除猪的瘦肉率比野生型克隆猪要高（图 2-8）。

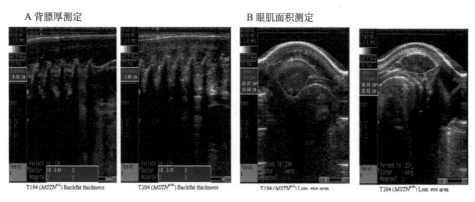

图 2-8　背膘厚和眼肌面积测定

脱靶分析：针对与 $MSTN$ 基因序列高度相似的 11 条序列进行 PCR 扩增，检测脱靶效率。结果表明，这些序列中并未出现脱靶现象。

转录产物检测：针对 $MSTN$ 基因编辑梅山猪进行转录产物分析，发现第二外显子后端缺失的 15 个碱基，造成 $MSTN$ 基因 mRNA 的剪切异常，形成了提前的终止密码子（图 2-9）。

目标性状测定：对 $MSTN^{+/+}$、$MSTN^{+/-}$、$MSTN^{-/-}$ 3 种基因型梅山猪生长性能测定结果显示，7 月龄、8 月龄，$MSTN^{-/-}$ 基因型梅山猪的体重显著高于 $MSTN^{+/+}$、$MSTN^{+/-}$ 基因型梅山猪，具有明显的双肌臀表型（图 2-10）。

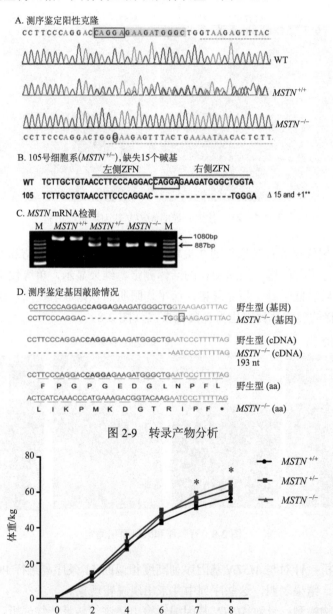

A. 测序鉴定阳性克隆

B. 105号细胞系($MSTN^{+/-}$)，缺失15个碱基

C. $MSTN$ mRNA检测

D. 测序鉴定基因敲除情况

图 2-9　转录产物分析

图 2-10　不同 $MSTN$ 基因型梅山猪的体重测定

*代表体重差异显著

对 8 月龄的 4 头 $MSTN^{+/+}$、6 头 $MSTN^{+/-}$、3 头 $MSTN^{-/-}$ 梅山猪的屠宰测定发现，$MSTN^{-/-}$ 梅山猪的屠体重为 47.07kg±1.40kg，较野生型的 38.03kg±0.54kg 高出 23.77%；$MSTN^{-/-}$ 基因型梅山猪的瘦肉率较 $MSTN^{+/+}$、$MSTN^{+/-}$ 基因型梅山猪分别提高了 11.62% 和 8.08%，而脂肪率分别下降 7.23% 和 3.27%。此外，$MSTN^{-/-}$ 基因型梅山猪眼肌面积也较 $MSTN^{+/+}$、$MSTN^{+/-}$ 基因型梅山猪有了明显的提高（$MSTN^{-/-}$：33.02cm^2±2.72cm^2，$MSTN^{+/-}$：24.46cm^2±0.35cm^2，$MSTN^{+/+}$：19.66cm^2±0.76cm^2）（图 2-11）。

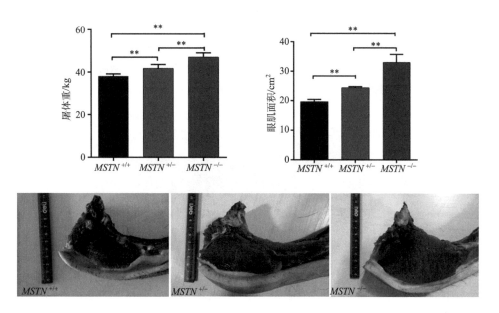

图 2-11 不同 $MSTN$ 基因型梅山猪的屠宰性能测定

**代表两者间差异显著

目前，该 ZFN-MSTN 定点敲除梅山猪群体已经完成了山东省、天津市的中间试验（敲除肌肉生长抑制因子 $MSTN$ 基因品质性状改良梅山猪 MSTN-ms 在山东省的中间试验，农基安办报告字（2013）第 469 号，2013 年 09 月 09 日；敲除肌肉生长抑制因子 $MSTN$ 基因品质性状改良梅山猪 MSTN-ms 在天津市的中间试验，农基安办报告字（2014）第 298 号，2014 年 06 月 09 日），并提交了环境释放阶段的安全评价申请。该成果已授权发明专利 1 项（"锌指核酸酶定点敲除 $myostatin$ 基因特异靶位点"，专利授权号：ZL201110229828.0）。

3. 讨论

中国农业科学院北京畜牧兽医研究所利用ZFN技术成功制备了*MSTN*基因编辑梅山猪，该基因编辑猪具有良好的高瘦肉率表型，相较于野生型对照组，其瘦肉率有了显著提高，脂肪率显著下降，且生长发育正常。同时，由于其不引入外源基因，较常规基因工程动物具有更高的安全性，有利于成果的推广和应用，对于提升我国种猪产业的竞争力具有重要作用。

（二）ZFN技术介导的针对牛的β-乳球蛋白基因的高效修饰研究

ZFN技术介导的针对牛的β-乳球蛋白基因的高效修饰研究（Yu et al., 2011）。

中国农业大学利用 ZFN 技术对牛的 β-乳球蛋白基因完成敲除（图 2-12），使牛奶与人奶更为接近，提高了牛奶的健康性。

图 2-12　β-乳球蛋白基因敲除牛

1. 材料方法

（1）锌指核酸酶的构建

针对牛的 β-乳球蛋白基因，美国 Sigma 公司设计并构建了三对 ZFN，通过酵母双杂交方法鉴定了其效率。

（2）ZFN 的 mRNA 的制备

用 *Xba* I 对 ZFN 表达载体进行线性化处理。用 mMESSAGE mMACHINE® T7 mRNA 转录试剂盒（Ambion）得到 ZFN 的 mRNA，用 MEGAClearTM 试剂盒（Ambion）进行了 PolyA 加尾的 mRNA 进行纯化。mRNA 稀释至 500ng/μg，并保存于–80℃备用。

（3）原代成纤维细胞的准备、培养与转染

牛的胎儿成纤维细胞（BFF）由 38~40 天的荷斯坦奶牛胎儿分离而来，细胞培养体系为：基础培养基（Dulbecco's modified eagle medium, DMEM）+10%的胎牛血清（FBS）。利用 Nucleofector^{TM}（AMAXA）电转染试剂盒将 ZFN 的 mRNA（各条 mRNA 的用量为 4μg/10^6细胞）转染进入 BFF 中。在转染 24~48h 后，将转染得到的细胞进行稀释，以每盘 500 个细胞的密度铺入 10cm 的细胞培养皿中，在培养 5~7 天后挑取克隆点，其后对克隆点进行基因型鉴定，通过扩大培养等步骤，在 12~14 天后得到阳性克隆点。

（4）体细胞克隆

以阳性细胞为供体，用体细胞克隆方法制备出基因编辑牛。

（5）ZFN 靶位点分析

利用 PCR 扩增的方法扩增出 ZFN 的靶位点区，通过酶切与测序方法对该位点进行鉴定。

2. 结果

结果显示，ZFN 能有效切割牛的 β-乳球蛋白基因，通过测序分析，80%的突变为短片段（＜20bp）的插入或缺失。通过细胞筛选，一共得到 18 个基因突变克隆点，其中 2 个克隆点为双等位基因突变型。以突变克隆点的细胞为供体，利用体细胞克隆方法制备出基因编辑牛。

3. 讨论

该成果证明，ZFN 能有效地对牛的基因组进行编辑，为 ZFN 在其他大动物中的应用做出了良好的铺垫。

（三）利用锌指切口酶将溶葡萄球菌素基因插入 β-酪蛋白基因座制备基因靶向克隆牛

利用锌指切口酶将溶葡萄球菌素基因插入 β-酪蛋白基因座制备基因靶向克隆牛（Liu et al., 2013）。

Liu 等（2013）利用锌指切口酶（zinc-finger nickase, ZFNickase）将溶葡萄球菌素（*lysostaphin*）基因插入 β-酪蛋白（*β-casein*）基因座，从而使得基因靶向牛的乳腺能够生成溶葡萄球菌素蛋白（图 2-13）。

1. 材料方法

（1）ZFN 和 ZFNickase 的构建及活性检测

根据 *β-casein* 基因的第二内含子利用 Sigma-Aldrich 试剂盒构建 ZFN，利用 QuikChange 位点特异性突变试剂盒对 ZFN 中的一个 *Fok* I 结构域的 D450A 进行定点突变以制备 ZFNickase。然后分别在体外和体内检测 ZFN 和 ZFNickase 的切割效率。

图 2-13   *lysostaphin* 基因定点插入基因工程牛

（2）打靶载体构建

根据 *β-casein* 靶位点构建包括 1.4kb 同源臂、外源基因 *lysostaphin* 及标记基因的打靶载体。

（3）细胞克隆和筛选

牛的原代胎儿成纤维细胞（BFF）由 1 个月大的胎儿分离而来。细胞培养体系为：基础培养基（DMEM/F12）+10%的胎牛血清（FBS）+10ng/ml 表皮生长因子（EGF）。将线性化的 donor 质粒（10μg）与 TALEN 对（各 5μg）通过 BTX 电转染仪 ECM2001（BTX Technologies）共转入牛胎儿成纤维细胞（BFF）（1×10^7 个细胞）中，电转染条件为 510V 电压，时长 1ms 脉冲 3 次。将电转染后的细胞

以 1×10^6 个细胞/板的密度铺入 10cm 细胞培养皿中,通过 G418(600ng/ml)药物筛选 10~14 天得到细胞克隆。对挑选的单克隆进行 PCR 检测,得到阳性克隆。

(4)体细胞核移植

从附近屠宰场分离牛卵巢,将卵巢保存于 20℃ 的无菌盐水中,在 4~6h 内运回实验室。经过去核、移核与融合后,在体外将所得融合胚培养至囊胚期。将 3~4 枚囊胚通过手术移植进入同期发情的受体牛的输卵管中。在 35 天与 60 天分别进行直肠与超声检查,确定受体母牛是否受孕。

(5)葡萄球菌酶体外生物活性检测

通过滴度和细菌平板法检测牛奶生物活性。

2. 结果

通过牛胎儿成纤维细胞评估 ZFN 的活性:根据 *β-casein* 基因的第二内含子构建两对 ZFN,ZFN 转染牛胎儿成纤维细胞并通过 CEL-Ⅰ核酸酶法验证 ZFN 活性,选取效率高的一对 ZFN 备用。

对 ZFN 催化结构域进行突变制备 ZFNickase:研究表明,ZFNickase 形成的单链缺口能够抑制 NHEJ 造成的错配修复途径,进而使 HDR 成为主要的修复途径。对 ZFN 对的左侧 *Fok*Ⅰ催化结构域的氨基酸 D450 进行突变制备 ZFNickase。

ZFNickase 介导的定点修饰:突变体 ZFNickase 和野生型 ZFN 分别与带有 *Hind*Ⅲ酶切位点 donor 载体共同转染牛胎儿成纤维细胞,*Hind*Ⅲ酶切和 Surveyor 核酸酶分别检测定点整合和随机突变效率,结果显示 ZFNickase 不会产生 NHEJ 引起的移码突变。

ZFNickase 促进同源重组介导的定点整合:构建打靶 donor 载体 pCSN2-Lys-Neo-EGFP 分别与 ZFN 和 ZFNickase 共同转染牛胎儿成纤维细胞,7~9 天后 G418(600mg/ml)筛选单克隆 1138 个,PCR 检测到阳性克隆 99 个,其中 69 个克隆可用于体细胞核移植。

通过体细胞核移植制备基因打靶奶牛:对 69 个阳性克隆中的 16 个克隆(8 个来自 ZFNickase,8 个来自 ZFN)进行 Southern 检测,只有 1 个克隆出现随机整合。选取 12 个没有随机整合的克隆构建 5799 枚重组胚,1671 枚发育到囊胚期,移植入 559 头受体母牛,140 头怀孕并产下 19 头小牛(16 个来自 ZFNickase,3 个来自 ZFN),其中 14 头(6 头出生后不久死亡)检测为阳性。

基因工程奶牛葡萄糖球菌酶含量及体外活性检测:Western blot 检测一般基因工程奶牛牛奶中的葡萄糖球菌酶浓度达到 5ng/μl,利用细菌平板法分析同源重组奶牛牛奶中的葡萄糖球菌酶体外生物活性是一般基因工程奶牛牛奶中的 10 倍。

3. 讨论

利用锌指切口酶将溶葡萄球菌素基因插入 β-酪蛋白基因座制备定点整合基因工程奶牛，这些牛分泌的牛奶具有杀灭葡萄球菌的功能，该研究不仅创制了一种抗乳腺炎奶牛育种新材料，同时也为农业和生物医药领域带来了一种更高效的基因工程新技术。

参 考 文 献

Anguela X M, Sharma R, Doyon Y, et al. 2013. Robust ZFN-mediated genome editing in adult hemophilic mice. Blood, 19(122): 3283-3287.

Cathomen T, Joung J K. 2008. Zinc-finger nucleases: the next generation emerges. Molecular Therapy, 16(7): 1200-1207.

Chandrasegaran S, Smith J. 1999. Chimeric restriction enzymes: what is next? Biological Chemistry, 380(7-8): 841-848.

Durai S, Mani M, Kandavelou K, et al. 2005. Zinc finger nucleases: custom-designed molecular scissors for genome engineering of plant and mammalian cells. Nucleic Acids Research, 33(18): 5978-5990.

Geurts A M, Cost G J, Freyvert Y, et al. 2009. Knockout rats via embryo microinjection of zinc-finger nucleases. Science, 325(5939): 443.

Händel E M, Alwin S, Cathomen T. 2009. Expanding or restricting the target site repertoire of zinc-finger nucleases: the inter-domain linker as a major determinant of target site selectivity. Molecular Therapy, 17(1): 104-111.

High K A. 2005. Gene therapy: the moving finger. Nature , 435(7042): 577-579.

Kim Y G, Cha J, Chandrasegaran S. 1996. Hybrid restriction enzymes: zinc finger fusions to *Fok* I cleavage domain. Proceedings of the National Academy of Sciences, 93(3): 1156-1160.

Li H, Haurigot V, Doyon Y, et al. 2011. *In vivo* genome editing restores haemostasis in a mouse model of haemophilia. Nature, 475(7355): 217-221.

Liu X, Wang Y, Guo W, et al. 2013. Zinc-finger nickase-mediated insertion of the lysostaphin gene into the beta-casein locus in cloned cows. Nat Commun, 4: 2565.

Maeder M L, Thibodeau-Beganny S, Osiak A, et al. 2008. Rapid "open-source" engineering of customized zinc-finger nucleases for highly efficient gene modification. Molecular Cell, 31(2): 294-301.

Mani M, Smith J, Kandavelou K, et al. 2005. Binding of two zinc finger nuclease monomers to two specific sites is required for effective double-strand DNA cleavage. Biochemical and Biophysical Research Communications, 334(4): 1191-1197.

Pingoud A, Silva G H. 2007. Precision genome surgery. Nature Biotechnology, 25(7): 743-744.

Porteus M H, Baltimore D. 2003. Chimeric nucleases stimulate gene targeting in human cells. Science, 300(5620): 763.

Porteus M H, Carroll D. 2005. Gene targeting using zinc finger nucleases. Nature Biotechnology, 23(8): 967-973.

Qian L, Tang M, Yang J, et al. 2015. Targeted mutations in myostatin by zinc-finger nucleases result in double-muscled phenotype in Meishan pigs. Sci Rep, 5: 14435.

Szczepek M, Brondani V, Büchel J, et al. 2007. Structure-based redesign of the dimerization interface reduces the toxicity of zinc-finger nucleases. Nature Biotechnology, 25(7): 786-793.

Whyte J J, Zhao J, Wells K D, et al. 2011. Gene targeting with zinc finger nucleases to produce cloned eGFP knockout pigs. Mol Reprod Dev, 78(1): 2.

Yu S, Luo J, Song Z, et al. 2011. Highly efficient modification of beta-lactoglobulin (*BLG*) gene via zinc-finger nucleases in cattle. Cell Res, 21(11): 1638-1640.

第二节 TALEN 技术

TALEN 技术紧随 ZFN 技术出现，是新的基因操作工具。它的本质也是可靶向结合特异 DNA 序列的核酸切割酶，它是通过转录激活因子样效应物（transcription activator-like effector, TALE）——一种由植物细菌分泌的天然蛋白对特异性 DNA 碱基对进行识别。只要针对感兴趣的 DNA 序列设计出对应的 TALE 序列，然后把它们用酶切连接的方式串联，再附加一个核酸酶就生成了一个完整的 TALEN。

TALE 蛋白家族被发现于一类植物病原体——黄单胞杆菌（*Xanthomonas* spp.）（Moscou and Bogdanove, 2009）。TALE 蛋白的作用与真核生物的转录因子类似，它能够识别特异的 DNA 序列，调控宿主植物内源基因的表达，从而增加植物宿主对自身的易感性。从最初发现 20 年后，人们才了解了 TALE 能够识别其靶基因位点的原理（Boch et al., 2009）。TALE 蛋白的 N 端包含一段转运信号，而 C 端则存在核定位信号（nuclear localization signal, NLS）和转录激活结合域（activation domain, AD），中部则为与 DNA 特异性识别并结合的部分。TALE 蛋白的中部是一段很长的重复序列，是其 DNA 结合结构域的重要组成部分，具有特异性识别并结合特异 DNA 序列的特征。该序列重复的部分由长度为 33~35 个氨基酸残基的重复单位串联，并结合其后末尾（C 端）的一个含有 20 个氨基酸残基的半重复单位。在每个重复单位中，实现靶向识别特异 DNA 碱基的关键位点的是第 12 位和第 13 位氨基酸残基，随靶位点核苷酸序列的不同而异，被称作重复可变双残基（repeat variable diresidue, RVD）；其他位置的氨基酸残基相对固定。不同的 RVD 能够相对特异性地分别识别 A、T、C、G 4 种碱基中的一种或多种，其中与这 4 种碱基相对应的最常见的 4 种 RVD 分别是 NI、NG、HD 和 NN。借助完美的一一对应关系，根据需要编辑的靶位点设计出相应的 TALE，并将它们串联起来组成可特异性识别靶位点的 TALE 蛋白。

对于 TALEN 的构建原理，其主要是模仿 ZFN，在可特异性识别靶位点序列的 TALE 蛋白后连入具有内切酶活性的 Fok I 蛋白，并对其进行突变，当两个突变体相结合时便能对靶位点进行精确的切割从而实现基因打靶（Li et al., 2011）。Fok I 的使用与优化主要来自 ZFN 的研究成果，该 Fok I 经过了突变改进，需要以二聚体的形式发挥其切割 DNA 序列的功能，因此，TALEN 也能很好地减少脱靶的发生。

一般来说，TALEN 技术适用于任意物种，自 2009 年 TALEN 被首次报道出来，其已经被成功地应用于包括芽殖酵母、果蝇、斑马鱼、线虫、大鼠、水稻、蟋蟀、家蚕、非洲爪蟾与热带爪蟾、猪、牛、拟南芥在内的多个物种，以及体外培养的哺乳动物细胞（包括人类细胞）（Carlson et al., 2012; Lei et al., 2012; Li L et al., 2012; Sander et al., 2011; Tesson et al., 2011）。尽管 TALEN 得到了广泛的应用，但是不同的 TALEN 工作效率却有着很大的不同。影响 TALEN 工作效率的因素主要包括以下几点：第一，TALEN 是否能够有效地进入靶细胞，如能否有效地进入生殖细胞、体细胞等，只有 TALEN 进入靶细胞中，其才能发挥作用，所以一种好的转染手段显得尤为重要；第二，进入靶细胞的 TALEN 是否能够有效地准确切割目的片段，它有可能受到基因组结构的影响（如甲基化修饰过的位点可能会降低 TALEN 的结合能力）及 TALEN 自身结合效率的影响。

TALEN 相比于 ZFN，构建更为简单，由于没有锌指库的限制，可选择的位点更为广泛，设计难度也大为降低，对于遗传学的基础理论研究和应用研究来说，都是一个重大的飞跃。TALEN 技术在 2012 年被 *Nature Methods* 杂志评选为 2011 年度最受瞩目、最有影响力的年度生命科学技术，并在 2012 年被 *Science* 杂志评为 2012 年度十大科学进展之一，被称为基因组的"巡航导弹"。本章将从 TALEN 技术原理及制备方法、应用进展、技术前景几个方面进行介绍。

一、TALEN 技术原理及制备方法

（一）TALE 靶位点识别模块构建

TALE 的核酸识别单位为 34 个氨基酸序列，其中的 12、13 位点双连氨基酸与 A、G、C、T 有恒定的对应关系，即 NG 识别 T、HD 识别 C、NI 识别 A、NN 识别 G。为获得识别某一特定核酸序列的 TALE，只需按照 DNA 序列将相应 TAL 单元串联克隆即可（图 2-14）。由于物种基因组大小的不同，选择的特异性序列长度也不同，对于哺乳类动物包括人类，一般选取 16~20bp 长度的 DNA 序列作为识别靶位点。

（二）TALEN 介导的基因组编辑

在得到能有效识别靶位点并与之结合的 TALE 肽链后，我们不难想象模仿 ZFN，在 TALE 后连入内切酶 Fok I，于是便得到了可特异性识别与切割靶位点的 TALEN。目前的 TALEN 设计与作用原理和 ZFN 类似，需要一对 Fok I 形成二聚体才能发挥切割效应，所以我们只有一对相邻的 TALEN 才能对 DNA 进行切割，识别区序列长度的增加能够大大降低脱靶的概率。

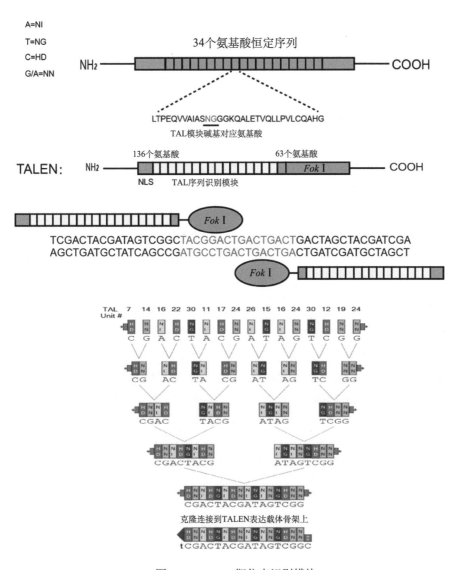

图 2-14　TALE 靶位点识别模块

将构建好的 TALEN 转入细胞后可实现对基因组进行编辑的目的。当 TALEN 质粒进入细胞后会表达一对 TALEN 融合蛋白，这一对融合蛋白会特异性地识别基因组中的相邻靶位点并与之结合，此时两个 Fok I 单体会结合形成二聚体，对该位点的 DNA 双链进行切割，造成双链断裂。其后细胞会启动 DNA 损伤修复机制，当细胞内没有 donor 载体时，细胞将主要采用非同源末端接合修复机制，此修复过程可能会造成切口处 DNA 碱基的插入、缺失或突变，当碱基发生一定数目的缺失或插入时则可能导致编码区的移码，从而使得氨基酸编码的改变，达到基因敲除的目的；当细胞内含有 donor 载体时，则有可能根据同源重组的原理，根据 donor 载体完成修复过程，实现对基因组的精确编辑。

（三）TALEN 的制备方法

1. TALEN 位点的设计

在制备 TALEN 时，首先要面对的问题是怎样选择靶位点，科学家们针对这一问题展开了研究，希望能够提高 TALEN 的效率。总结科学家们的研究结论，在设计时通常需要注意以下几点。

1) 识别区不含有 SNP 位点。
2) 左、右臂的长度一般为 12~19bp。
3) 左、右臂之间的间隔（spacer）一般长度 12~21bp。
4) 第零位为 T，最后一位最好为 T。
5) 左、右臂之间的间隔序列的 GC 含量要低。

由以上原则可以看出，TALEN 设计限制小，难度低。科学家为了更进一步推广 TALEN 的使用，使 TALEN 的设计更为简便，开发了部分 TALEN 靶位点设计软件。美国康奈尔大学的 Bogdanove 和 Voytas 实验室首先建立了 TALEN 设计网（Cermak et al., 2011），该网站设计出的 TALEN 可以显示识别区与间隔区，同时为了方便后期效率的检测，还会显示间隔区间的酶切位点，为科研工作者带来了众多方便。美国麻省理工学院的 Joung 实验室建立的 ZiFiT 网站（http://zifit.partners.org/ZiFiT/）随后将 TALEN 的设计功能也加入其中，使用者在系统中标记出希望产生切割的碱基位点，其后网站会给出根据使用者的要求在该碱基周围预测并设计出的多对 TALEN，供使用者选择（Reyon et al., 2012）。

2. TALEN 的组装

当 TALE 蛋白与 DNA 之间的对应关系被科学家所认知之后，受 ZFN 的影响，人们很快就联想到将 TALE 应用于基因组编辑。其构建思路与 ZFN 的思路相似，即在 TALE 后连接上一段能够切割 DNA 序列的 Fok I。研究人员对这种新的内切酶的间隔区、TALEN 识别长度等条件进行了摸索，并找出了最佳条件。在构建 TALEN 的过程中，由于需要避免 TALEN 错误识别的概率，一条 TALEN 的识别位点一般大于 10bp，另外识别每个碱基的 TALE 都为一个独立的重复单元，由于一条 TALEN 是由大量的重复单元串联而来，其序列具有高度的重复性，这就为载体的构建增加难度。为了解决这一构建难题，科学家开发了许多方法，主要包括：①借助模块连续酶切连接的组装方法，主要代表方法包括限制性酶切-连接法（restriction enzyme and ligation, REAL）、单元组装法（unit assembly, UA）和 idTALE 一步酶切次序连接法；②借助固相合成的高通量方法，主要包括高效自动化固相连接系统（fast ligation-based automatable solid-phase high-throughput, FLASH）；③借助金门（Golden Gate, GG）克隆的方法，根据单体的不同来源可分为基于 PCR 的 GG 法（GG-PCR）和基于质粒载体的 GG 法（GG-vector）；④借助长黏性末端的独立连接克隆法（ligation independent cloning, LIC）组装方法等；⑤全序列人工合成法。

（四）常规方法

Golden Gate 法的原理即通过 II 型限制性内切核酸酶（如 Bsa I 等）对载体进行酶切，在破坏原有酶切位点的同时制造出新的酶切位点，用于下一步连接。其后利用该原理，按照一定的顺序，从而组装出 TALE 重复单元。Zhang 等（2011）最早将 Golden Gate 克隆的策略运用到 TALE 重复单元的构建，建立了 GG-PCR 法，其利用密码子的简并性，避免了载体构建中出现大量 DNA 序列重复的问题。该方法通过 PCR 的方法扩增出每一种 TALE 重复单元，在扩增的同时引入一个新的 II 型限制性内切核酸酶位点，在酶切过后，该酶切位点被破坏，同时产生新的黏性末端用于连接，通过该方法重复该过程得到完整的 TALE，最后将其连入 TALEN 表达载体，构建出所需的 TALEN。之后在多篇文章中报道了基于 Golden Gate 克隆策略的 TALEN 构建方法，与前者不同的是他们没有采用 PCR 的方法，而是将 TALE 的重复单元预先构建进入质粒中，如 Yang 实验室的 Golden Gate 克隆策略（Li et al., 2011）就是采用该方法。他们利用 TALE 重复单元中+18 和+19 位氨基酸残基 Ala-Leu 的密码子简并性，GC(A/T/C/G)和(T/C)TG8 种密码子组合都能编码这种双氨基酸残基，用此原理构建了一系列含有编码上一重复单元+18 位到本重复单元+19 位氨基酸残基序列的质粒，并且在质粒骨架上设计了 II 型限制性内切核酸酶 BsmB I 的识别位点用于之后的酶切与连接，每一个质粒相当于一个模块，依照一定的顺序将重复单元按照设计的顺序连接起来，依此方法可以获得识别 16 个或 24 个碱基的 TALE 重复序列。

2012 年 Joung 实验室建立了 REAL 法（Cade et al., 2012），该方法在每个质粒模块的 5′端设计了 II 型限制性内切核酸酶 Bbs I 识别位点，而在 3′端设计了 II

型内切酶 *Bsa* I 识别位点。在 TALEN 制备时，其首先用 *Bsa* I 与 *Bam*H I 进行酶切前一步的模块单元，从而会产生一个由 *Bsa* I 切出的新黏性末端与 *Bam*H I 的黏性模块，利用这两个酶切位点将两个模块单元连接起来，形成一个 TALE 双单元，该双单元中仍然存在 *Bsa* I、*Bam*H I 与 *Bbs* I 酶切位点，可用于下一步连接，通过重复该过程可构建出我们所需的 TALEN。其后 Joung 实验室对该方法进行了改进，由于该方法需要多次组装，程序较为烦琐，他们开发了 REAL-FAST 法，该方法预先组装了二联子、三联子、四联子，一共得到 384 个质粒，大大节省了酶切连接的时间。

国内也有许多实验室开发了自己的 TALEN 的构建方法，如北京大学张博实验室开发了单元组装法（Liu et al., 2012），该方法较为简便，其利用氨基酸的密码子简并性在重复单元的两侧设计了一对同尾酶（5′端 *Spe* I 和 3′端 *Nhe* I）的酶切位点，同时加上一个辅助性的酶切位点，利用该酶切位点可采用相同的酶切连接方法将所有的模块单元连接起来。该方法构建 TALEN 更方便，且每一步构建出的新 TALE 模块质粒均可以用于以后其他 TALEN 载体的构建。

为了能进一步提高 TALEN 的制备效率，Joung 实验室建立了高通量法（FLASH）。该方法的原理与所用的材料和 REAL-FAST 方法相似，不同的是其在 96 孔板的固相基质中完成酶切与连接的过程，该方法省去了大量的细菌感受态的转化培养过程与时间，一次性可以构建大量的 TALEN（96 条），节省了大量时间。

二、TALEN 研究进展

2010 年 TALEN 被首次报道，Voytas 实验室利用 AvrBs3 和 PthXo1 中天然存在的 TALE 重复序列分别跟 *Fok* I 融合（Christian et al., 2010），构建了人工的 TALEN 并证明该 TALEN 能够实现对目标 DNA 的靶向切割。本项研究在 TALE 重复单元区的 C 端后保留了 235 个氨基酸残基，并在其后连接了 *Fok* I，发现 TALEN 的识别结构域之间的距离在 13~30bp 时，*Fok* I 具有较好的切割效率，其中当间距为 15bp 时具有最高的切割效率。Yang 实验室用来自 AvrXa7 和 PthXo1 中天然存在的 TALE 重复序列进行了类似的实验（Li et al., 2011），并比较了 *Fok* I 在 TALE 的 C 端与 N 端的切割效率，结果显示 *Fok* I 连接到 TALE 的 C 端具有更高的切割效率。下面简单介绍 TALEN 在不同物种中的一些研究进展。

（一）斑马鱼、大鼠、小鼠

Yeh 实验室和 Joung 实验室利用 REAL 法构建出 TALEN 对斑马鱼体细胞中的 *hey2* 和 *gria3a* 基因进行敲除，突变率从 11%到 33%，Zhang 实验室利用单元组装法得到TALEN，并对斑马鱼的 *tnikb* 和 *dip2a* 基因完成了敲除（Moore et al., 2012; Huang et al., 2011; Sander et al., 2011）。Moore 等（2012）利用 TALEN 与 CoDA 法制备出来 ZFN，对斑马鱼的基因进行敲除，结果显示 TALEN 具有更高的编辑效率，且具有更低的细胞毒性。Cade 等（2012）针对斑马鱼的 10 个位点进行了敲除，效率从 2%到 76%，发现也有很高的效率。Bedell 等（2012）利用 TALEN 成功将 loxP 引入斑马鱼的染色体中。Zu 等（2013）利用 TALEN 完成了斑马鱼基因组中的同源重组，使得基因组编辑变得更为灵活。沈延等（2013）将 TALEN 的 mRNA 注射进入斑马鱼受精卵中，制备了基因组编辑斑马鱼。Dong 等（2014）利用 TALEN 对斑马鱼的 *MSTN* 基因进行了敲除，为该基因功能的研究做出了贡献。Weicksel 等（2014）对斑马鱼的 *Hoxb1a*、*Hoxb1b* 基因进行了敲除，并对这两个基因的功能进行了研究。Shi 等（2015）对斑马鱼的 *IDH1* 基因进行了敲除，为白血病的研究做出了贡献。

Anegon 实验室利用 TALEN 技术使大鼠的 *IgM* 基因突变（Tesson et al., 2011）；Ying 实验室于 2012 年利用高效的 TALEN 技术成功在大鼠 ES 细胞中完成敲除工作（Tong et al., 2012），其证明了 TALEN 在大鼠敲除工作中的高效与准确性；同年，McMurray 等（2012）利用 TALEN 技术成功敲除了小鼠的脂肪量与肥胖关联基因（*FTO*）、转录因子 7 类似物 2 基因（*TCF7L2*）、CDK5 调节亚单位相关蛋白 1 类似物 1 基因（*CDKAL1*）和 *SLC30A8*，并制备出相应的小鼠模型，为基因功能研究打下了有力基础；随后，Sung 等（2013）也利用 TALEN 技术对小鼠基因进行了敲除；2013 年，Davies 等（2013）针对小鼠的 Zic2 位点设计了一对 TALEN，并将 TALEN 的 mRNA 直接注射入 CD1、C3H 和 C57BL/6J 三种不同品系的卵母细胞中，结果其能高效突变，且突变在后代中不易缺失；同年，Qiu 等（2013）针对小鼠的 10 个靶基因位点设计了 TALEN，同样证明了 TALEN 在小鼠中作用的高效性，造成的突变率从 13%到 67%，平均效率达到了 40%；2013 年，Wang 等（2013）利用 TALEN 技术对鼠 Y 染色体进行了敲除并插入了 *Sry* 和 *Uty* 两个基因；还有学者利用该技术对小鼠 *miR-155*、*miR-146a* 和 *miR-125b* 进行了敲除，为 miRNA 的研究打下了良好的基础。可以看出，TALEN 技术已经成为一种相当高效与成熟的敲除工具，为小鼠方面的功能研究工作做了良好的铺垫。

（二）人类细胞系

Hockemeyer 等（2011）利用 TALEN 技术对人的胚胎干细胞（ES 细胞）与诱导多能干细胞（induced pluripotent stem cell, iPSC）基因组进行精确编辑，该项研究选择了 5 个位点进行探索，结果显示，利用 TALEN 技术可以有效实现外源基因的定点敲入，该效率与 ZFN 的相似。同年，Mussolino 等（2011）针对人的

CCR5 与 IL2RG 位点对 TALEN 的脱靶效应进行了探究，结果显示 TALEN 的脱靶率相对于 ZFN 更低。Stroud 等（2013）利用 TALEN 技术对人的 HEK293T 细胞中的 *NDUFA9* 基因进行了敲除，并利用该细胞系对该基因的功能进行了研究。由此可见，TALEN 技术的出现为基因功能的研究提供了便利。

（三）猪、牛等大动物

在 TALEN 研究方面，Carlson 等在 2012 年率先利用 TALEN 技术获得了基因敲除猪与基因敲除牛（Carlson et al., 2012）；Lee 等（2014）利用 TALEN 技术对猪的 *RAG 2* 基因进行编辑，制备了免疫缺陷猪，为医学研究做出了贡献；Li 等（2014）借助 TALEN 技术针对猪的 ROSA26 位点完成了外源基因的精确敲入；中国农业科学院北京畜牧兽医研究所借用 TALEN 技术对猪的 *MSTN* 基因进行了编辑，使其精确突变为与比利时蓝牛相仿的基因型。

三、TALEN 技术前景

由于 TALEN 技术能够对基因组进行精确切割，目前已被广泛用于基因组编辑中。同时我们可以利用 TALE 蛋白能精确识别并结合基因组 DNA 的特性，将其用于其他生物学研究之中。例如，有科学家将 TALE 蛋白与转录激活域（如 VP16）连接起来，能够特异性地激活靶基因的表达。与此同时，有科学家设想能将 TALE 蛋白与甲基化酶或去甲基化酶相结合，从而达到基因组定点甲基化修饰的目的，其将会给甲基化的研究（表观遗传学）带来众多便利，然而在应用之前我们得首先解决 TALE 蛋白的效率问题。

虽然 TALEN 技术相对于传统打靶，效率已经有了革命性的提高，但是要想将其应用于基因治疗中，效率仍然太低。基因治疗，是指将外源正常基因导入靶细胞，以纠正或补偿因基因缺陷和异常引起的疾病，以达到治疗目的，其具有广泛的应用前景。ZFN 技术与 TALEN 技术具有相类似的效率，有科学家将 ZFN 的表达载体连入腺病毒中，与供体载体共同转入小鼠的肝脏组织中，对小鼠的凝血因子进行编辑修复，然而结果显示其修复效率并不高。其影响因素主要有：第一，ZFN 的识别与结合效率有限；第二，ZFN 表达载体的表达翻译水平有限；第三，细胞的病毒感染效率有限，即只有少部分 ZFN 表达载体进入细胞中；第四，细胞的同源重组修复效率有限。TALEN 技术与 ZFN 技术类似，在用于人类的基因治疗中时，也会面临类似的问题。怎样使编辑效率变得更高在今后的研究中很可能成为热点，其方向主要包括：①提高 TALEN 的识别与切割效率；②提高 TALEN 的表达水平，对 TALEN 的表达载体进行改进；③开发高效的转染病毒，使 TALEN 有更好的发挥空间；④通过技术改进提高同源重组效率。

尽管将 TALEN 技术成熟地运用于基因治疗中仍有一定的距离，然而 TALEN

技术的精确高效的切割效率仍然得到了广泛的应用。

首先，在细胞水平上的应用。在研究基因功能的过程中，我们很多时候都需要用到细胞模型。在以往的研究中，为了得到该细胞模型需要从转基因或敲除的个体中分离出，然而分离出的原代细胞由于活力有限，在很多实验中会受到一定的限制。现在我们可以利用 TALEN 技术直接在细胞系的基因组进行编辑，基因功能研究将会变得更为方便。

其次，在个体水平中，TALEN 技术同样带来了巨大的机遇，相比于传统的基因打靶制备基因工程动物，TALEN 技术制备基因组编辑动物的成本变得更低，速度更快。例如，制备基因敲除小鼠，利用传统的基因打靶技术，其时间可能需要1 年以上，然而改用 TALEN 技术后，其制备时间可以缩短到 3 个月，甚至更短，主要是省去了复杂的载体构建工作和繁重的细胞筛选工作，制备成本也随之大幅度降低。在制备基因组编辑猪的过程中，较传统的基因打靶技术，TALEN 技术同样拥有着高效的优势，由于高效，我们可以不借助筛选标记直接得到基因组编辑猪，其较传统打靶猪更为安全，为以后农业的推广应用做了很好的安全准备。由于该项技术的成熟，越来越多的动物模型被制备出来，主要包括心血管疾病模型、异种移植与一些用于基因功能研究的模型等，在今后的研究中，TALEN 技术的应用一定会越来越广泛。

世界正在掀起 TALEN 技术的应用热潮。相对于之前的先驱 ZFN 技术，虽然它们工作原理较为相似，但是 TALEN 技术较 ZFN 技术有着明显的优势：①TALEN结合 DNA 的方式更便于预测和设计；②TALEN 的构建更加方便、快捷，甚至能够实现大规模、高通量的组装；③TALEN 技术相比于 ZFN 技术具有更低的脱靶率，即产生错误切割的概率，更为安全。可以预见，TALEN 技术在基础理论研究、临床治疗和农牧渔业等领域必将有越来越广阔的应用前景，并且产生长远的巨大影响。

（一）TALEN 技术介导的 *MSTN* 基因编辑猪

肌肉生长抑制素（*myostatin*, *MSTN*）作为一种肌肉生长的负性调控因子，其突变可引起肌细胞的增生和肥大，从而造成肌肉质量的增加，如世界著名的比利时蓝牛，由于其第三外显子 11 个碱基的缺失，形成了提前终止密码子，造成了其"双肌臀"表型。另外，由于它是一个肌肉发育特定因子，对它进行的基因工程操作不会影响其他组织，因此，在农业、渔业、畜牧业和医药等很多方面都有广泛的应用前景和商业价值。中国农业科学院北京畜牧兽医研究所针对猪 *MSTN* 基因的第三外显子，设计了 TALEN 质粒对，并成功制备了 *MSTN* 基因编辑梅山猪、大白猪育种新材料。

1. 材料方法

（1）TALEN 质粒对设计

针对猪 *MSTN* 基因第三外显子进行设计，具体信息见图 2-15。

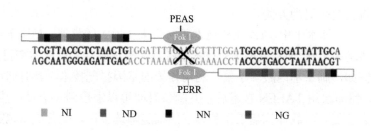

图 2-15　TALEN 质粒对识别位点

（2）效率检测

　　利用萤光素酶方法验证 TALEN 质粒对敲除效率。将 TALEN 质粒对（Pcs2-TALEN-peas-1L 和 Pcs2-TALEN-perr-1R）、pSSA 质粒和 Renilla 萤光素酶质粒共转染到 24 孔板的细胞中，每个实验重复 3 组，其中对照组用其他质粒补齐 DNA 总量。转染 24h 后裂解细胞，检测萤光素酶表达水平。并将 TALEN 质粒对转染猪胎儿成纤维细胞，72h 后收集细胞，提取 DNA，进行 PCR 扩增，并将 PCR 产物进行 T 载体连接、测序。PCR 扩增引物为

　　MSTN-F：TTGCTACTATTAACTCTTCTTTCA，

　　MSTN-R：TATATTATTTGTTCTTTGCCATTA。

（3）基因编辑猪的制备

　　将 TALEN 质粒对转染胎儿成纤维细胞，采用有限稀释法结合 PCR 产物克隆测序的方法进行阳性细胞筛选和鉴定。获得的阳性细胞利用体细胞核移植的方法进行基因编辑猪的制备，并对所获得的 *MSTN* 基因编辑猪进行 DNA 水平鉴定。细胞水平和个体水平的鉴定引物为 *MSTN*-F 和 *MSTN*-R。

（4）随机整合检测

　　针对 TALEN 质粒中的 *Fok* I 基因设计引物，对所有获得的基因工程猪进行检测，分析是否存在 TALEN 质粒对随机整合到编辑猪的染色体中。引物信息为

　　Fok I-F：GAAACCGGACGGAGCAATTT，

　　Fok I-R：AAGGTTAATGTGCCGGCTTTA。

2. 结果

编辑效率检测：萤光素酶检测结果显示，TALEN 质粒对敲除活性为 4.599，说明所制备的 TALEN 质粒具有形成双链切口的活性（图 2-16）。

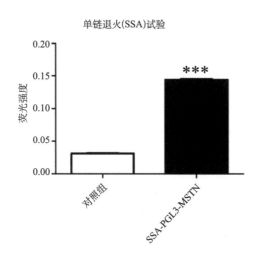

图 2-16 萤光素酶检测结果

***代表差异显著

将 TALEN 质粒对转染猪胎儿成纤维细胞，72h 后收集细胞进行 DNA 提取及 PCR 扩增，随后将 PCR 产物进行 TA 克隆测序，结果显示，100 个测序结果中，25 个出现了突变，说明该质粒对猪胎儿成纤维细胞的 *MSTN* 基因具有切割活性。

MSTN 基因编辑猪的制备：将 TALEN 质粒对转染梅山猪、大白猪、陆川猪、五指山猪胎儿成纤维细胞，通过有限稀释法结合 PCR 克隆测序的方法进行阳性细胞的筛选和鉴定。选择 $3n-2$ 或 $3n+1$ 突变型（$n \geqslant 0$）的阳性细胞株进行体细胞核移植，从而形成类似于比利时蓝牛的 *MSTN* 基因提前终止密码子，达到使 *MSTN* 基因失活的目的。对所获得的克隆猪进行鉴定，确认其为 *MSTN* 基因编辑猪（图 2-17）。

图 2-17　部分 TALEN 技术介导的 *MSTN* 基因编辑猪

部分 *MSTN* 基因编辑猪鉴定结果：

```
> WT      GCTGTCGTTACCCTCTAACTGTGGATTTTGAAGCTTTTGGATGGGACTGGATTATTGCACCC
>LW 79   GCTGTCGTTACCCTCTAACTGTGGATT-----------GGGTGGGACTGGATTATTGCACCC   △11
>MS 75   GCTGTCGTTACCCTCTAACTGTGGATTTTGA--CTTTTGGATGGGACTGGATTATTGCACCC   △2
>WZS 46  GCTGTCGTTACCCTCTAACTGTGGATTTT-AA-CTTTTGGATGGGACTGGATTATTGCACCC   △2
```

WT 为野生型猪；LW 为大白猪；MS 为梅山猪；WZS 为五指山猪。

随机整合分析：针对所获得的克隆猪的随机整合检测结果表明，TALEN 质粒对中的 *Fok* I 元件并未整合到 *MSTN* 基因编辑猪的基因组中（图 2-18）。

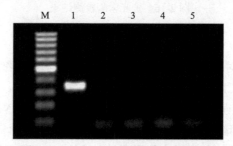

图 2-18　部分 *Fok* I 随机整合鉴定结果

M 为 100bp marker，1 为阳性质粒，2 为阴性对照，3 为 LW79，4 为 WZS46，5 为 MS75

　　MSTN 基因修饰猪的制备、检测的相关方法已授权专利 3 项（"一对特异识别肌肉生长抑制素基因的多肽及其编码基因和应用"，专利授权号：ZL201210510893.5；"一种具有双荧光基因的质粒及其作为标准品的应用"，专利授权号：ZL201210509946.1；"一种'仿比利时蓝牛'*MSTN* 基因型的基因编辑猪的制备方法"，专利授权号：ZL201410300756.8）。

　　所制备的 *MSTN* 基因编辑梅山猪、大白猪获准开展中间试验["突变 *MSTN* 基因产量性状改良猪 MSTN-MS 等在天津市的中间试验"，2015 年 03 月 12 日，农基安办报告字（2015）第 30 号]。

3. 讨论

本课题组开展了"截短型"*MSTN*基因编辑猪的制备工作。根据 TALEN 的作用机制,针对 *MSTN* 基因第三外显子区域,设计 TALEN 质粒,在靶标基因特定区域敲除。

目前,不仅成功获得引进猪种大白猪的 *MSTN* 基因编辑猪个体,同时也获得了国内猪种如梅山猪、五指山猪、陆川猪的 *MSTN* 基因编辑猪个体,并对 *MSTN* 基因编辑梅山猪和大白猪进行了扩繁,已经具有一定规模的群体。初步的目标性状测定结果表明,相较于相同品种的阴性对照组,这些基因编辑猪的瘦肉率有着明显提高,平均背膘厚、料重比显著下降,有着良好的节粮高瘦肉率表型。由于其不带标记基因,没有引入任何外源基因组序列,更易于被消费者接受,具有良好的产业化前景。

(二)利用 TALEN 技术将 *SP110* 基因定点插入牛基因组中以提高抗结核能力

Wu 等(2015)利用 TALEN 技术将 *SP110* 基因定点插入牛的基因组中,使基因工程牛(图 2-19)获得了抵抗结核病的能力。

图 2-19 定点插入 *SP110* 基因牛

BFF1、BFF2、BFF3 分别指由 1#、2#、3#牛胎儿成纤维细胞获得的克隆牛

1. 材料方法

(1)TALEN 酶切效率鉴定

利用制备的 TALEN 处理牛的胎儿成纤维细胞,通过 PCR 方法扩增出插入位点,然后用核酸酶对该 PCR 产物进行酶切,其后通过凝胶鉴定与 Image J 软件分析得到 TALEN 的酶切效率。

(2)细胞培养与转染

牛的原代胎儿成纤维细胞(bovine fetal fibroblast,BFF)由 1 个月大的胎儿分离而来。细胞培养体系为：基础培养基（DMEM/F12）+10%的胎牛血清（FBS）+10ng/ml 表皮生长因子（EGF）。将线性化的 donor 质粒（10μg）与 TALEN 对（各 5μg）通过 BTX 电转染仪 ECM2001（BTX Technologies）共转入 BFF（1×10^7 个）中，电转染条件为 510V 电压，时长 1ms 脉冲 3 次。将电转染后的细胞以 1×10^6 个细胞/板的密度铺入 10cm 细胞培养皿中，通过 G418（600ng/ml）药物筛选 10~14 天得到细胞克隆。

（3）核移植

从附近屠宰场分离牛卵巢，将卵巢保存于 20℃的无菌盐水中，在 4~6h 内运回实验室。经过去核、移核与融合后，在体外将所得融合胚培养至囊胚期。将 3~4 枚囊胚通过手术移植进入同期发情的受体牛的输卵管中。在 35 天与 60 天分别进行直肠与超声检查，确定受体母牛是否受孕。

（4）表型分析

在得到基因工程牛后，从多方面对该基因工程牛的抗菌能力进行分析。

2. 结果

TALEN 质粒的构建与活性鉴定：在牛的第 28 号染色体的表面活性蛋白 A1 基因（*SFTPA1*）与甲硫氨酸腺苷转移酶Ⅰα基因（*MAT1A*）间设计了 3 对 TALEN。通过萤光素酶单链退火（SSA）系统对 3 对 TALEN 的效率进行检测，结果显示第二对 TALEN 具有最高的效率，所以选择第二对 TALEN 进行下一步实验。将第二对 TALEN 转染进入牛胎儿成纤维细胞，通过 TA 克隆法检测 TALEN 效率，结果显示切割效率达到 6.13%。

基因选择：从牛的 cDNA 中获得了 5 种 *SP110* 基因剪切体，然而这 5 种剪切体均不能限制牛型结核分枝杆菌在巨噬细胞中的增殖，其后对鼠源的 *SP110* 进行检测，发现鼠源 *SP110* 能够有效地限制牛型结核分枝杆菌的增殖，所以选择鼠源的 *SP110* 进行下一步实验。

基因的定点插入：将 TALEN 与 donor 载体（左臂 1.49kb，右臂 1.67kb）共转入牛胎儿成纤维细胞中，完成细胞筛选，通过 PCR 方法扩增出大范围的区域（打靶型扩增出 5.98kb 片段，野生型扩增出 1.64kb 片段），以确认外源基因成功整合进入插入位点。经鉴定，共筛选出 26 个定点插入的杂合子克隆。

核移植方法制备转 *SP110* 基因牛：通过核移植方法制备出基因工程牛，共得到 23 头小牛，其中 13 头存活时间超过 6 个月，经 PCR 与 Southern 鉴定，该 13 头基因工程牛均为定点插入的基因型。后对该基因蛋白表达进行分析，结果显示该基因仅在巨噬细胞中表达。为了确认外源基因的插入是否会对周围基因的表达产生影响，通过反转录 PCR（RT-PCR）方法检测了 *SFTPD*、*MBL1*、*SFTPA1* 与 *MAT1A* 基因的表达量，结果显示这些基因的表达量在基因工程组与对照组间并没有显著差异。

转 *SP110* 基因牛抗菌能力检测：通过活体实验，该基因工程牛具有很好的抗病能力。

3. 讨论

该成果借助 TALEN 将 *SP110* 基因定点整合进入牛的基因组中，使基因工程牛具有良好的抗病能力，有利于抗结核病研究。

（三）ROSA26 位点定点基因敲入过表达及 Cre 重组酶介导的谱系示踪猪模型制备

Li 等（2014）在猪上鉴定出 ROSA26 位点，并利用 TALEN 技术成功地制备了 ROSA26 位点定点敲入 Cre 重组酶介导的 *EGFP* 基因工程猪。通过另外一对 loxP 位点，经重组酶介导的基因交换，成功将 *EGFP* 基因替换为红色荧光蛋白 *tdTomato* 基因，由此又成功制备了一个重组酶介导的基因交换猪模型（图 2-20）。利用该模型，研究人员可以将任意基因通过重组酶介导的基因交换插入 ROSA26 位点，实现目的基因在大动物所有组织中的无差异表达。

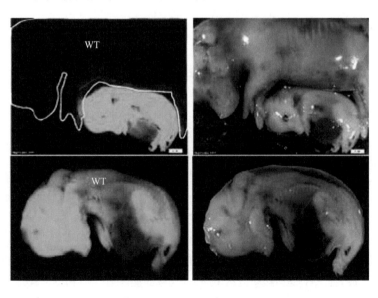

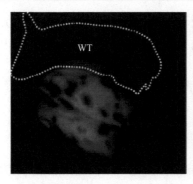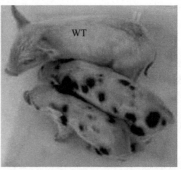

图 2-20　ROSA26 位点整合的绿色荧光蛋白猪和红色荧光蛋白猪

1. 材料方法

（1）猪 ROSA26 位点的鉴定

为了鉴定猪的 ROSA26 位点，首先对小鼠、大鼠、人的 ROSA26 位点进行序列比对确定保守性。然后根据小鼠、大鼠、人的 ROSA26 位点第一外显子序列预测猪的 ROSA26 第一外显子并设计 cDNA 扩增引物，PCR 产物连接 T 载体测序并比较保守性。为了验证 ROSA26 启动子的活性，将红色荧光蛋白基因与 ROSA26 启动子连接构建重组质粒，转染猪胎儿成纤维细胞观察荧光表达情况。

（2）TALEN 的构建及活性检测

根据 ROSA26 靶位点，利用 Golden Gate TALEN 组装法制备 TALEN，分别利用 SSA 和 T7E1 酶切的方法验证 TALEN 活性，并通过 PCR 产物测序检测突变情况。

（3）打靶载体和 Cre 重组酶载体的构建

PCR 扩增猪 ROSA26 位点启动子和第一外显子序列作为同源臂，并将带有 loxP 位点的 *EGFP* 和筛选标记基因连接到载体上制备打靶载体。利用 CMV 启动子、*tdTomato* 基因和 SV40 PolyA 序列制备 pCMV-*tdTomato* 重组酶载体。

（4）细胞培养和转染

猪的原代胎儿成纤维细胞（pig fetal fibroblast, PFF）由 35 天的胎儿分离而来。细胞培养体系为：基础培养基（DMEM）+10%的胎牛血清（FBS）+0.5%双抗+1%非必需氨基酸+ 2mmol/L GlutaMAX+1mmol/L 的丙酮酸钠。将线性化的 donor 质粒（15μg）与 TALEN 对（各 7μg）通过 Neon 电转染系统（Life Technology）共转入 BFF（$2×10^6$ 个）中，电转染条件为 1350V 电压 30ms。将电转染后的细胞以每 10ml $1×10^5$ 个细胞放入细胞培养皿中，48h 后通过 G418（1mg/ml）药物筛选 10~14 天得到细胞克隆，克隆挑入 24 孔盘中培养。PCR 检测阳性克隆。

（5）核移植制备 ROSA26 位点定点整合猪

从附近屠宰场分离猪卵巢运回实验室。经过去核、移核与融合后，在体外将所得融合胚胎移植到发情母猪体内。移植以后一个月进行超声检查，确定受体母猪是否受孕。

（6）Cre 重组酶介导的 *tdTomato* 置换 *EGFP*

EGFP 猪胎儿成纤维细胞电转染 5μg 非线性化的 pCMV-Cre 和 25μg *tdTomato* 重组酶载体，电转染 5 天后筛选发生置换的细胞进行体细胞核移植。

2. 结果

ROSA26 位点的鉴定：根据人的 ROSA26 启动子和第一外显子序列，在猪上找到高度同源序列，利用 ROSA26 启动子启动的红色荧光蛋白基因转染猪胎儿成纤维细胞系，证明 ROSA26 是一个理想的外源基因全身性表达位点。

ROSA26 位点定点敲入 Cre 重组酶介导的 *EGFP* 基因：利用 TALEN 技术，成功地将带有 loxP 位点的 *EGFP* 基因敲入 ROSA26 位点，并制备表达绿色荧光的猪模型。

ROSA26 位点定点敲入红色荧光蛋白基因：通过另一对外源 loxP 位点，在 Cre 重组酶的作用下，成功地把 *EGFP* 基因替换为 *tdTomato* 基因整合到 ROSA26 位点，从而制备出表达红色荧光的猪模型。

3. 讨论

通过重组酶介导的基因交换，我们可以将任意基因敲入 ROSA26 位点实现目的基因在大动物所有组织中的无差异表达。

（四）使用 TALEN 技术高效获得可稳定遗传的突变小鼠

刘明高和李大力两个课题组合作，将体外转录的 TALEN 质粒对的 RNA 注射到小鼠合子中，在选择的 10 个基因中，突变效率为 13%~67%，平均 40%，并且能够稳定遗传给后代（Qiu et al., 2013）。

1. 材料方法

1）TALEN 位点设计使用相关在线设计工具，表达载体由北京大学张博实验室提供。

2）体外转录 TALEN 编码的 RNA。产物回收至无 RNA 酶水中。

3）将上述产物显微注射至 FVB/N 或 C57BL6N 小鼠合子中。小鼠合子使用培养液培养，每枚合子的细胞质注射 40ng/μl 的 TALEN 产物 RNA。

4）使用 T7E1 酶分析鉴定 founder 小鼠。最终使用 TA 克隆测序的方法鉴定突变位点。

2. 结果

成功获得了 *Lepr*、*Pak1ip1*、*Gpr55*、*Rprm*、*Fbxo6*、*Smurf1*、*Dcaf13*、*Fam73a*、*Wdr20a*、*Tmem74* 等 10 个基因的突变小鼠品系，并且突变可以遗传给后代。

3. 讨论

试验结果证明，使用 TALEN 技术可以高效、快速获得稳定遗传的小鼠，不同遗传背景的小鼠结果一致。

（五）使用 TALEN 技术在斑马鱼中实现染色体的缺失和倒置

Xiao 等（2013）使用 TALEN 技术在斑马鱼中实现了染色体的缺失和倒置。

1. 材料方法

1）TALEN 位点设计和载体构建。使用 TALEN-NT 在线工具设计 TALEN 靶位点。TALEN 载体构建使用模块装配法。

2）显微注射。将 50~200pg TALEN mRNA 注射至斑马鱼胚胎中。

3）突变检测。斑马鱼受精后 24h 收集胚胎并分为注射组和对照组。利用碱裂解法获得 DNA 后进行 PCR 扩增，凝胶电泳回收样品，然后测序。

2. 结果

F_1 代斑马鱼染色体缺失的比率为 0.2%~7.5%，染色体倒置的比率为 14.6%。含有多个编码基因的区域和非编码区也可实现染色体缺失，缺失大小从几百碱基对至 1Mb 不等。

3. 讨论

使用 TALEN 技术在斑马鱼中实现了染色体的缺失和倒置，TALEN 有良好的应用前景。

参 考 文 献

沈延, 黄鹏, 张博, 等. 2013. TALEN 构建与斑马鱼基因组定点突变的实验方法与流程. 遗传, 35(4): 533-544.

Bedell V M, Wang Y, Campbell J M, et al. 2012. *In vivo* genome editing using a high-efficiency TALEN system. Nature, 491(7422): 114-118.

Boch J, Scholze H, Schornack S, et al. 2009. Breaking the code of DNA binding specificity of TAL-type III effectors. Science, 326(5959): 1509-1512.

Cade L, Reyon D, Hwang W Y, et al. 2012. Highly efficient generation of heritable zebrafish gene mutations using homo-and heterodimeric TALENs. Nucleic Acids Research, 40(16): 8001-8010.

Carlson D F, Tan W, Lillico S G, et al. 2012. Efficient TALEN-mediated gene knockout in livestock. Proceedings of the National Academy of Sciences, 109(43): 17382-17387.

Cermak T, Doyle E L, Christian M, et al. 2011. Efficient design and assembly of custom TALEN and other TAL effector-based constructs for DNA targeting. Nucleic Acids Research, 39(12): e82.

Christian M, Cermak T, Doyle E L, et al. 2010. Targeting DNA double-strand breaks with TAL effector nucleases. Genetics, 186(2): 757-761.

Davies B, Davies G, Preece C, et al. 2013. Site specific mutation of the Zic2 locus by microinjection of TALEN mRNA in mouse CD1, C3H and C57BL/6J oocytes. PLoS One, 8(3): e60216.

Dong Z, Ge J, Xu Z, et al. 2014. Generation of myostatin B knockout yellow catfish (*Tachysurus fulvidraco*) using transcription activator-like effector nucleases. Zebrafish, 11(3): 265-274.

Hockemeyer D, Wang H, Kiani S, et al. 2011. Genetic engineering of human pluripotent cells using TALE nucleases. Nature Biotechnology, 29(8): 731-734.

Hu R, Wallace J, Dahlem T J, et al. 2013. Targeting human microRNA genes using engineered Tal-effector nucleases (TALENs). PLoS One, 8(5): e63074.

Huang P, Xiao A, Zhou M, et al. 2011. Heritable gene targeting in zebrafish using customized TALENs. Nature Biotechnology, 29(8): 699-700.

Lee K, Kwon D N, Ezashi T, et al. 2014. Engraftment of human iPS cells and allogeneic porcine cells into pigs with inactivated RAG2 and accompanying severe combined immunodeficiency. Proceedings of the National Academy of Sciences, 111(20): 7260-7265.

Lei Y, Guo X, Liu Y, et al. 2012. Efficient targeted gene disruption in *Xenopus* embryos using engineered transcription activator-like effector nucleases (TALENs). Proceedings of the National Academy of Sciences, 109(43): 17484-17489.

Li L, Piatek M J, Atef A, et al. 2012. Rapid and highly efficient construction of TALE-based transcriptional regulators and nucleases for genome modification. Plant Molecular Biology, 78(4-5): 407-416.

Li T, Huang S, Zhao X, et al. 2011. Modularly assembled designer TAL effector nucleases for targeted gene knockout and gene replacement in eukaryotes. Nucleic Acids Research, 39(14): 6315-6325.

Li T, Liu B, Spalding M H, et al. 2012. High-efficiency TALEN-based gene editing produces disease-resistant rice. Nature Biotechnology, 30(5): 390-392.

Li X, Yang Y, Bu L, et al. 2014. *Rosa26*-targeted swine models for stable gene over-expression and Cre-mediated lineage tracing. Cell Research, 24(4): 501-504.

Liu J, Li C, Yu Z, et al. 2012. Efficient and specific modifications of the *Drosophila* genome by means of an easy TALEN strategy. Journal of Genetics and Genomics, 39(5): 209-215.

McMurray F, Moir L, Cox R D. 2012. From mice to humans. Current Diabetes Reports, 12(6): 651-658.

Moore F E, Reyon D, Sander J D, et al. 2012. Improved somatic mutagenesis in zebrafish using transcription activator-like effector nucleases (TALENs). PLoS One, 7(5): e37877.

Moscou M J, Bogdanove A J. 2009. A simple cipher governs DNA recognition by TAL effectors. Science, 326(5959): 1501.

Mussolino C, Morbitzer R, Lütge F, et al. 2011. A novel TALE nuclease scaffold enables high genome editing activity in combination with low toxicity. Nucleic Acids Research, 39(21): 9283-9293.

Qiu Z, Liu M, Chen Z, et al. 2013. High-efficiency and heritable gene targeting in mouse by transcription activator-like effector nucleases. Nucleic Acids Res, 41(11): e120.

Reyon D, Tsai S Q, Khayter C, et al. 2012. FLASH assembly of TALENs for high-throughput genome editing. Nature Biotechnology, 30(5): 460-465.

Sander J D, Cade L, Khayter C, et al. 2011. Targeted gene disruption in somatic zebrafish cells using engineered TALENs. Nature Biotechnology, 29(8): 697-698.

Shi X, He B L, Ma A C H, et al. 2015. Functions of idh1 and its mutation in the regulation of developmental hematopoiesis in zebrafish. Blood, 125(19): 2974-2984.

Stroud D A, Formosa L E, Wijeyeratne X W, et al. 2013. Gene knockout using transcription activator-like effector nucleases (TALENs) reveals that human NDUFA9 protein is essential for stabilizing the junction between membrane and matrix arms of complex I . Journal of Biological Chemistry, 288(3): 1685-1690.

Sung Y H, Baek I J, Kim D H, et al. 2013. Knockout mice created by TALEN-mediated gene targeting. Nature Biotechnology, 31(1): 23-24.

Tesson L, Usal C, Ménoret S, et al. 2011. Knockout rats generated by embryo microinjection of TALENs. Nature Biotechnology, 29(8): 695-696.

Tong C, Huang G, Ashton C, et al. 2012. Rapid and cost-effective gene targeting in rat embryonic stem cells by TALENs. Journal of Genetics and Genomics, 39(6): 275-280.

Wang H, Hu Y C, Markoulaki S, et al. 2013. TALEN-mediated editing of the mouse Y chromosome. Nature Biotechnology, 31(6): 530-532.

Weicksel S E, Gupta A, Zannino D A, et al. 2014. Targeted germ line disruptions reveal general and species-specific roles for paralog group 1 *hox* genes in zebrafish. BMC Developmental Biology, 14(25): 1-15.

Wu H, Wang Y, Zhang Y, et al. 2015. TALE nickase-mediated *SP110* knockin endows cattle with increased resistance to tuberculosis. PNAS, 112(13): 1530-1539.

Xiao A, Wang Z, Hu Y, et al. 2013. Chromosomal deletions and inversions mediated by TALENs and CRISPR/Cas in zebrafish. Nucleic Acids Res, 41(14): e141.

Zhang F, Cong L, Lodato S, et al. 2011. Efficient construction of sequence-specific TAL effectors for modulating mammalian transcription. Nature Biotechnology, 29(2): 149-153.

Zu Y, Tong X, Wang Z, et al. 2013. TALEN-mediated precise genome modification by homologous recombination in zebrafish. Nature Methods, 10(4): 329-331.

第三节　CRISPR/Cas9 基因组编辑技术

一、CRISPR/Cas 系统简介

CRISPR 是指规律成簇间隔短回文重复序列（clustered regularly interspaced short palindromic repeat），Cas 即 CRISPR 相关蛋白（CRISPR-associated protein）。CRISPR/Cas9 基因组编辑系统是由细菌和古细菌中存在的 II 型 CRISPR/Cas 获得性免疫系统经人工改造而成。该系统介导的基因组编辑技术也叫作 RNA 指导的核酸内切酶（RNA-guided endonuclease, RGEN）系统。与 ZFN 和 TALEN 技术相比，该技术在设计、合成与筛选上更为简便、快捷，具有极大的时间和成本优势；不同于 ZFN 和 TALEN 技术的是，CRISPR/Cas9 基因组编辑系统可以在一个细胞内同时进行多个基因的编辑，因此大大提高了对基因组的编辑效率（刘志国，2014）。

（一）CRISPR/Cas 系统的发现

CRISPR 序列最早是由日本科学家于 20 世纪 80 年代在大肠杆菌中发现的。当时他们在研究碱性磷酸酶序列时，意外发现该基因编码区下游有一大段特殊的基因序列。该序列由主要包括 29 个碱基重复出现的重复序列及重复序列之间的、长度大致相等且彼此序列不重复的核酸序列组成（Ishino et al., 1987）。这种奇异的序列结构引起了人们的兴趣，但对其所执行的功能却毫无头绪。随后，Mojica 等（1995）在对两种嗜盐菌序列的研究中也发现了类似的结构。之后的几年中，类似的基因结构随着其他一些细菌的研究被陆续报道，发现这种结构实际上是在细菌中广泛存在的。于是在 2002 年，Jansen 等（2002a）正式将其统一命名为 CRISPR。

1. CRISPR/Cas 系统的结构

CRISPR 序列是由一个前导区（leader）、多个高度保守重复序列（repeat）和彼此完全不相同的间隔序列（spacer）组成，后两者在前导区后交替出现，三者串联组成完整的 CRISPR 序列（图 2-21）。前导区长度通常在 300~500bp，富含 AT 碱基，在细菌的种内该序列非常保守，但在种间却差异显著（Jansen et al., 2002b）。重复序列的长度一般在 23~50bp，平均长度约为 31bp。重复序列在同一个 CRISPR 位点中是高度保守的，一般只存在 1~3 个碱基的差异。但是微生物种

间，甚至同一种微生物的基因组上不同位置的 CRISPR 位点之间，重复序列的保守性却是非常差的，序列差异很大。通过对目前已知的 CRISPR 序列中所有的重复序列进行分析发现，重复序列包含回文结构，因此转录后能形成发夹样的二极结构，非常稳定（Grissa et al., 2007）。分布在重复序列之间的间隔序列一般由 17~84bp 组成，平均长度在 36bp 左右。间隔序列的保守性非常差，即便在同一个 CRISPR 位点中，也基本上没有相同的间隔序列。重复序列的高度保守，间隔序列的完全不一致，实际上是与 CRISPR 序列的特殊功能高度相关的，下文中会详细介绍。

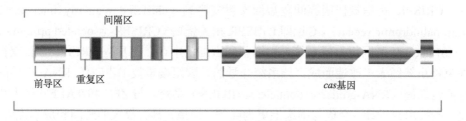

图 2-21　CRISPR 位点的结构图

Cas 蛋白的基因一般情况下位于 CRISPR 位点下游，但是有时也会分散分布在基因组中。Cas 蛋白是实现 CRISPR 功能的重要执行者，是一个较大的多态性家族蛋白（崔玉军等, 2008）。目前对 Cas 蛋白的分类并不统一，其中一种是根据 *cas* 基因序列的保守程度，分为共有型核心 *cas* 基因、类型依赖型 *cas* 基因和重复序列相关未知蛋白（repeat-associated mysterious protein, RAMP）组件基因三类（Makarova et al., 2002）。

在这三种类型的 *cas* 基因中，共有型核心 *cas* 基因的蛋白质功能已经基本得到验证。例如，Cas1 和 Cas2 蛋白主要负责获得新的间隔序列段（Wiedenheft et al., 2009）。Cas3 蛋白则具有解旋酶和核酸酶的功能，负责对目的基因进行剪切（Han and Krauss, 2009）。类型依赖型 Cas 蛋白及重复序列相关未知蛋白的功能目前尚不明确，只有一小部分蛋白质功能已知。另外，很多 Cas 蛋白并不是单独作用的，而是组合成复杂的蛋白复合体来发挥作用（van der Oost et al., 2009）（图 2-22）。

2. CRISPR/Cas 系统的功能

CRISPR/Cas 系统所执行功能的发现，实际上得益于测序技术和生物信息的发展及大量病毒、细菌质粒序列信息的积累。CRISPR 序列 1987 年就被发现，但一直到 2005 年才有研究团队推测（Bolotin et al., 2005）并证明了它的生物学功能（Barrangou et al., 2007）。

CRISPR/Cas 系统实际上是古细菌和细菌在长期进化过程中形成的特异性免疫系统，能够以类似真核生物 RNAi 的方式为细菌提供免疫保护，特异性地阻止由噬菌体感染、质粒接合和转化所造成的基因插入，因此也被称为 CRISPR 干扰（Deveau et al., 2010）。CRISPR/Cas 系统的作用过程主要包括 3 个阶段：适应、表达和干扰。

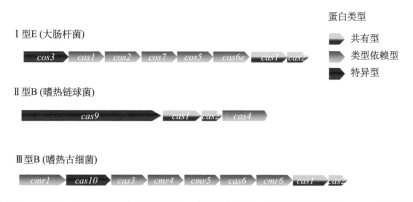

图 2-22　Ⅰ型、Ⅱ型、Ⅲ型 CRISPR/Cas 系统中的 Cas 蛋白（改自 Bhaya et al., 2011）

分别源于大肠杆菌（*Escherichia coli*）、嗜热链球菌（*Streptococcus thermophilus*）及嗜热古细菌（*Pyrococcus furiosus*）三种类型 CRISPR/Cas 系统中共有的 *cas1* 和 *cas2* 基因标为蓝色，每种类型独有的蛋白质（Ⅰ型，*cos3*；Ⅱ型，*cas9*；Ⅲ型，*cas10*）标为红色，绿色标记的蛋白质是类型依赖型 Cas 蛋白基因

以抵抗噬菌体感染为例（van der Oost et al., 2009）。3 个阶段如下（图 2-23）。

（1）适应——新间隔序列的获得

当噬菌体 DNA 进入基因组中带有 CRISPR 系统的细菌内时，该宿主体内的 CRISPR 相关蛋白复合体会迅速与外源 DNA 结合，然后通过 Cas1 和 Cas2 等蛋白质的作用，将该外源 DNA 切割成长度在 17~48bp 不等的小片段，然后在相关蛋白的作用下，将其中的一个小片段整合至 CRISPR 前导区与第一个重复序列之间，形成一个新的间隔序列（图 2-23）。与这个区间同源的病毒 DNA 序列就叫作原间隔（proto-spacer）。

每一次插入活动都紧随着重复序列的复制，进而形成一个新的重复-间隔单元。这样就使得该细菌中的 CRISPR 位点中保存了此种噬菌体的序列信息，为适应性免疫奠定了结构基础。并且研究发现，CRISPR 系统里，宿主菌对噬菌体的抵抗力与 CRISPR 位点上间隔序列的个数相关。间隔序列的个数越多，宿主菌的抵抗力就越强（Bolotin et al., 2005）。

（2）表达——表达并加工 crRNA

CRISPR 位点中，间隔序列所包含的信息能保护宿主不受特定噬菌体的攻击。Kunin 等（2007）的研究表明，整段 CRISPR 序列由位于前导序列末端的启动子启动转录，转录成包含多个重复序列和间隔序列的 crRNA（CRISPR RNA）前体（pre-crRNA）。之后在核心蛋白 Cas1-Cas4 蛋白组成的蛋白复合物的作用下，pre-crRNA 在特异性位点被剪切开，变成更小的 crRNA，即成熟的 crRNA。需要注意的是，被剪切开的特异性位点被认为是位于间隔序列的第 8 个碱基处，但也有研究认为特异性位点是在重复序列上。

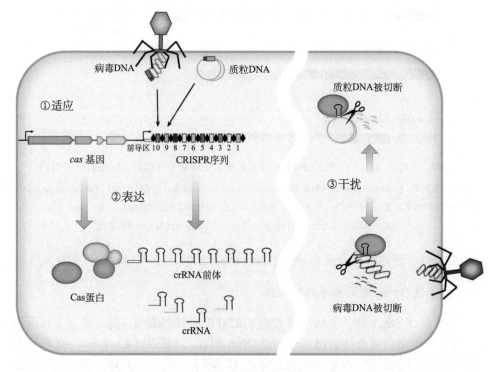

图 2-23　CRISPR/Cas 系统作用机制（改自 Bhaya et al., 2011）

第一阶段：新间隔序列的获得。源于噬菌体或者质粒的双链 DNA 被整合到宿主 CRISPR 序列的前导序列之后。CRISPR 序列包含多个独特的、被重复序列分隔的间隔序列（图中标数字的彩色框，数字越大表明整合上去的时间越短）。间隔序列的获得至少需要 Cas1 和 Cas2 蛋白的帮助。第二阶段：表达并加工 crRNA。pre-CRISPR RNA（pre-crRNA）被 RNA 聚合酶转录出来，经过 Cas 蛋白的加工，切割成小 crRNA（图中的发夹结构，彩色部分代表间隔序列），每个 crRNA 包含一个单独的间隔序列和部分重复序列。第三阶段：crRNA 破坏入侵核酸。crRNA 包含的间隔序列与侵入的外源 DNA（噬菌体或者质粒）配对互补，启动由 Cas 蛋白进行的切割反应

随后，crRNA 与 Cas 蛋白复合物相互作用，组合成一个具有特殊功能的复合物 crRNA-Cas 核糖核蛋白（crRNA-Cas ribonucleoprotein, crRNP）（Marraffini and Sontheimer, 2010），在下一阶段发挥作用（图 2-23）。

（3）干扰——crRNA 破坏入侵核酸

组合好的 crRNP 将会利用 crRNA 的匹配作用，在宿主体内寻找与其互补的噬菌体 DNA 片段，并与其特异性结合。此后蛋白复合体发挥作用，将噬菌体 DNA 双链剪短，导致其降解，从而达到特异性地阻止噬菌体感染的目的（图 2-23）。需要特别指出的是，在识别外源 DNA 时，原间隔序列附近有一段被称为原间隔相邻基序（proto-spacer adjacent motif, PAM）的短序列，非常保守（图 2-24）。它在 crRNA 对外源基因的识别中发挥着重要作用，也是利用 CRISPR/Cas 系统进行基因组编辑必须遵守的规则。PAM 并不是普遍的，有一些特殊的 CRISPR 系统不含有该基序（Bhaya et al., 2011）。

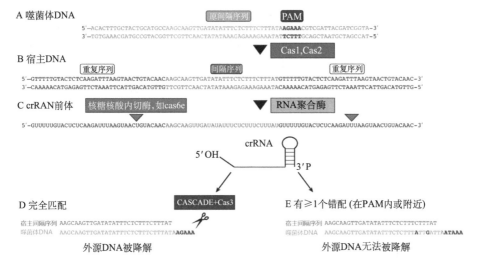

图 2-24　CRISPR/Cas 系统的原间隔序列、间隔序列及原间隔相邻基序（改自 Bhaya et al., 2011）

A. 病毒双链 DNA（灰色部分）、原间隔序列（绿色部分）、PAM 区（红色部分）。 B. 新插入间隔区（蓝色部分）的宿主 DNA。C. RNA 聚合酶转录的 pre-crRNA（转录起始位点未显示），以及成熟后的 crRNA，橙色位置为成熟时的加工位点。D. crRNA 与外源 DNA 完全匹配时，在原间隔内部启动切割，这一过程中，需要 CASCADE 复合体及 Cas3 蛋白。E. 在 crRNA 与外源 DNA 不完全匹配时，切割不会启动

（二）CRISPR/Cas 系统的分类

目前发现，90%以上古细菌的基因组或者质粒中含有 CRISPR 基因座，说明 CRISPR 系统在古细菌中具有普遍性，即广泛存在。同时，CRISPR 系统还是多种多样的，即多样性。这种差异，不仅表现在 Cas 蛋白的不同，也表现在 CRISPR 系统的作用机制上。因此，根据其作用机制的共同点及差异点，CRISPR 系统可以分为以下 3 种类型（Makarova et al., 2011）。

1. Ⅰ型 CRISPR 系统

Ⅰ型 CRISPR 系统的主要功能元件为 *cas3* 基因,它能编码具有解旋酶和 DNA 剪切酶活性的蛋白质，是干扰阶段的主要作用酶类（Sinkunas et al., 2011）。在表达阶段，由多个 *cas* 基因编码所产生的 CRISPR 相关抗病毒防御复合体（CRISPR-associated complex for antiviral defense, CASCADE 复合体）将长链的 pre-crRNA 加工成成熟的短链 crRNA，并与之结合。结合后的 cr-RNP 复合体与 Cas3 蛋白共同作用于靶标 DNA，将其剪断降解。在已知的 3 种类型的 CRISPR 系统中，Ⅰ型 CRISPR/Cas 系统包含的亚型最多（Bhaya et al., 2011）。

2. Ⅱ型 CRISPR 系统

Ⅱ型系统与其他系统的最大区别之处是 Cas9 蛋白，它的分子量很大，并且具备多种功能，既能加工 pre-crRNA 产生成熟的 crRNA，也可切割降解外源 DNA。Cas9 蛋白在结构上有两个重要的核酸酶结构域：一个是 N 端的核酸酶（如 RuvC）结构域，另一个是位于中部的核酸酶（如 McrA）结构域，这两个结构域对于 Cas9 蛋白的多功能性具有重要意义。另外，在 3 种 CRISPR 系统中，Ⅱ型系统是包含蛋白质最少的一种，只有 4 个 Cas 蛋白基因（*cas9*、*cas1*、*cas2*、*cas4* 或者 *csn2*），根据包含蛋白质的不同又分为两个亚型：ⅡA 型（含有 *csn2*）和ⅡB 型（含有 *cas4*）。目前研究最为透彻的 Ⅱ型 CRISPR 系统是源于嗜热链球菌 （*Streptococcus thermophilus*）的 CRISPR 系统（Barrangou et al., 2007）。

Ⅱ型系统的干扰过程需要 Cas9 蛋白、核糖核酸酶Ⅲ、crRNA 及反式激活 crRNA（trans-activiting crRNA, tracrRNA）。启动子启动 CRISPR 序列的转录后，产生的 pre-crRNA 经过 Cas9 蛋白的加工，长的 pre-crRNA 被切割成包含一个间隔序列和两端重复序列的短片段，这些短片段中的重复序列部分会与 tracrRNA 通过碱基配对形成二聚体（Deltcheva et al., 2011），这些二聚体能够结合在 Cas9 蛋白上，没有配对的间隔序列将起到特异性的靶向识别作用，指导该复合体切割外源 DNA。

3. Ⅲ型 CRISPR 系统

在Ⅲ型 CRISPR 系统中，可以依据靶标的类型分为Ⅲ-A 型与Ⅲ-B 型。前者的干扰靶标是 mRNA，而后者的靶标是 DNA。另外在Ⅲ型系统中，Cas10 蛋白是该系统特有的。

二、CRISPR/Cas9 基因组编辑技术的原理、功能及特点

目前广泛使用的 CRISPR/Cas 基因组编辑系统基本上都是Ⅱ型 CRISPR 系统。

最为经典的Ⅱ型 CRISPR 系统中,包含 4 个基因组成的基因簇,分别是 *cas9*、*cas1*、*cas2* 及 *csn2*。另外还有两条 tracrRNA 及多个间隔序列和重复序列相互间隔的 CRISPR 序列。Ⅱ型 CRISPR 系统对外源双链 DNA 进行定点切割的过程分为以下几步(图 2-25)。

1)CRISPR 系统转录出 pre-crRNA 及 tracrRNA。

2)tracrRNA 根据碱基互补配对原则与 pre-crRNA 形成二聚体,在相关蛋白的作用下,pre-crRNA 被加工为成熟的 crRNA。

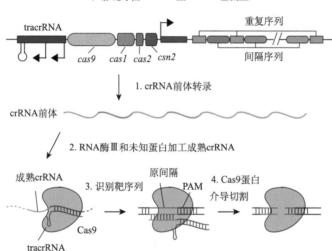

图 2-25　Ⅱ型 CRISPR 系统介导的 DNA 双链断裂(Cong et al., 2013)

3)成熟的 crRNA-tracrRNA 二聚体指导 Cas9 蛋白对外源基因中的靶序列进行识别。识别过程是通过 crRNA 上的间隔序列与外源 DNA 上的原间隔序列的互补配对,以及 PAM 区的辅助配对实现的。

4)Cas9 蛋白中的 DNA 剪切结构域在外源基因固定的位置切开 DNA 双链。

Ⅱ型 CRISPR 系统最先是由 Jinek 等(2012)开始改造,他们将 crRNA-tracrRNA 双链 RNA 二聚体改造成单链嵌合体,并且改造后的单链嵌合体能够发挥与双链二聚体相同的作用(图 2-26),这条人工改造的单链 RNA 被命名为指导 RNA(guide RNA, gRNA)。这一改造的出现,为人工构建 CRISPR/Cas9 系统并使用其进行基因组编辑打下了基础。另外在该研究中,他们还发现Ⅱ型 CRISPR 系统中,Cas9 蛋白包含的 HNH 核酸酶结构域负责切割外源 DNA 与间隔序列互补的链,而 RuvC 结构域负责切割外源 DNA 的另一条链。

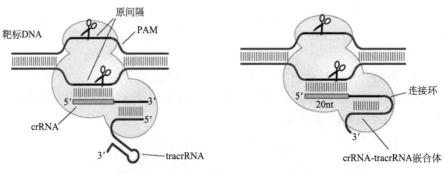

图 2-26　单链 CRISPR 系统（改自 Jinek et al., 2012）

　　此后，CRISPR 在基因组编辑领域中大显身手，在很短的时间内，多个研究团队都成功地将 CRISPR /Cas9 系统应用在了真核细胞中的基因组编辑中（表2-1）。与 ZFN 系统和 TALEN 系统相比，CRISPR /Cas9 系统对于各种复杂程度的基因组都具有更高的修饰能力。另外，CRISPR /Cas9 系统的构建更为简单。而且 Cas9 蛋白可以方便地将核酸酶改造为切口酶（nickase）。只需要在 Cas9 蛋白中引入一个单氨基酸突变（D10A），核酸切割域的功能就变为切割单链 DNA，能够更精确地控制 CRISPR /Cas9 系统的打靶效果，大大降低脱靶的概率。综合以上三方面，CRISPR /Cas9 系统将会是基因组编辑技术的最有力的工具。

表 2-1　　CRISPR/Cas9 基因组编辑系统在基因组编辑方面的应用

物种	细胞	基因	文献	备注
人	293FT	*EMX1*、*PVALB*	Cong et al., 2013	发现核糖核酸酶 II 不是必需的，同时靶向多个基因，以及 196bp 的基因片段删除
	293T	*AAVS1*	Mali et al., 2013a, 2013b	10%~25%
	K562			8%~13%
	hIPS cells			2%~4%同时靶向多个基因
斑马鱼	胚胎	*CCR5*、*C4BPB*	Cho et al., 2013	
		fh 等10个基因 11个位点	Hwang et al., 2013a, 2013b	效率与 ZFN、TALEN 接近
	胚胎	*estrp*、*gata4*、*gata5*	Chang et al., 2013	通过 ssDNA 介导的同源重组，在 *estrp* 插入了一个 mloxP 位点
	胚胎	*dre-mir-126a* miRNA Cluster Chr. 9	Xiao et al., 2013	基因删除
	胚胎	*tyr*、*golden*、*mitfa*、*ddx19*	Jao et al., 2013	斑马鱼密码子优化的 *cas9* 基因

续表

物种	细胞	基因	文献	备注
小鼠	胚胎	单拷贝内源 *GFP* 基因	Hen et al., 2013	获得一只基因敲除的嵌合体小鼠
	neuro2A	*th*	Cong et al., 2013	
	胚胎干细胞	*Tet1*、*Tet2*、*Tet3*、*Sry*、*Uty-8*	Wang et al., 2013	同时敲除 5 个基因的效率为 10%
大鼠	胚胎	*Tet1*、*Tet2*、*Tet3*	Li W et al., 2013; Li D, 2013	单基因双拷贝敲除最高效率为 100%（*Tet3*），双基因同时敲除效率最高为 75%，三基因同时敲除效率最高为 59.2%

三、CRISPR/Cas9 基因组编辑系统的构建方法

与 ZFN 技术和 TALEN 技术相比，CRISPR/Cas9 基因组编辑系统的构建非常简单，只包括 Cas9 蛋白和 gRNA 两部分。对于 Cas9 蛋白，目前通常使用源于产脓链球菌（*Streptococcus pyogenes*）和嗜热链球菌（*Streptococcus thermophilus*）的 Cas9 蛋白。另外，在真核细胞中使用 CRISPR/Cas9 系统进行基因打靶或者基因敲入时，为了提高 Cas9 蛋白的表达量和进入细胞核的能力，并且鉴于 Cas9 蛋白分子量较大，所以非常有必要对 *cas9* 基因的序列进行密码子优化，同时添加核定位信号（nuclear localization signal, NLS）。但是，目前对于 Cas9 蛋白添加核定位信号的位置存在争议。例如，Cong 等（2013）的研究发现，在 Cas9 蛋白的两端同时添加核定位信号能最有效地指导 Cas9 蛋白入核。而 Mali 等（2013a）发现，只在 Cas9 蛋白的 C 端添加核定位信号也可以使敲除效率高达 25%，说明在 C 端添加核定位信号足以指导 Cas9 蛋白入核。但是南京大学的研究团队却发现，无论是在 Cas9 蛋白的 N 端添加 3 个核定位信号，还是在 N 端、C 端同时添加核定位信号，均不能使 Cas9 蛋白进入 293T 细胞的细胞核中（Shen et al., 2013）。这些矛盾的结果有可能是各个研究中标签蛋白添加位置的不同引起的，但同时也说明 Cas9 蛋白对核定位信号位置的要求具有特殊性。

目前在 CRISPR/Cas9 系统中使用的 gRNA 有两种构造：一种是由 Jinek 等早先提出的，将一部分重复序列和一部分 tracrRNA 拼接到一起的嵌合 RNA 结构（Jinek et al., 2012; Cong et al., 2013）（图 2-26、图 2-27）。另一种与第一种基本相同，只是 3′端更长，完全与 tracrRNA 一致（Mali et al., 2013b）（图 2-28）。

crRNA前体和tracrRNA复合体

间隔序列 (30bp)

```
crRNA前体  5′-..ACNNNNNNNNNNNNNNNNNNNNNNNNNNNNNNNGUUUUAGAGCUAUGCU..-3′
                                                    •|||||•||||||||||
                   GUUCAACUAUUGCCUGAUCGGAAUAAAAUU CGAUACGA..-5′
                  A ||||                           GAA
                  A
tracrRNA         AAAGUGGCACCGA
                  •|||||||G
             3′-UUUCGUGGCU
```

嵌合单链RNA

打靶区序列 (20bp)

```
5′-NNNNNNNNNNNNNNNNNNNNGUUUUAGAGCUAG A
                          •|||||•|||| A
   3′-GCCUGAUCGGAAUAAAAUU CGAUA
                          GAA
```

图 2-27 CRISPR 系统中的 crRNA 前体与 tracrRNA 复合体及 Jinek 等改进的嵌合单链 RNA 结构（改自 Jinek et al., 2012; Cong et al., 2013）

蓝色部分为靶序列，红色部分为 tracrRNA 序列

A

使用人类密码子优化后的Cas9序列

```
gccaccATGGACAAGAAGTACTCCATTGGGCTCGATATCGGCACAAACAGCGTCGGCTGGGCCGTCATTACGGACGAGTACAAGGTGCCGAGCAAAAAATTCAAAGTTCTGGGCAATACCGA
TCGCCACAGCATAAAGAAGAACCTCATTGGCGCCCTCCTGTTCGACAGCGGGGAGATAGCTGAAGCCACGCGGCTCAAAAGAACAGCACGGCGCAGATATACCCGCAGAAAGAATCGGATCT
GCTACCTGCAGGAGATCTTTAGTAATGAGATGGCTAAGGTGGATGACTCTTTCTTCCATAGGCTGGAGGAGTCCTTTTTGGTGGAGGAGGATAAAAAGCACGAGCGCCACCCAATCTTTGGC
AATATCGTGGACGAGGTGGCGTACCATGAAAAGTACCCAACCATATATCATCTGAGGAAGAAGCTTGTAGACAGTACTGATAAGGCTGACTTGCGGTTGATCTATCTCGCGCTGGCGCATAT
GATCAAATTTCGGGGACACTTCCTCATCGAGGGGGACCTGAACCCAGACAACAGCGATGTCGACAAACTCTTTATCCAACTGGTTCAGACTTACAATCAGCTTTTCGAAGAGAACCCGATCA
ACGCATCCGGAGTTGACGCCAAAGCAATCCTGAGCGCTAGGCTGTCCAAAATCCGGAAACCTCATCGCACAGCTCCCTGGGGAGAAGAAGAACGGCCTGTTTGGTAATCTTATC
GCCCTGTCACTCGGGCTGACCCCCAACTTTAAATCTAACTTCGACCTGGCCGAAGATGCCAAGCTTCAACTGAGCAAAGACACCTACGATGATGATCTCGACAATCTGCTGGCCCAGATCGG
GCTATGATGGCAGCACCACCAAGACTTGACTTTGCTGAAGGCCCTTGTCTCAGACAGCAACTGCCTGAGAAGTACAAGGAAATTTTCTTCGATCAGTCTAAAAATGGCTACGCAGGATACATTGAC
GGCGGAGCAAGCCAGGAGGAATTTTACAAATTTATTAAGCCCATCTTGGAAAAAATGGACGGCACCGAGGAGCTGCTGGTAAAGCTTAACAGAGAAGATCTGTTGCGCAAACAGCGCACTTT
CGACAATGGAAGCATCCCCCACCAGATTCACCTGGGCGAACTGCACGCTATCCTCAGGCGGCAAGAGGATTTCTACCCCTTTTTGAAAGATAACAGGGAAAAGATTGAGAAAATCCTCACAT
TTCGGATACCCTACTATGTAGGCCCCCTCGCCCGGGGAAATTCCAGATTCGCGTGGCGATGACTCGCAAATCAGAAGAGACCATCACTCCCTGGAACTTCGAGGAAGTCGTGGATAAGGGGGCC
TCTGCCCAGTCCTTCATCGAAAGGATGACTAACTTTGATAAAAATCTGCCTAACGAAAAGGTGCTTCCTAAACACTCTCTGCTGTACGAGTACTTCACAGTTTATAACGAGCTCACCAAGGT
CAAATACGTCACAGAAGGGATGAGAAAGCCAGCATTCCTGTCTGGAGAGCAGAAGAAAGCTATCGTGGACCTCCTCTTCAAGACGAACCGGAAAGTTACCGTGAAACAGCTCAAAGAAGACT
ATTTCAAAAAGATTGAATGTTTCGACTCTGTTGAAATCAGCGGAGTGGAGGATCGCTTCAACGCATCCCTGGGAACGTATCACGATCTCCTGAAAATCATTAAAGACAAGGACTTCCTGGAC
AATGAGGAGAACGAGGACATTCTTGAGGACATTGTCCTCACCCTTACGTTGTTTGAAGATAGGGAGATGATTGAAGAACGCTTGAAAACTTACGCTCATCTCTTCGACGACAAAGTCATGAA
ACAGCTCAAGAGGCGCCGATATACAGGATGGGGGCGGCTGTCAAGAAACTGATCAATGGGATCCGAGACAAGCAGAGTGGAAAGACAATCCTGGATTTTCTTAAGTCCGATGGATTTGCCA
ACCGGAACTTCATGCAGTTGATCCATGATGACTCTCTCACCTTTAAGGAGGACATCCAGAAAGCACAAGTTTCTGGCCAGGGGGACAGTCTTCACGAGCACATCGCTAATCTTGCAGGTAGC
CCAGCTATCAAAAAGGGAATACTGCAGACCGTTAAGGTCGTGGATGAACTCGTCAAAGTAATGGGAAGGCATAAGCCCGAGAATATCGTTATCGAGATGGCCCGAGAGAACCAAACTACCCA
GAAGGGACAGAAGAACAGTAGGGAAAGGATGAAGAGGATTGAAGAGGGTATAAAAGAACTGGGGTCCCAAATCCTTAAGGAACACCCAGTTGAAAACACCCAGCTTCAGAATGAGAAGCTCT
ACCTGTACTACCTGCAGAACGGCAGGGACATGTACGTGGATCAGGAACTGGACATCAATCGCCTCTCCGACTACGACGTGGATCATATCGTGCCCCAGTCTTTCCTCAAAGATGATTCTATT
GATAATAAAGTGTTGACAAGATCCGATAAAAATAGAGGGAAGAGTGATAACGTCCCCTCAGAAGAAGTTGTCAAGAAAATGAAAAATTATTGGCGGCAGCTGCTGAACGCCAAACTGATCAC
ACAACGGAAGTTCGATAATCTGACTAAGGCTGAACGAGGTGGCCTGTCTGAGTTGGATAAAGCCGGCTTCATCAAAAGGCAGCTTGTTGAGACACGCCAGATCACCAAGCACGTGGCCCAAA
TTCTCGATTCACGCATGAACACCAAGTACGATGAAAATGACAAACTGATTCGAGAGGTGAAAGTTATTACTCTGAAGTCTAAGCTGGTCTCAGATTTCAGAAAGGACTTTCAGTTTTATAAG
GTGAGAGAGATCAACAATTACCACCATGCCGATGATGCCTACCTGAATGCAGTGGTAGGCACTGCACTTATCAAAAAATATCCCAAGCTTGAATCTGAATTTGTTTACGGAGACTATAAAGT
GTACGATGTTAGGAAAATGATCGCAAAGTCTGAGCAGGAAATAGGCAAGGCCACCGCTAAGTACTTCTTTTACAGCAATATTATGAATTTTTTCAAGACCGAGATTACACTGGCCAATGGGG
AGATTCGGAAGCGACCACTTATCGAAACAAACGGAGAAACAGGAGAAATCGTGTGGGACAAGGGTAGGGATTTCGCGACAGTCCGGAAGGTCCTGTCCATGCCGCAGGTGAACATCGTTAAA
AAGACCGAAGTACAGACCGGAGGCTTCTCCAAGGAAAGTATCCTCCCGAAAAGGAACAGCGACAAGCTGATCGCACGCAAAAAGATTGGGACCCCAAGAAATACGGCGGATTCGATTCTCC
TACAGTCGCTTACAGTGTACTGGTTGTGGCCAAAGTGGAGAAAGGGAAGTCTAAAAAACTCAAAAGCGTCAAGGAACTGCTGGGCATCACAATCATGGAGCGATCAAGCTTCGAAAAAAACC
CCATCGACTTTCTCGAGGCGAAAGGATATAAAGAGGTCAAAAAAGACCTCATCATTAAGCTTCCCAAGTACTCTCTTCTTTGAGCTTGAAAACGGCCGGAAACGAATGCTCGCTAGTGCGGGC
GAGCTGCAGAAAGGTAACGAGCTGGCACTGCCCTCTAAATACGTTAATTTCTTGTATCTGGCCAGCCACTATGAAAAGCTCAAAGGGTCTCCCGAAGATAATGAGCAGAAGCAGCTGTTCGT
GGAACAACACAAACACTACCTTGATGAGATCATCGAGCAAATAAGCGAATTCTCCAAAAGAGTGATCCTCGCCGACGCTAACCTCGATAAGGTGCTTTCTGCTTACAATAAGCACAGGGATA
AGCCCATCAGGGAGCAGGCAGAGAACATTATCCACTTGTTTACTCTGACCAACTTGGGCGCGCCTGCAGCCTTCAAGTACTTCGACACCACCATAGACAGAAAGCGGTACACCTCTACAAGG
GAGGTCCTGGACGCCACACTGATTCATCAGTCAATTACGGGGCTCTATGAAACAAGAATCGACCTCTCTCAGCTCGGTGGAGACAGCAGGGCTGACCCCAAGAAGAAGAGGAAGGTGTGA
```

B

U6启动子序列-打靶RNA序列-gRNA骨架序列：

TGTACAAAAAAGCAGGCTTTAAAGGAACCAATTCAGTCGACTGGATCCGGTACCAAGGTCGGGCAGGAAGAGGGCCTATTTCCCATGATTCCTTCATATTTG
CATATACGATACAAGGCTGTTAGAGAGATAATTAGAATTAATTTGACTGTAAACACAAAGATATTAGTACAAAATACGTGACGTAGAAAGTAATAATTTCTT
GGGTAGTTTGCAGTTTTAAAATTATGTTTTAAAATGGACTATCATATGCTTACCGTAACTTGAAAGTATTTCGATTTCTTGGCTTTATATATCTTGTGGAAA
GGACGAAACACC**GNNNNNNNNNNNNNNNNNNN**GTTTTAGAGCTAGAAATAGCAAGTTAAAATAAGGCTAGTCCGTTATCAACTTGAAAAAGTGGCACCGAGT
CGGTGC**TTTTTT**CTAGACCCAGCTTTCTTGTACAAAGTTGGCATTA

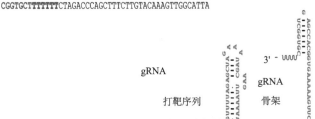

C

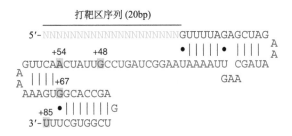

打靶序列的基本结构形式

图 2-28 Mali 等使用的 Cas9 蛋白、gRNA 骨架和打靶序列（改自 Mali et al., 2013a）

A. Cas9 表达结构及相应序列。蓝色序列：RuvC 基序，紫色序列：HNH 基序，橙色序列：SV40 核定位信号。B. U6 启动子引导的 gRNA 表达框及 gRNA 的二级结构。使用 U6 启动子时，RNA 转录物的第一位必须是碱基 G，结合 PAM 区必须是 NGG 序列的要求，这一表达骨架可以打靶序列为 GN20GG 的序列。C. gRNA 打靶序列的基本结构形式

　　关于两种结构的优劣，麻省理工学院张峰带领的研究团队进行了较为细致的研究（Hsu et al., 2013），他们发现 gRNA 的 3′端越长，表达能力越高，相应的打靶效率也越高。为了保证较高的打靶活性，gRNA 的 3′端长度应该不低于 67nt，而且长度为 85nt 时打靶效率最高（图 2-29）。

```
                        打靶区序列 (20bp)
                        _____
                5'- NNNNNNNNNNNNNNNNNNNNGUUUUAGAGCUAG
                                          •|||| • |||| A
                    +54      +48                        A
             GUUCAACUAUUGCCUGAUCGGAAUAAAAUU  CGAUA
             A  |||| +67                        GAA
             A AAAGUGGCACCGA
                +85 •|||||| G
                3'-UUUCGUGGCU
```

图 2-29 麻省理工学院张峰建议使用的 gRNA 骨架结构（改自 Hsu et al., 2013）

　　最后，关于 gRNA 的选择和设计也很简单，只要符合 N（20）GG 的序列（N 代表 A、T、G、C 4 种碱基的任何一种）即可作为潜在的靶位点，同时靶位点必须包含 PAM。目前，大部分研究团队都开放了他们设计的寻找 CRISPR/Cas9 系统靶位点的在线工具和技术指导。例如，ZiFiT 在线软件包（http://zifit.partners.

org/ZiFiT/ChoiceMenu.aspx）及著名的质粒分享网站 Addgene（http://www.addgene.org/）等。可以利用这些在线工具直接选择 3~5 个候选的 gRNA 序列进行实际检测。

四、CRISPR/Cas9 基因组编辑技术的应用

由于 CRISPR/Cas9 基因组编辑技术具有简便、快捷的特点，科学家们也看到了它在技术应用上的极大潜力。在很短的时间内，CRISPR/Cas9 系统就在多个物种的基因组编辑、基因表达调控等方面得到了大量的应用（表 2-1、表 2-2）。

表 2-2　TALEN 技术与 CRISPR/Cas9 技术的比较（Wei et al., 2013）

	TALEN	CRISPR/Cas9
打靶结合原理	蛋白-DNA 特异性识别	Watson-Crick 互补规则
工作模型	TALE 特异性地识别靶 DNA，二聚体的 Fok I 蛋白切割产生 DSB，随后通过 NHEJ 或者 HR 途径修复	指导 RNA 特异性地识别靶 DNA，Cas9 蛋白切割产生 DSB，随后通过 NHEJ 或者 HR 途径修复
核心元件	TALE-Fok I 蛋白融合蛋白	指导 RNA 与 Cas9 蛋白
效率	较高	较高
脱靶效应	较低	不明
靶位点的选择	无限制，任何位点序列均可	PAM 的限制（NGG）
成对工作	是	否
蛋白质 3D 结构	已探明	未知
构建所用时间	5~7 天	1~3 天
同时靶向多个位点	不明	可以
靶位点的序列长度	48~52bp	大约 20bp
需设计的元件	蛋白质	RNA
系统来源	植物病原体	大肠杆菌

（一）基因组编辑方面的应用

1. 人类细胞

CRISPR/Cas9 基因组编辑技术在人类细胞中的应用效果已被多个研究小组证实（Cho et al., 2013; Cong et al., 2013; Mali et al., 2013a, 2013b; Jinek et al., 2012）（表 2-1）。这些研究涉及多种不同类型细胞（包括癌细胞和诱导多能干细胞）、多个不同基因位点（包括已经通过 ZFN 或者 TALEN 成功进行修饰的基因位点，如 CCR5、AAVS1 等）及各种修饰方式（包括基因敲除、同源重组、定点整合、多基因同时敲除等），充分说明了该技术在人类细胞基因组编辑中的强大作用。

麻省理工学院的 Cong 等（2013）最先利用 CRISPR/Cas9 基因组编辑技术在人类细胞上实现了 *EMX1*、*PVALB* 双基因的同时敲除，其中 *EMX1* 基因的敲除效率为 27%、*PVALB* 基因的敲除效率为 7.3%；另外，通过同时导入靶向同一个基因的两个不同位点的 gRNA，实现了对 *EMX1* 基因的长度为 196bp 的片段删除，删除效率为 1.6%。哈佛医学院的 Mali 等（2013a, 2013b）在人类的诱导多能干细胞中实现了 CRISPR/Cas9 系统介导的基因组编辑。在他们的研究中，CRISPR/Cas9 系统在人诱导多能干细胞中对 AAVS1 位点的打靶效率为 2%~4%。

2. 斑马鱼

斑马鱼的胚胎是完全透明的，因此是一种非常好的研究胚胎发育的模型动物，具有极大的研究价值。在斑马鱼中，Hwang 等（2013a）利用 CRISPR/Cas9 基因组编辑技术对斑马鱼的 10 个基因共 11 个位点进行打靶，效率从 24.1%到 59.4%不等。北京大学的 Chang 等（2013）利用 CRISPR/Cas9 基因组编辑技术对斑马鱼的 *estrp*、*gata4* 和 *gata5* 基因进行了敲除，经显微注射的胚胎双等位基因突变的频率为 35%左右，同时该研究组还通过 CRISPR/Cas9 介导的同源重组技术在 *estrp* 基因位点定点插入了一个 mloxP 位点。北京大学的另一个研究团队成功利用 CRISPR/Cas9 基因组编辑技术在 2 个编码基因的区域或非编码区位点实现了染色体缺失，缺失大小从几百碱基对至 1Mb 不等。整体敲除效率为 3%~70%，且不论靶位点是否位于编码区或非编码区，表明该技术脱靶效率低，有良好的应用前景（Xiao et al., 2013）。

Jao 等（2013）为了进一步提高敲除效率，根据斑马鱼的密码子使用方式对 Cas9 蛋白进行了重新优化，并利用优化后的 CRISPR/Cas9 系统对斑马鱼的 *tyr*、*golde*、*mitf* 及 *ddx19* 4 个基因进行了打靶，敲除效率在 75%~99%，并伴随着高水平的双基因敲除效率。Hwang 等（2013b）将单链脱氧寡核苷酸（single-stranded DNA oligonucleotide, ssDON）与 CRISPR/Cas9 共转入斑马鱼基因组中，对斑马鱼的基因组进行了精确修饰。Auer 等（2014）借助 CRISPR/Cas9 系统将 *eGFP* 基因定点整合进入斑马鱼的 *Gal4* 基因中，具有很高的效率。Ota 等（2014）利用 CRISPR/Cas9 系统针对斑马鱼的 *s1pr2* 与 *spns2* 等多个与心脏发育相关的基因进行了编辑，具有很高的效率，并为该基因的研究做出了贡献。Dong 等（2014）对 CRISPR/Cas9 系统进行了改进，将 yfp-nanos3 的 mRNA 与 Cas9 共同注射到斑马鱼胚胎后，使得敲除与敲入效率得到了提高。Kimura 等（2014）针对斑马鱼的 4 个位点完成了外源基因的敲入，效率达到了 25%。

3. 小鼠和大鼠

在利用 CRISPR/Cas9 基因组编辑技术制作基因打靶小鼠和大鼠上，中国科学家走到了世界前沿。在最早的两篇关于 CRISPR/Cas9 基因组编辑系统的文章发表后不久，Shen 等（2013）就首先利用 CRISPR/Cas9 技术获得了一只定向敲除单拷贝外源基因的嵌合鼠，证明了 Cas9 蛋白在小鼠胚胎中的活性及利用 CRISPR/Cas9 基因组编辑系统制作基因打靶小鼠的可行性。另外，Wang 等（2013）通过向小鼠的受精卵中注射 Cas9 RNA 和 gRNA，实现了同时敲除 5 个内源基因，效率高达 10%。该小组还通过向小鼠的合子显微注射 CRISPR 和 Cas9 的 RNA 的方法，成功获得了多基因敲除小鼠。

Li W 等（2013）和 Li D 等（2013）利用 CRISPR/Cas9 技术，首次在大鼠上实现了多基因同时敲除。他们利用 CRISPR/Cas9 系统同步敲除了大鼠的 *Tet1/Tet2/Tet3* 三个基因，实现了 100%效率的单基因敲除（图 2-30），三个基因同步敲除大鼠的敲除效率接近 60%，并且验证了该基因修饰在大鼠中可以通过生殖细胞传递到下一代。从此，在大鼠中进行快速、高效的多基因敲除成为可能，极大地推动了大鼠在生物医学研究中的应用。

图 2-30　利用 CRISPR/Cas9 系统制作的 *Tet1/Tet2* 双基因同时突变小鼠（Wang et al., 2013）

中国的另外两个课题组也同样利用 CRISPR/Cas9 技术获得了 *Uhrf2* 基因敲除大鼠（Li W et al., 2013; Li D, 2013）。其研究发现，在小鼠受精卵中直接注射 CRISPR/Cas9 系统的 RNA，比注射 DNA 能更有效地产生定点突变。

4. 猪、牛、羊等大动物

传统的基因敲除技术由于胚胎干细胞技术的限制，一直难以有效地应用到大动物中。但新一代的基因组编辑技术突破了这一限制，CRISPR/Cas9 系统目前已成功地应用于猪、猴等大型动物上。2014 年，中国多个科研单位共同合作，成功利用 CRISPR/Cas9 系统对食蟹猴进行了精确的基因组修饰（Niu et al., 2014）。该研究证明 CRISPR/Cas9 技术在高等灵长类动物中同样能够进行基因组修饰，为 CRISPR/Cas9 系统的临床应用提供了参照。中国科学院动物研究所在成功制作了 CRISPR/Cas9 介导的基因敲除大鼠后，再次利用 CRISPR/Cas9 技术获得了血管性血友病因子（von Willebrand factor, vWF）基因双等位基因敲除的小型猪，建立了血管性血友病的小型猪模型（Hai et al., 2014）。中国农业大学进行了利用 CRISPR/Cas9 系统制备基因敲除羊的研究。他们使用受精卵显微注射技术，将 Cas9 编码 RNA 和 gRNA 直接注射到绵羊受精卵中，成功获得肌肉生长抑制素（*myostatin, MSTN*）基因敲除羊羔（Han et al., 2014）。这项研究是世界范围内第二例成功利用 CRISPR/Cas9 技术获得基因敲除大型家养动物的研究。Sato 等（2015）借助该系统对猪的 α-1,3-半乳糖基转移酶（*α-1,3-galactosyltransferase, GGTA1*）基因进行了敲除；中国农业科学院北京畜牧兽医研究所开发了依托 CRISPR/Cas9 对猪的 H11 位点定点整合系统，该系统能够将外源基因高效地插入该位点中，并使其高效表达（Ruan et al., 2015）。中国科学院动物研究所同样利用 CRISPR/Cas9 技术成功获得两头小眼畸形相关转录因子（microphthalmia-associated transcription factor, MITF）基因双等位基因敲除猪，MITF 蛋白是一种黑色素细胞发育的主要调节蛋白，也是黑色素瘤中的一个重要致癌基因，人类的 *MITF* 基因突变伴随有瓦登伯革氏综合征（Waardenburg syndrome, WS）及 Tietze 综合征（Tietze syndrome, TS）的症状。由于猪与人类有更多的生理上的相似性，*MITF* 双等位基因敲除猪可以作为模拟人类 WS 及 TS 的疾病模型（Wang et al., 2015）。

（二）基因表达调控方面的应用

除利用 CRISPR/Cas9 系统进行基因组编辑之外，利用 CRISPR/Cas9 系统能特异性地与 DNA 结合的特性，研究人员进一步开发了 CRISPR/Cas9 系统介导的基因表达调控技术。其原理是将 Cas9 蛋白进行突变，使其丧失核酸内切酶的活性，但仍然保持在 gRNA 的指导下进行特异性的 DNA 结合的能力，即无活性 Cas9 蛋白（dead Cas9, dCas9）。dCas9 可以特异性地干扰转录延伸、RNA 聚合酶结合或转录因子结合，最终实现基因表达的抑制。因此，也有人将这一系统称为 CRISPR 干扰技术（CRISPR interference, CRISPRi）。

美国加利福尼亚大学旧金山分校的 Jonathan 研究组创建了该技术并且成功地通过 CRISPRi 平台对细菌和真核细胞的基因表达进行了调控。他们的研究证明这一系统能有效抑制大肠杆菌中靶向基因的表达，并且不会出现脱靶效应。而且利用 CRISPRi，还可以同时抑制多个靶基因，并且这种作用是可逆的(Qi et al., 2013)。洛克菲勒大学的研究小组也在细菌上通过 dCas9 抑制基因转录，达到基因沉默的目的。同时将 dCas9 与 RNA 聚合酶的 ω 亚基融合达到特异性地启动基因表达的目的（Bikard et al., 2013）。在这一基础上，加利福尼亚大学的研究小组进一步发现，在基因组上的不同调控区的效应位点上加入 dCas9，能促进其稳定和有效的转录抑制或激活，并且在人类和酵母细胞中都得到了证实（Gilbert et al., 2013）。同时，将 dCas9 耦合到转录抑制结构域还能极大地增强多个内源性基因的表达沉默。此外，研究人员还利用转录组测序（RNA-seq）分析表明，CRISPRi 介导的转录抑制特异性很高。CRISPRi 不仅能实现基因表达抑制，还可以实现表达激活。两个不同的研究小组通过将 dCas9 蛋白与 VP64 转录激活结构域融合，在人类细胞中实现了 gRNA 指导下的特异性基因表达激活(Maeder et al., 2013; Perez-Pinera et al., 2013）。美国麻省理工学院张峰团队更是将 CRISPR/Cas9 技术与光遗传学结合，实现了光遗传学直接调控内源基因及表观遗传学状态的改变（Konermann et al., 2013）。

这些研究数据均表明，CRISPR/Cas9 系统不仅是一种新型的基因组编辑工具，还可以作为一个模块化、灵活的 DNA 结合平台，用于针对靶向 DNA 序列蛋白召集，这也表明 CRISPRi 可以作为细菌和真核细胞基因表达精确调控的一种通用工具。

五、CRISPR/Cas9 技术前景展望

CRISPR/Cas9 系统不仅具备了 ZFN 系统和 TALEN 系统的高效率，而且设计和构建过程比后两者简单很多。主要是因为决定靶位点的只是 gRNA 碱基互补一个因素，并且对于不同的靶位点，Cas 蛋白不需要再经过重新设计。另外，多个 gRNA 与 Cas9 同时表达可以达到一次性打靶多个位点，这大大降低了获得多靶向突变细胞或者动物的成本和时间。可以预期的是，CRISPR/Cas9 系统将会快速地在生物医学的多个领域中得到应用。

在今后的研究中，许多 CRISPR/Cas9 系统相关问题仍值得深入探讨。

第一个问题是，CRISPR/Cas9 系统对靶位点的选择是否有限制？目前已知，RNA-Cas9 复合体要求靶位点的 3'端后的序列为 NGG（PAM）。另外，如果 gRNA 由 U6 启动子启动转录，则 5'端需要为 G，如果是由 T7 聚合酶合成，则 5'端需要为 GG。若不考虑 5'端的要求，只考虑 PAM 的限制，则平均每 8bp 可以找到一个合适的靶位点（Jinek et al., 2013），这比 ZFN 系统的好，但是不及 TALEN 系统。

一项研究发现，在细菌中，PAM 区可以变为 NAG（Jiang et al., 2013）。如果这一规则也适用于真核细胞，则靶位点的选择能提高到每 4bp 可以找到一个合适的靶位点。

第二个问题是，CRISPR/Cas9 系统的特异性如何？脱靶效应会引起基因组重排或非特异性的删除效应，这些改变可能会对研究产生意想不到的影响，从而导致研究结果错误或不可重复。另外，在 CRISPR/Cas9 系统最具潜力的医疗应用中，脱靶效应也是目前遇到的最大障碍。而目前已经处于临床试验阶段的，用于产生 HIV 抗性的 T 细胞的 ZFN 系统，其脱靶率也是一块短板（Gabriel et al., 2011）。

目前的研究中，有 6 个研究团队在实验中未发现 CRISPR/Cas9 系统对细胞有明显的毒性。但是这并不是说 gRNA 对靶位点的识别是绝对特异的。在早期的研究中发现，单个核苷酸的错配就可以阻止某些 CRISPR/Cas9 系统的识别作用，因此人们对 CRISPR/Cas9 系统的特异性持乐观态度。但是马萨诸塞州综合医院的研究人员却发现，CRISPR/Cas9 系统在人细胞上有非常多的脱靶事件（Fu et al., 2013）。他们认为脱靶位点被 CRISPR/Cas9 系统识别和切割的效率有可能和靶位点一样高，甚至更高。这项发现表明，仍然需要进一步深入研究 CRISPR/Cas9 系统的特异性及寻找减少脱靶效应的方法，同时这项研究也使得研究人员的研究焦点开始转向提高 CRISPR/Cas9 系统的特异性上。

随后，在 2013 年 8 月，英国 *Nature Biotechnology* 再次以 CRISPR/Cas9 系统为主题，连续发表三篇探讨 CRISPR/Cas9 脱靶率及改进方法的研究论文。其中世界上第一个利用 CRISPR/Cas9 系统对人类细胞进行基因修饰的麻省理工学院张峰团队系统地研究了源于产脓链球菌（*Streptococcus pyogenes*）的 Cas9 打靶特异性（Hsu et al., 2013）。他们通过深度测序技术，在 293T 及 293FT 细胞中检测了 700 余个 gRNA 在 100 个以上含有错配碱基的脱靶位点的打靶效果，发现 CRISPR/Cas9 系统的脱靶性对脱靶序列呈现出一种序列依赖性，对于靶序列中错配碱基的数目、位置和分布非常敏感。哈佛医学院的 George 及其同事构建了一个由 Cas9 蛋白引导的特异性转录激活系统，并利用该系统比较了 CRISPR/Cas9 系统与 TALEN 系统在人类细胞中的靶向特异性（Mali et al., 2013b）。他们的研究发现，CRISPR/Cas9 系统能够容许 1~3 个碱基对错配，并且错配越远离 PAM 区，脱靶越可能发生。除错配碱基的位置和数量外，Pattanayak 等（2013）的研究发现，高浓度的 CRISPR/Cas9 复合体也会导致高频率的脱靶现象发生，当 Cas9 浓度较高时，即使错配发生在 PAM 区内部或者附近，DNA 双链仍然会被切断，相反，这种现象在低 Cas9 浓度时则不会发生。这三项研究也证实了 CRISPR/Cas9 有着较高的脱靶活性，如有研究就发现，CRISPR/Cas9 系统可能会发生 84%的脱靶现象，远远超乎之前人们的估计（刘志国, 2014）。

　　为了解决 CRISPR/Cas9 系统的脱靶问题，许多研究者都给出了各种解决方法。例如，麻省理工学院张峰团队就开创性地提出，将突变的、只能在双链 DNA 上形成缺口的 Cas9n 蛋白配对使用同时切割双链 DNA，形成 5′端突出的双链缺口（图 2-31）。这一方法可以在细胞中使脱靶率降低 50~1500 倍，同时不影响基因敲除效率（Ran et al., 2013）。另外，还可以通过更谨慎的选择和过滤靶位点而提高 gRNA 对靶位点的特异性，降低脱靶率。

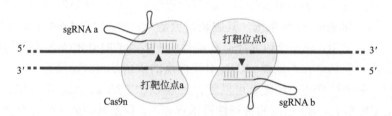

图 2-31　Ran 等提出的双 Cas9n 切口酶打靶原理示意图（改自 Ran et al., 2013）

Cas9n 为 D10A 突变的突变体，只能切割与 gRNA 直接互补的 DNA 单链。一对 sgRNA/Cas9n 复合体可以同时在正负链上切开切口，形成 5′端突出的末端

　　除脱靶的问题之外，CRISPR/Cas9 系统还有许多尚未回答的问题。例如，gRNA 与靶 DNA 结合的具体机制是什么、CRISPR/Cas9 系统识别和结合 DNA 时是否需要 DNA 解螺旋、CRISPR/Cas9 系统的作用效率是否受到染色体结构的影响等。一旦这些问题得到深入详细的解释和研究，我们有理由相信，CRISPR/Cas9 系统不仅会更大规模地应用于基因组编辑，更会是一项造福人类健康的医疗技术。

参 考 文 献

崔玉军, 李艳君, 颜焱锋, 等. 2008. 规律成簇的间隔短回文重复: 结构, 功能与应用. 微生物学报, 48(11): 1549-1555.

刘志国. 2014. CRISPR/Cas9 系统介导基因编辑的研究进展. 畜牧兽医学报, 45(10): 1567-1583.

Auer T O, Duroure K, De Cian A, et al. 2014. Highly efficient CRISPR/Cas9-mediated knock-in in zebrafish by homology-independent DNA repair. Genome Res, 24(1): 142-153.

Barrangou R, Fremaux C, Deveau H, et al. 2007. CRISPR provides acquired resistance against viruses in prokaryotes. Science, 315(5819): 1709-1712.

Bhaya D, Davison M, Barrangou R, et al. 2011. CRISPR-Cas systems in bacteria and archaea: versatile small RNAs for adaptive defense and regulation. Annual Review of Genetics, 45: 273-297.

Bikard D, Jiang W, Samai P, et al. 2013. Programmable repression and activation of bacterial gene expression using an engineered CRISPR-Cas system. Nucleic Acids Research, 41(15): 7429-7437.

Bolotin A, Quinquis B, Sorokin A, et al. 2005. Clustered regularly interspaced short palindrome repeats (CRISPRs) have spacers of extrachromosomal origin. Microbiology, 151(8): 2551-2561.

Chang N, Sun C, Gao L, et al. 2013. Genome editing with RNA-guided Cas9 nuclease in zebrafish embryos. Cell Research, 23(4): 465-472.

Cho S W, Kim S, Kim J M, et al. 2013. Targeted genome engineering in human cells with the Cas9 RNA-guided endonuclease. Nat Biotech, 31(3): 230-232.

Cong L, Ran F A, Cox D, et al. 2013. Multiplex genome engineering using CRISPR/Cas systems. Science, 339(6121): 819-823.

Deltcheva E, Chylinski K, Sharma C M, et al. 2011. CRISPR RNA maturation by trans-encoded small RNA and host factor RNase III. Nature, 471(7340): 602-607.

Deveau H, Garneau J E, Moineau S. 2010. CRISPR/Cas system and its role in phage-bacteria interactions. Annual Review of Microbiology, 64: 475-493.

Dong Z, Dong X, Jia W, et al. 2014. Improving the efficiency for generation of genome-edited zebrafish by labeling primordial germ cells. The International Journal of Biochemistry & Cell Biology, 55: 329-334.

Fu Y, Foden J A, Khayter C, et al. 2013. High-frequency off-target mutagenesis induced by CRISPR-Cas nucleases in human cells. Nature Biotechnology, 31(9): 822-826.

Gabriel R, Lombardo A, Arens A, et al. 2011. An unbiased genome-wide analysis of zinc-finger nuclease specificity. Nat Biotech, 29(9): 816-823.

Gilbert L A, Morsut M, Leonardo H L, et al. 2013. CRISPR-mediated modular RNA-guided regulation of transcription in eukaryotes. Cell, 154(2): 442-451.

Grissa I, Vergnaud G, Pourcel C. 2007. The CRISPRdb database and tools to display CRISPRs and to generate dictionaries of spacers and repeats. BMC Bioinformatics, 8(1): 172.

Hai T, Teng F, Guo R, et al. 2014. One-step generation of knockout pigs by zygote injection of CRISPR/Cas system. Cell Research, 24: 372-375.

Han D, Krauss G. 2009. Characterization of the endonuclease SSO2001 from *Sulfolobus solfataricus* P2. FEBS Letters, 583(4): 771-776.

Han H, Ma Y, Wang T, et al. 2014. One-step generation of myostatin gene knockout sheep via the CRISPR/Cas9 system. Frontiers of Agricultural Science and Engineering, 1(1): 2-5.

Hen B, Zhang J, Wu H, et al. 2013. Generation of gene-modified mice via Cas9/RNA-mediated gene targeting. Cell Research, 23(5): 720-723.

Hermans P, Van Soolingen D, Bik E, et al. 1991. Insertion element IS987 from *Mycobacterium bovis* BCG is located in a hot-spot integration region for insertion elements in *Mycobacterium tuberculosis* complex strains. Infection and Immunity, 59(8): 2695-2705.

Hsu P D, Scott D A, Weinstein J A, et al. 2013. DNA targeting specificity of RNA-guided Cas9 nucleases. Nat Biotech, 31(9): 827-832.

Hwang W Y, Fu Y, Reyon D, et al. 2013a. Heritable and precise zebrafish genome editing using a CRISPR-Cas system. PLoS One, 8(7): e68708.

Hwang W Y, Fu Y, Reyon D, et al. 2013b. Efficient genome editing in zebrafish using a CRISPR-Cas system. Nature Biotechnology, 31: 1-3.

Ishino Y, Shinagawa H, Makino K, et al. 1987. Nucleotide sequence of the *iap* gene, responsible for alkaline phosphatase isozyme conversion in *Escherichia coli*, and identification of the gene product. Journal of Bacteriology, 169(12): 5429-5433.

Jansen R, Embden J, Gaastra W, et al. 2002a. Identification of genes that are associated with DNA repeats in prokaryotes. Molecular Microbiology, 43(6): 1565-1575.

Jansen R, van Embden J D, Gaastra W, et al. 2002b. Identification of a novel family of sequence repeats among prokaryotes. Omics: A Journal of Integrative Biology, 6(1): 23-33.

Jao L E, Wente S R, Chen W. 2013. Efficient multiplex biallelic zebrafish genome editing using a CRISPR nuclease system. Proceedings of the National Academy of Sciences, 110(34): 13904-13909.

Jiang W, Bikard D, Cox D, et al. 2013. RNA-guided editing of bacterial genomes using CRISPR-Cas systems. Nature Biotechnology, 31(3): 233-239.

Jinek M, Chylinski K, Fonfara I, et al. 2012. A programmable dual-RNA-guided DNA endonuclease in adaptive bacterial immunity. Science, 337(6096): 816-821.

Jinek M, East A, Cheng A, et al. 2013. RNA-programmed genome editing in human cells. eLife, 2(3): e00471-e00471.

Kimura Y, Hisano Y, Kawahara A, et al. 2014. Efficient generation of knock-in transgenic zebrafish carrying reporter/driver genes by CRISPR/Cas9-mediated genome engineering. Scientific Reports, 4, 6545 DOI: 10.1038/srep06545.

Konermann S, Brigham M D, Trevino A, et al. 2013. Optical control of mammalian endogenous transcription and epigenetic states. Nature, 500(7463): 472-476.

Kunin V, Sorek R, Hugenholtz P. 2007. Evolutionary conservation of sequence and secondary structures in CRISPR repeats. Genome Biol, 8(4): R61.

Li D, Qiu Z, Shao Y, et al. 2013. Heritable gene targeting in the mouse and rat using a CRISPR-Cas system. Nat Biotechnol, 31(8): 681-683.

Li W, Teng F, Li T, et al. 2013. Simultaneous generation and germline transmission of multiple gene mutations in rat using CRISPR-Cas systems. Nature Biotechnology, 31(8): 684-686.

Maeder M L, Linder S J, Cascio V M, et al. 2013. CRISPR RNA-guided activation of endogenous human genes. Nature Methods, 10(10): 977-979.

Makarova K S, Aravind L, Grishin N V, et al. 2002. A DNA repair system specific for thermophilic Archaea and bacteria predicted by genomic context analysis. Nucleic Acids Research, 30(2): 482-496.

Makarova K S, Haft D H, Barrangou R, et al. 2011. Evolution and classification of the CRISPR-Cas systems. Nature Reviews Microbiology, 9(6): 467-477.

Mali P, Aach J, Stranges P B, et al. 2013a. CAS9 transcriptional activators for target specificity screening and paired nickases for cooperative genome engineering. Nat Biotech, 31(9): 833-838.

Mali P, Yang L, Esvelt K M, et al. 2013b. RNA-guided human genome engineering via Cas9. Science, 339(6121): 823-826.

Marraffini L A, Sontheimer E J. 2010. CRISPR interference: RNA-directed adaptive immunity in bacteria and archaea. Nature Reviews Genetics, 11(3): 181-190.

Mojica F, Ferrer C, Juez G, et al. 1995. Long stretches of short tandem repeats are present in the largest replicons of the Archaea *Haloferax mediterranei* and *Haloferax volcanii* and could be involved in replicon partitioning. Molecular Microbiology, 17(1): 85-93.

Niu Y, Shen B, Cui Y, et al. 2014. Generation of gene-modified cynomolgus monkey via Cas9/RNA-mediated gene targeting in one-cell embryos. Cell, 156(4): 836-843.

Ota S, Hisano Y, Ikawa Y, et al. 2014. Multiple genome modifications by the CRISPR/Cas9 system in zebrafish. Genes Cells, 19(7): 555-564.

Pattanayak V, Lin S, Guilinger J P, et al. 2013. High-throughput profiling of off-target DNA cleavage reveals RNA-programmed Cas9 nuclease specificity. Nat Biotech, 31(9): 839-843.

Perez-Pinera P, Kocak D D, Vockley C M, et al. 2013. RNA-guided gene activation by CRISPR-Cas9-based transcription factors. Nature Methods, 10(10): 973-976.

Qi L S, Larson M H, Gilbert L A, et al. 2013. Repurposing CRISPR as an RNA-guided platform for sequence-specific control of gene expression. Cell, 152(5): 1173-1183.

Ran F A, Hsu P D, Lin C Y, et al. 2013. Double nicking by RNA-guided CRISPR Cas9 for enhanced genome editing specificity. Cell, 154(6): 1380-1389.

Ruan J, Li H, Xu K, et al. 2015. Highly efficient CRISPR/Cas9-mediated transgene knockin at the H11 locus in pigs. Scientific Reports, 5: 14253-14263.

Sato M, Kagoshima A, Saitoh I, et al. 2015. Generation of α-1,3-galactosyltransferase-deficient porcine embryonic fibroblasts by CRISPR/Cas9-mediated knock-in of a small mutated sequence and a targeted toxin-based selection system. Reproduction in Domestic Animals, 50(5): 872-880.

Shen B, Zhang J, Wu H, et al. 2013. Generation of gene-modified mice via Cas9/RNA-mediated gene targeting. Cell Research, 23(5): 720-723.

Sinkunas T, Gasiunas G, Fremaux C, et al. 2011. Cas3 is a single-stranded DNA nuclease and ATP-dependent helicase in the CRISPR/Cas immune system. The EMBO Journal, 30(7): 1335-1342.

van der Oost J, Jore M M, Westra E R, et al. 2009. CRISPR-based adaptive and heritable immunity in prokaryotes. Trends in Biochemical Sciences, 34(8): 401-407.

Wang H, Yang H, Shivalila C S, et al. 2013. One-step generation of mice carrying mutations in multiple genes by CRISPR/Cas-mediated genome engineering. Cell, 153(4): 910-918.

Wang R, Preamplume G, Terns M P, et al. 2011. Interaction of the Cas6 riboendonuclease with CRISPR RNAs: recognition and cleavage. Structure, 19(2): 257-264.

Wang X, Zhou J, Cao C, et al. 2015. Efficient CRISPR/Cas9-mediated biallelic gene disruption and site-specific knockin after rapid selection of highly active sgRNAs in pigs. Scientific Reports, 5: 13348.

Wei C, Liu J, Yu Z, et al. 2013. TALEN or Cas9-rapid, efficient and specific choices for genome modifications. Journal of Genetics and Genomics, 40(6): 281-289.

Wiedenheft B, Zhou K, Jinek M, et al. 2009. Structural basis for DNase activity of a conserved protein implicated in CRISPR-mediated genome defense. Structure, 17(6): 904-912.

Xiao A, Wang Z, Hu Y, et al. 2013. Chromosomal deletions and inversions mediated by TALENs and CRISPR/Cas in zebrafish. Nucleic Acids Research, 41(14): e141.

第三章　动物基因组编辑相关技术

动物特别是家养动物的基因组编辑技术需要与其他技术相结合才能获得基因组编辑个体。基因组编辑技术与其他相关技术有机结合，将显著提高动物基因组编辑的效率。本章主要介绍一些与动物基因组编辑相关的技术，如显微注射技术、体细胞核移植技术、RNA 干扰技术等。

第一节　显微注射技术

显微注射技术（microinjection）是最早用于制备基因工程动物的技术，也是最早的基因组编辑技术之一。其基本原理是通过显微操作仪直接将外源基因片段用毛细注射针注射到受精卵的原核内，在受精卵的分裂、发育过程中，通过随机整合的方式让外源 DNA 整合到受精卵的基因组中。然后将注射过的受精卵移植到代孕母体内，使其在代孕母体的子宫内继续发育直到出生，之后鉴定出阳性个体，即获得了基因工程个体（图 3-1）。该方法在小鼠、斑马鱼等模式动物上应用最早，技术最为成熟，直到目前为止仍然是最为常用的方法，但是对于大型哺乳动物，如猪，由于卵中含有大量脂滴，不透明，不能很好地观察到原核，因此操作难度大，获得阳性后代的效率较低。

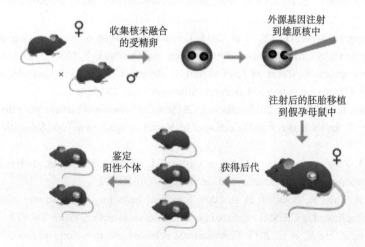

图 3-1　利用原核显微注射技术制备基因工程小鼠流程

一、原核显微注射技术制备基因工程猪技术路线

虽然猪原核显微注射技术难度大于小鼠，但是在体细胞克隆技术诞生之前，显微注射技术仍然是制备基因工程猪的最好方法，成功制作了一大批基因工程家畜，为基因工程动物研究奠定了坚实的基础。其操作流程如图 3-2 所示，主要包括以下步骤。

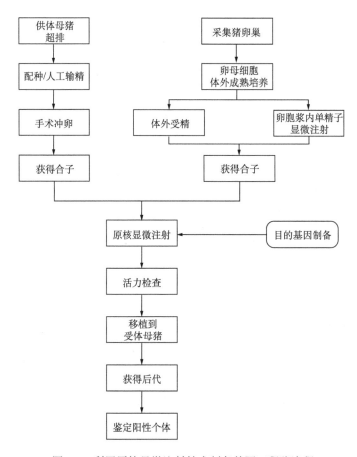

图 3-2　利用原核显微注射技术制备基因工程猪流程

1）猪原核胚胎的采集和培养。

2）目的基因的制备与纯化。

3）受精卵的显微注射。

4）受体母猪的准备。

5）胚胎移植操作。

6）术后母猪的管理与阳性个体的鉴定。

（一）猪原核胚胎的采集和培养

用于显微注射的猪原核胚胎一般有两个来源：一是通过手术方法直接采集猪体内成熟和受精的原核胚胎；二是采集屠宰厂的猪卵巢，在体外培养成熟后，利用体外受精技术或者卵胞浆内单精子显微注射（intracytoplasmic sperm injection, ICSI）技术获得猪的原核胚胎。前者由于处于猪体内的良好环境，发育能力强，获得基因工程后代的成功率高，但是从单个母猪采集到的胚胎数量很少，而大量采集又会导致成本非常高；后者受限于体外培养条件的种种不足，成功率与前者相比较低，但是成本远低于前者。

1. 猪体内成熟与受精的原核胚胎的获取

（1）供体母猪准备

根据研究目的选择所需要的猪品种。用来采集胚胎的母猪用后备母猪或者经产母猪均可，后备母猪需要选择体重在 120kg 以上、月龄在 8 个月以上的健康母猪。经产母猪最好是 5 胎以内的健康母猪。

后备母猪在试验前 1 个月集中饲养，观察并记录发情情况，以便预测其排卵时间。

（2）供体母猪超排处理

后备母猪在前一个发情期的第 14~16 天，注射孕马血清促性腺激素（pregnant mare serum gonadotropin, PMSG），注射剂量为 10~12U/kg 母猪体重。72h 后注射同剂量的人绒毛膜促性腺激素（human chorionic gonadotropin, HCG）。24h 后观察发情并配种（人工授精与本交均可），第一次配种后间隔 8h 复配一次。最后在第一次配种后 28h±4h 通过手术冲取原核胚。

经产母猪正常 25~28 天断奶（不能超过 28 天），断奶当天注射 PMSG，注射剂量为 8~10U/kg 母猪体重。72h 后注射同剂量的 HCG。24h 后观察发情并配种（人工授精与本交均可），第一次配种后间隔 8h 复配一次。最后在第一次配种后 28h±4h 手术冲取原核胚。

（3）手术冲取原核胚

在手术前一天开始对进入试验的母猪禁食。采用氯胺酮：犬眠宝按 1∶3 配比进行诱导麻醉，按照 0.05ml/kg 母猪体重进行静脉注射。维持麻醉采用水合氯醛（5%的硫酸镁+8%水合氯醛）静脉注射，维持剂量为 1~2ml/min。将麻醉好的母猪抬上手术台，保定四肢。手术部位在母猪腹中线最后一对与倒数第二对乳头之间，10cm±2cm 长。

清洁：用自来水清洗手术部位，再用洗衣肥皂洗涤，用剃毛刀将手术部位的猪毛剃净，再用自来水彻底清洗干净，然后用无菌纱布蘸干手术部位的水分。

消毒：用 2.5%的碘酒仔细擦拭手术部位两遍，然后用 75%的酒精脱碘。

手术：在手术部位固定创巾，用手术刀沿腹中线拉开皮肤 12~14cm，尽量避开血管，用手术刀柄钝性分离脂肪，直到看见腹肌中部的白色肌腱，用手术刀在中间拉开一个能伸入两个指头的小孔，伸入两根手指，用手术剪刀分别向两边扩大创口至 12cm 长，这个过程中注意不要伤及内部器官。

冲胚：手指沿着旁边的腹膜进入腹背部，逐渐向内探查子宫角，摸到子宫角后轻轻拉出子宫角，挦出卵巢，轻轻拨开伞部，将准备好的无菌冲卵管的一头插入输卵管的伞部开口处，并一直深入，直到接近输卵管壶腹部，固定好，另一头接入集卵杯中。另一个手术操作者用 50ml 无菌注射器吸取 20ml 左右的冲卵液，用 16 号针头，从子宫角与输卵管结合部刺入输卵管，并用手指夹住针头，快速将冲卵液压入输卵管，然后用手指从结合部挦到壶腹部。

缝合伤口：冲胚后，将子宫复位，伤口分三层缝合，最先缝合腹膜与腹肌，然后缝合脂肪层，最后缝合皮肤。

（4）捡胚

将集卵杯收集的冲卵液，倒入直径 10cm 的无菌细胞培养皿中，在体视显微镜下捡出原核胚，备用。

2. 猪卵母细胞体外成熟及体外受精原核胚制备

（1）猪卵母细胞体外成熟培养

从屠宰场采集猪卵巢，置于 38℃，含青霉素、链霉素各 200U/ml 的生理盐水中，在 2~3h 内带回实验室。用 38℃，含青霉素、链霉素各 200U/ml 的生理盐水彻底冲洗卵巢 3 次，在室温下，用 18 号针头抽取含有直径 3~6mm 卵泡的卵母细胞与卵丘细胞复合体，用冲卵液反复洗涤 3 次以上，然后在体视显微镜下挑选卵丘细胞包被紧密，且 3 层以上的卵母细胞与卵丘细胞复合体并捡出，在猪卵母细胞成熟培养液中洗涤一次，而后置于 4 孔细胞培养板中，每孔加入卵母细胞成熟培养液 0.5ml，放入 200 个左右卵母细胞与卵丘细胞复合体，覆盖无菌的液体石蜡油，置于 5%的 CO_2 培养箱中，38.5℃、100%的湿度培养 40~42h。

（2）猪成熟卵母细胞体外受精准备

待猪卵母细胞在体外培养 40~42h、在显微镜下观察到卵丘细胞变得蓬松后，将体外成熟的猪卵母细胞与卵丘细胞复合体用 0.1%透明质酸酶吹打 20 下，并在 M199 培养液中清洗干净。再用精子获能液改良的 Tris 缓冲培养基（modified tris-buffered medium, mTBM）洗涤 3 次。洗完后放在 mTBM 盘（50µl/滴）中，每滴 15 枚，备用。

　　（3）猪精子的预处理与体外受精

　　取新鲜稀释好的精液置显微镜下观察精子活力。选用活力 70%以上的精液。向 4ml 的 PBS 中加入 2ml 新鲜稀释精液（$1×10^8$ 个精子/ml），混匀。1900r/min，离心 5min。弃上清，加 4ml PBS 于沉淀中混匀，倾斜缓慢加入 3ml 的 60% percoll 中（置于 percoll 上层）。1900r/min，离心 5min。取离心后的精子沉淀加入 4ml mTBM 中，吹打混匀。1900r/min，离心 5min。弃上清（尽量弃干净），加 200µl mTBM 于沉淀上层（加时管壁倾斜，缓慢加入）。45°角放入培养箱中获能 5min 后，在显微镜下检测精子的获能状态。取 1.5ml 离心管，用 mTBM 将精子稀释到适宜的浓度（$1×10^6$ 个精子/ml）。在上述制备好的受精盘中，向每滴卵母细胞中加入 50µl 获能的精液，此时精子浓度为 $5×10^5$ 个精子/ml。放在 5%的 CO_2、38.5℃、100% 湿度的培养箱中共孵育 5~6h。将受精的胚胎转入猪胚胎培养液 PZM-3（pig zygotes media-3）液中轻轻吹打，去掉粘在卵母细胞周围的精子，然后转入 PZM-3 液中，置于 5%的 CO_2、38.5℃、100%湿度的培养箱中培养 8h，备用（崔文涛等，2007）。

3. 猪卵母细胞体外成熟、卵胞浆内单精子注射受精原核胚制备

　　1）猪卵母细胞体外成熟，见 2（1）。
　　2）猪卵母细胞准备，见 2（2）。
　　3）卵胞浆内单精子注射。

　　精子的预处理。取微量稀释好的新鲜精液滴在载玻片中央，于显微镜下观察精子的活力。选用活力 70%以上的精液。在 4ml 的磷酸缓冲溶液（phosphate-buffered saline, PBS）或者精子洗涤液中加入 2ml 新鲜稀释精液（$1×10^8$ 个精子/ml），混匀。1900r/min，离心 5min。弃上清，加 4ml PBS 于沉淀中混匀，倾斜缓慢加入 3ml 的 60% percoll 中（置于 percoll 上层）。1900r/min，离心 5min。向离心过后的精子沉淀中加入 10ml PBS，吹打混匀。1900r/min，离心 5min。弃上清（尽量弃干净），加适量 PBS 于沉淀上层。取 1ml 精液于 1.5ml 的离心管中，在超声仪下进行 1min 断尾处理，随后置于显微镜下观察精子状态。

　　卵胞浆内单精子注射操作盘的制备。取 60mm 的培养盘，在中间做一条含有 5µl/ml 细胞松弛素的 H199 液，周围做两滴 30µl 的含有 5%聚乙烯吡咯烷酮（polyvinylpyrrolidone, PVP）的精子滴，上加石蜡油覆盖。

　　将适量含有第一极体的成熟卵母细胞置于 1.5ml 离心管中，13 300g 离心

10min。用吸持针将卵母细胞第一极体固定在 12 点或者 6 点钟位置，注射针从 3 点钟位置进针，深入 9 点钟位置，注射时先回吸少量细胞质以确定质膜破裂，随后将精子和少量操作液一同注入细胞质中，即完成一次注射（图 3-3）。

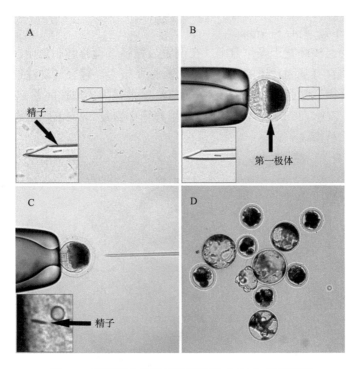

图 3-3　卵胞浆内单精子显微注射（ICSI）操作过程

A. 预处理后经超声波断尾的单个精子被吸到注射针内。B. 吸持针固定离心后的卵母细胞，使第一极体位于 6 点钟位置，注射针待注射单个精子头。C. 单个精子头被注入成熟卵母细胞中。D. 卵胞浆内精子显微注射后 168h 的囊胚图

全部卵母细胞注射结束后，放在 PZM-3 洗盘中恢复 1h。随后进行激活处理，方法同孤雌激活，激活参数为 0.5mm 电极槽、75V、80μs，一次脉冲。激活完成后，先在 PZM-3 洗盘中洗 3 次，将激活的胚胎转入 PZM-3 培养液中，置于 5%的 CO_2、38.5℃、100%湿度的培养箱中培养 8h，备用。

（二）目的基因的制备与纯化

原核显微注射用的 DNA 片段应当不含酚、酒精等杂质，具有较高的纯度，溶于 TE 缓冲液（TE buffer）或者无菌水中，稀释至 500 拷贝/μl，按照 20μl/管分装，–20℃保存备用（2 个月）。注射时先离心，吸取上清到注射针中，避免杂质堵塞注射针孔。

（三）受精卵的显微注射

将准备的基因片段灌注或者通过虹吸作用吸入显微注射针中，准备好显微注射操作盘。将上述各种方法制备的原核胚 15 枚左右，置于无菌的 1.5ml 离心管中，13 000r/min，离心 8~9min。

将离心的原核胚置于操作盘中，在倒置显微镜下调整胚胎角度，使雄性原核清晰可见，将含有基因片段的注射针刺入雄性原核中，轻轻转动注射器旋钮，见到雄性原核区微微膨胀即可（图 3-4）。将注射过基因的原核胚置 PZM-3 培养液中，于 5%的 CO_2、38.5℃、100%湿度的培养箱中恢复 2h 左右，检查胚胎活力后立刻进行胚胎移植。

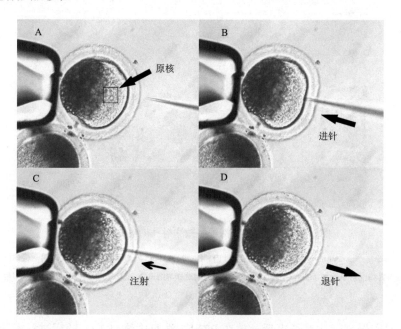

图 3-4　猪胚胎原核显微注射操作过程

A. 用持定针将离心后的合子固定，拨动到原核露出的位置。B. 注射针刺入原核中。C. 注射。D. 观察到原核轻微膨胀后退针

（四）受体母猪的准备

胚胎移植的受体母猪同样可以选择后备母猪或者经产母猪。两种母猪都可以选择自然发情或者人工注射激素诱导发情的母猪。选择后备母猪时，可在试验猪群中观察与供体同期发情的后备母猪作为受体母猪，或者采用同超排处理一样的方式，在后备母猪前一个情期的 14~16 天，与原核胚胎供体母猪同时用 PMSG 与

HCG 处理后备母猪，处理剂量为 8U/kg 母猪体重，并观察发情正常的母猪，作为受体母猪。

选择经产母猪作为受体时，可选择下产床 7 天内，与供体母猪同期发情的经产母猪作为受体母猪。或者将下产床 2~3 天的经产母猪，与供体母猪同时用 PMSG 与 HCG 处理，处理剂量为 5U/kg 母猪体重，观察并选择发情正常的母猪，作为受体母猪。

（五）胚胎移植操作

上述母猪在手术进行前一天停食，手术具体过程参照原核胚胎供体母猪的冲卵手术。找出输卵管伞部开口处，插入移植管，每头受体母猪移植 25 枚±5 枚活力正常的注射胚。伤口缝合按照前述（见本节"手术冲取原核胚"）。

（六）术后母猪的管理与阳性个体的鉴定

术后管理：术后前 3 天需注射抗生素，每头受体母猪每天注射青霉素 320 万单位、链霉素 100 万单位，分两次注射。3 天后，母猪每天需要运动 2 次，每次 30min，持续 7 天左右，避免腹部粘连。

饲养管理：术后前 20 天，每天喂料 2 次，每次 1kg 妊娠料；受孕 21~60 天，每天喂料 3 次，每次 1kg 妊娠料；第 61~100 天，每天喂料 3 次，每次 1.5kg 妊娠料；101 天到分娩，每天喂料 3 次，每次 1kg 妊娠料。后期增加母猪运动量。仔猪出生后，做好护理和保育工作，取耳部或者尾部组织样品，使用 PCR、Southern 杂交等方法鉴定阳性个体。

二、原核显微注射法制备基因工程动物的研究进展

早在 1966 年，加利福尼亚大学医学院 Lin 博士即探索利用显微镜和显微注射针，系统地研究了微量注射不同外源物质（石蜡油、牛 γ 球蛋白溶液等）后，小鼠胚胎的分裂、发育情况，并指出该技术在研究哺乳动物胚胎发育、分化及遗传效应等方面具有重要的应用价值。但一直到 1980 年，利用显微注射法制备基因工程动物的技术才正式建立。Gordon 等（1980）首先采用显微注射法将人的胸苷激酶基因注射到小鼠的受精卵中，从而培育出了带有人源基因的"新型"基因工程小鼠。该项技术宣告了人类正式进入了按照意愿对哺乳动物的基因组进行修饰的基因工程动物技术时代。1982 年，Palmiter 等（1982）又成功通过该技术，将大鼠生长激素基因注射到小鼠的受精卵中，制备了基因工程"超级鼠"。该超级鼠比普通对照小鼠生长速度快 2~4 倍，体形大一倍，在公众中引发了轰动效应，为建立人类疾病动物模型、加速哺乳动物育种进程、建立哺乳动物生物反应器等方面，展示了一个革命性的前景。此后，按照同样的技术路线和方法，基因工程兔、

基因工程绵羊、基因工程猪（Hammer et al., 1985）、基因工程牛（Krimpenfort et al., 1991）及基因工程山羊（Ebert et al., 1991）也陆续制备成功。除了培育基因工程哺乳动物之外，显微注射技术还被用于基因工程家禽（Love et al., 1994）和基因工程鱼（朱作言等, 1986）等动物，丰富了基因工程动物成果。同时，这也证明了显微注射技术的应用范围非常广阔，具有重要的应用价值。

　　受到转大鼠生长激素基因的超级鼠所表现出的生长速度和体重增加的惊人结果启发，原核显微注射技术迅速应用到培育新型家养动物的研究中。希望通过在畜牧动物中整合并表达各类不同的生长激素基因，获得生长速度快、体形更大的优良动物。猪作为重要的经济动物，其生长速度和体重更是畜牧生产中重点关注的生产性能指标，因此成为制备转生长激素基因研究的首选动物物种。在很短的时间内，先后成功制备了转人生长激素基因、转猪生长激素基因、转大鼠生长激素基因和转牛生长激素基因的基因工程猪。通过进一步饲养和测定发现，转入外源生长激素基因的基因工程猪表现出了生长速度快、体形更大的性状，达到了预期的目的。但与此同时，也发现转生长激素基因的基因工程猪存在一些问题，如畸形率高、胎儿死亡率高、对环境应激格外敏感（Hammer et al., 1985; Pursel et al., 1989），以及外源生长激素过度表达导致的不良反应等问题。这些问题基本上都可归因于原核显微注射技术本身无法控制外源基因的插入位点及插入的拷贝数，从而导致转入的生长激素表达水平过高，或者插入位点破坏了某些具有重要功能的基因等。再加上绝大多数原核显微注射获得的基因工程个体都是杂合体，需要进一步繁育才能得到纯合个体，而纯合个体不易获得。这些都导致原核显微注射技术培育的基因工程猪难以育成一个遗传稳定的，同时具备良好生产性状的种群。

　　此后，鉴于对某些具有医疗价值的珍稀蛋白的巨大需求，基因工程动物生物反应器成为显微注射法培育基因工程动物研究的新热点。早期的动物生物反应器主要以在小鼠或者大鼠的乳腺系统表达外源基因为主。但是小鼠乳汁收集极为困难，且产量不足。因而随着原核显微注射大动物的成功，科学家开始使用兔、猪、羊、牛等动物替代小鼠和大鼠模型，并且开发出了除乳腺外的其他表达系统，如血液系统、唾液系统及泌尿系统等。Bühler 等（1990）使用家兔 β-酪蛋白（β-casein）基因的启动子，引导人源白细胞介素 2 基因在兔子的乳腺中表达，获得了乳汁中分泌人白细胞介素 2 蛋白的基因工程兔。Brem 等（1994）又用牛 αS1-酪蛋白（αSl-casein）基因的启动子，引导人源的类胰岛素生长因子 1（insulin-like growth factor 1, IGF-1）在兔子的乳腺中表达，获得了乳汁中高效表达人 IGF-1 蛋白的基因工程兔。这两者都是具有较大应用价值的动物生物反应器的代表。研究发现，原核显微注射制备的基因工程兔生物反应器模型在囊胚率、胚胎移植妊娠率及产仔率上都优于小鼠胚胎（Voss et al., 1990）。但是，家兔的泌乳量仍然较低，能够获得的重组蛋白非常有限，难以满足重组蛋白的巨大需求。因此，研究者们对基于体形更大、泌乳量更多的大型家养动物如猪、羊、牛等的动物生物反应器寄予了厚望。

在基因工程羊生物反应器的制备中，Ebert 等（1991）使用山羊 β-酪蛋白基因的启动子，引导人源组织性血纤维蛋白溶酶原激活因子（*htPA*）基因在羊的乳腺中表达，成功制备出能在乳腺中表达 htPA 蛋白的基因工程山羊，其表达水平为每升乳汁中含 3g htPA 蛋白；Wright 等（1991）使用绵羊的 β-乳球蛋白（β-lactoglobulin）启动子，引导人源 α 抗胰蛋白酶（hαlAT）基因在绵羊乳腺中表达，成功制备出每升乳汁中表达量高达 35g halAT 蛋白的基因工程绵羊。

在动物生物反应器的研究中，基因工程牛生物反应器的制备备受关注，因为一头正常乳牛的年均产乳量在 6000~10 000kg，如此大的生产量，使牛无疑成为最有潜力的制备生物反应器的对象。通过显微注射技术，在 1991 年获得了第一头表达人乳铁蛋白的基因工程奶牛（Wall et al., 1992）。与此同时，除利用乳腺表达外源蛋白的动物生物反应器外，通过显微注射技术也开发了在血液系统表达外源蛋白的动物生物反应器，尤其是在表达人源的血液蛋白如血红蛋白、各种抗体等蛋白时，血液表达系统与乳腺表达系统相比更具优势。1992 年，Swanson 等（1992）就通过显微注射技术，成功制备出了在血液中大量表达人血红蛋白的基因工程猪。

在利用原核显微注射技术获得一系列基因工程动物的同时，该技术本身的缺点也越发凸显（崔文涛等，2007）。首先，就是外源基因的随机整合效率非常低。大鼠的整合效率为 17.6%，小鼠为 17.3%，家兔为 12.8%，牛、猪和绵羊分别为 3.6%、9.2%和 8.3%（Wall, 1996; Wall et al., 1992），若换以外源基因整合后的蛋白质表达率计，则可能又低几个数量级，因为大量的研究表明，随机整合的外源基因多数情况下不能正常表达。其次，外源基因随机整合到受体基因组上会带来一系列问题，如导致后代畸形率高，存活率低且不易得到纯合后代。最后，就是难以获得高表达外源基因的个体，这也是因为外源基因只能随机整合，无法控制整合位点及整合的拷贝数，从而无法控制外源基因的表达量。因此，在可控性和安全性更高的体细胞核移植技术诞生后，原核显微注射技术逐渐退出了基因组编辑的舞台，只在小鼠或者斑马鱼等模式生物的发育生物学研究中发挥着重要作用。一直到近年来锌指核酸酶（zinc finger nuclease, ZFN）、转录激活因子样效应物核酸酶（transcription activator-like effector nuclease, TALEN）及 CRISPR/Cas9 等新型基因组编辑系统的出现，才令显微注射技术重新焕发出夺目的光彩。利用显微注射技术直接将 ZFN、TALEN 或者 CRISPR/Cas9 的 DNA 载体或者 mRNA 片段直接注射到动物的受精卵中（Li D et al., 2013; Li W et al., 2013），就能高效获得基因敲除个体。整个过程简便、快捷、高效，在家畜动物育种、人类疾病模型建立、动物生物反应器制备、人类遗传疾病的治疗等方面都体现出了巨大的应用价值。

参 考 文 献

崔文涛, 单同领, 李奎. 2007. 转基因猪的研究现状及应用前景. 中国畜牧兽医, 34(4): 58-62.

朱作言, 许克圣, 李国华, 等. 1986. 人生长激素基因在泥鳅受精卵显微注射转移后的生物学效应. 科学通报, 5: 387-389.

Brem G, Hartl P, Besenfelder U, et al. 1994. Expression of synthetic cDNA sequences encoding human insulin-like growth factor-1 (IGF-1) in the mammary gland of transgenic rabbits. Gene, 149(2): 351-355.

Bühler T A, Bruyere T, Went D, et al. 1990. Rabbit β-casein promoter directs secretion of human interleukin-2 into the milk of transgenic rabbits. Nature Biotechnology, 8(2): 140-143.

Ebert K M, Selgrath J P, DiTullio P, et al. 1991. Transgenic production of a variant of human tissue-type plasminogen activator in goat milk: generation of transgenic goats and analysis of expression. Nature Biotechnology, 9(9): 835-838.

Gordon J W, Scangos G A, Plotkin D J, et al. 1980. Genetic transformation of mouse embryos by microinjection of purified DNA. Proceedings of the National Academy of Sciences, 77(12): 7380-7384.

Hammer R E, Pursel V G, Rexroad C E, et al. 1985. Production of transgenic rabbits, sheep and pigs by microinjection. Nature, 315: 680-683.

Krimpenfort P, Rademakers A, Eyestone W, et al. 1991. Generation of transgenic dairy cattle using 'in vitro' embryo production. Nature Biotechnology, 9(9): 844-847.

Li D, Qiu Z, Shao Y, et al. 2013. Heritable gene targeting in the mouse and rat using a CRISPR-Cas system. Nat Biotechnol, 31(8): 681-683.

Li W, Teng F, Li T, et al. 2013. Simultaneous generation and germline transmission of multiple gene mutations in rat using CRISPR-Cas systems. Nature Biotechnology, 31(8): 684-686.

Lin T P. 1966. Microinjection of mouse eggs. Science, 151(3708): 333-337.

Love J, Gribbin C, Mather C, et al. 1994. Transgenic birds by DNA microinjection. Nature Biotechnology, 12(1): 60-63.

Palmiter R D, Brinster R L, Hammer R E, et al. 1982. Dramatic growth of mice that develop from eggs microinjected with metallothionein-growth hormone fusion genes. Nature, 300: 600-615.

Pursel G P, Pinkert C A, Miller K F, et al. 1989. Genetic engineering of livestock. Science, 244: 1281-1288.

Swanson M E, Martin M J, O'Donnell J K, et al. 1992. Production of functional human hemoglobin in transgenic swine. Nature Biotechnology, 10(5): 557-559.

Voss A, Sandmöller A, Suske G, et al. 1990. A comparison of mouse and rabbit embryos for the production of transgenic animals by pronuclear microinjection. Theriogenology, 34(5): 813-824.

Wall R J. 1996. Transgenic livestock: progress and prospects for the future. Theriogenology, 45(1): 57-68.

Wall R, Hawk H, Nel N. 1992. Making transgenic livestock: genetic engineering on a large scale. Journal of Cellular Biochemistry, 49(2): 113-120.

Wright G, Carver A, Cottom D, et al. 1991. High level expression of active human alpha-1-antitrypsin in the milk of transgenic sheep. Nature Biotechnology, 9(9): 830-834.

第二节　体细胞核移植技术

体细胞核移植（somatic cell nuclear transfer, SCNT）技术，也称为体细胞克隆（somatic cell cloning）技术、动物克隆（animal cloning）技术，是指将一个动物细胞的细胞核移植至去核的卵母细胞中，产生与供体细胞核遗传成分一样的动物的技术。如果将经过核移植获得的动物个体的细胞再拿来做核供体细胞进行核移植，就叫作连续克隆或再克隆。

该技术于 1996 年首次成功，获得了世界上第一头体细胞克隆动物"多莉"羊（Wilmut et al., 1997）。经过近 20 年的发展，科学家们已经先后成功获得体细胞克隆绵羊、小鼠、牛、猪、山羊、猫、兔、马、骡子、狗、雪貂、骆驼、水牛和狼等动物（于洋等，2009）。体细胞克隆技术不仅为胚胎发育、细胞全能性等领域提供了全新的基础理论，也把转基因技术、基因打靶技术和基因组编辑技术从模式动物上推广到了多种非常规实验动物上，大大地提高了基因工程技术的应用范围，同时又极大地降低了制作基因工程大动物的生产成本，真正开始将动物基因工程和基因敲除技术推向农业、医疗、药物等行业的应用层面上（图 3-5）。

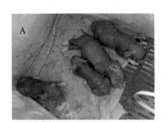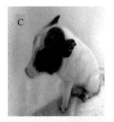

图 3-5　中国农业科学院北京畜牧兽医研究所制备的体细胞克隆猪

A. ZFN 技术制备的仿比利时蓝牛 *MSTN* 基因敲除梅山猪（Qian et al., 2015）。B. 同时转入三种糖尿病相关基因的五指山猪（Kong et al., 2016）。C. CRISPR/Cas9 技术介导的 H11 位点定点整合 *GFP* 基因巴马猪（Ruan et al., 2015）。
D. 同时转入两种糖尿病相关基因的巴马猪。E. TALEN 技术制备的 *MSTN* 基因敲除梅山猪

一、体细胞核移植技术简介

　　移植实验最早是为了研究细胞核的全能性和发育过程中细胞核与细胞质的相互关系而建立的，由德国胚胎学家 Hans Spemann 于 1938 年首次提出，但是未获成功。直到 1952 年，Briggs 和 King（1952）才成功将 Spemann 设计的实验完成，获得了胚胎细胞核移植后代。当时主要研究的是爬行动物（蝾螈）和两栖动物（非洲爪蟾）。而哺乳动物的核移植研究直到 1969 年才开始，并且进展缓慢，这主要是因为哺乳动物卵母细胞较小，而当时的显微操作仪器精度较低及哺乳动物卵母细胞体外成熟和胚胎体外培养等技术尚不完善等原因。直到 1983 年，McGrath 和 Solter（1983）才建立了一套适用的方法并成功地获得了克隆小鼠。之后随着显微操作仪器、发育生物学及胚胎工程技术的不断升级和进步，核移植技术才有了飞速的发展。

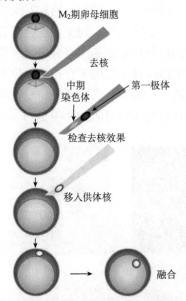

图 3-6　多莉羊制备时的核移植流程

首先，用玻璃毛细管将成熟的黑面绵羊卵细胞的第一极体及附近的卵胞质一起吸出，达到去细胞核的目的，然后移入白面绵羊的乳腺细胞。电刺激使移入的体细胞与卵细胞融合，最后将融合后的胚胎细胞移植到代孕黑面绵羊体内。胚胎继续分裂发育，形成克隆绵羊多莉

　　早期的研究主要以胚胎细胞作为核供体，移植到一个去核的卵母细胞中，即胚胎细胞克隆。经过不断完善显微注射、细胞融合、激活及体外培养等技术，先后培育出了胚胎细胞克隆小鼠、兔、牛、猪和山羊等动物。胚胎细胞克隆技术在应用上存在很大的不足，因为作为核供体的胚胎细胞主要来源于囊胚中具有多潜能发育能力的内细胞团。要获得这种细胞，必须破坏囊胚。这就导致克隆成本很高，而且单个囊胚获得的可用的细胞量也非常少。因此，科学家们开始探索利用分化后的体细胞进行克隆的可能性。1995 年，Campbell 等（1995）用培养发育到第 9 天的绵羊胚胎中已分化的胚盘细胞作为供体细胞成功培养出了两只羊，它标志着哺乳动物体细胞核移植的开端。随后在 1996 年，英国罗斯林研究所的 Wilmut 等（1997）成功以分化程度更高的成体绵羊乳腺上皮细胞为核供体，获得了体细胞克隆羊"多莉"（Dolly）（图 3-6）。体细胞克隆羊"多莉"不仅证明了高度分化的体细胞仍具有全能性，对细胞全能性的理论问题给出了一个精彩

的答案，更在世界范围内掀起了广泛影响，成为生物学发展史上一个重要的里程碑。高度分化体细胞克隆技术的成功，使其不再依赖于胚胎细胞，大大地拓展了动物克隆技术的应用领域。之后的 20 年中，各国科学家相继以高度分化体细胞为核供体培育出了克隆小鼠、牛、山羊、猪、兔、猫、狼、狗、马、骡子等动物（吕鑫等，2013）。

　　体细胞克隆技术诞生至今已有 20 多年，经过 20 多年的发展，体细胞克隆技术相继克服了许多不同物种上的克隆难题，同时也发展出了手工克隆（hand-made clone）（Kragh et al., 2009）等新的克隆技术。整体而言，目前的克隆技术在实施方法和基础理论方面都得到了较快的发展，克隆效率也有所提升，克隆后代的数量也越来越多。但是体细胞克隆技术同时也存在较多问题，克隆效率也需要进一步提高，依然有许多基础理论问题尚不完全清楚。但是，体细胞克隆技术至今为止依然是唯一的能够从单细胞获得完整个体的技术，在基础研究和医疗应用方面都有巨大的研究意义，其应用前景十分广阔。

二、体细胞克隆的主要方法及流程

　　核移植根据其供体细胞不同又分为早期胚胎细胞核移植、胚胎干细胞核移植和已分化的体细胞核移植。从目前来看，体细胞核移植主要有两条技术路线：一是罗斯林技术（Wilmut et al., 1997）（图 3-6）；二是檀香山技术（Wakayama et al., 1998）（图 3-7）。此外，还有不依赖大型显微操作设备、经济简易的手工克隆技术。

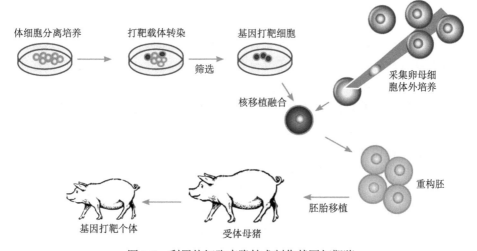

图 3-7　利用体细胞克隆技术制作基因打靶猪

利用体细胞克隆技术制作基因打靶猪的流程基本与克隆流程一致，区别在于核供体细胞是经过打靶载体的转入、
筛选后，目的基因被敲除的体细胞

　　两种技术路线基本一致，只是在操作细节上略有差别。罗斯林技术对供体细胞进行血清饥饿处理，以使细胞处于 G_0 期，保证同步化（匡颖等，2003）。而檀香山技术则不进行血清饥饿处理。

　　手工克隆技术的主要流程是将去掉透明带的卵子，用徒手切割的方法切成两半，去掉带有细胞核的一半，将两个不带有细胞核的半卵夹一个体细胞一起融合、激活，然后通过支持无透明带卵/胚胎培养系统进行培养。该技术最大的优点是不需要昂贵的显微操作仪器，经济实用，目前已成功获得牛、羊、猪等克隆动物。

　　通用的体细胞核移植技术主要包括以下几个步骤。

　　1）核供体细胞的准备。

　　2）卵母细胞的采集与体外成熟。

　　3）受体卵母细胞的去核。

　　4）供体细胞的核移植。

　　5）重构胚胎的融合与激活。

　　6）重构胚胎的体外培养与移植。

（一）核供体细胞的准备

　　在动物克隆技术研究早期，普遍认为只有使用具有发育全能性或者发育多能性的细胞作为核供体，才能使核移植后的重构胚胎继续发育成为完整的个体。但是使用高度分化的乳腺细胞作为核供体细胞的克隆羊"多莉"的诞生，证明这一理论并不成立。目前能够获得成活后代的核供体细胞类型有卵丘/颗粒细胞、输卵管上皮细胞、皮肤成纤维细胞、肌肉细胞、子宫细胞、干细胞等。因此理论上，所有含有细胞核的体细胞都可以经过克隆重新发育成一个新的个体。有研究表明，核供体细胞的分化程度越高，用其进行体细胞克隆后的效率越低。也就是说，克隆效率与所用核供体细胞的分化程度呈负相关（Ogura et al., 2013）。但是在实际操作中，综合各种细胞是否容易获得，体外培养技术是否成熟、是否方便进行基因改造及克隆后的发育能力等因素，通常选用妊娠早期的胎儿成纤维细胞作为核供体细胞。

　　在选择核供体细胞时需要考虑的另一个问题是细胞周期的同期化处理。核移植技术涉及核供体及受体细胞两种细胞，它们的状态是决定重构胚胎能否进一步发育成新个体的关键因素。在细胞状态中，细胞周期的同步性是最先受到关注的一点。Campbell 等（1995）早在开始培育第一头体细胞克隆绵羊时就提出，处于休眠时期的体细胞核才能在克隆中发育。此后的研究基本都遵循这一理论，采用血清饥饿法或者解除抑制法使核供体细胞处于静止的 G_0/G_1 期。但是也有研究认为，无需刻意选择 G_0/G_1 期细胞，自然状态下非静止的细胞同样能获得成活的克隆动物（Cibelli et al., 1998）。该问题到目前为止依然没有定论，且缺乏相关的研究。一方面，目前还不能完全使细胞处于活跃或者静止状态；另一方面，体细胞核移植后胚胎能发育成完整个体的效率还很低，获得的成活克隆动物较少，难以形成可信的统计数据。这些获得的克隆动物是由静止状态的细胞发育而成还是由混在其中的、少数的非静止状态的细胞发育而成，难以确定。因此在实际操作中，通常都采用人工诱导静止的方法。

（二）卵母细胞的采集与体外成熟

目前的体细胞克隆技术中，MⅡ期卵母细胞是采用较多的核移植受体。且出于经济成本、操作简便性和大规模生产等因素的考虑，从屠宰厂采集卵巢（图3-8），抽取卵泡液，人工挑选卵丘细胞-卵母细胞复合体（cumulus-oocyte complex，COC），在体外条件下培养至MⅡ时期并去核后作为核移植的受体细胞。

图 3-8　质量较好的猪卵巢

质量较好的猪卵巢质量应大于4g，卵泡直径在5~8mm，卵泡饱满且分布均一，无充血，无白色颗粒。卵泡液色泽微黄、清亮

采用从屠宰厂采集卵巢的方法时应当特别注意温度的控制，另外季节也对屠宰厂采集的卵巢和卵母细胞的质量有较大影响。张坤等（2007）对季节对猪体外成熟卵母细胞发育能力的影响做了系统研究。研究发现，在北京地区，春季（3~5月）卵丘细胞-卵母细胞复合体/卵巢的比例最高，为 7.6%±3.5%，与夏、秋、冬差异显著。但是经体外培养后，没有发现不同季节MⅡ期卵母细胞的比例有显著

性差异。另外还发现，猪体细胞克隆胚胎在春季囊胚率获得提高，且总体而言，冬季胚胎移植无论是妊娠率还是出生率都明显低于春季。

　　在卵母细胞体外成熟培养过程中，多种因素都会影响成熟卵母细胞的质量，张莉（2005）对影响猪卵母细胞体外成熟的几个主要因素进行深入研究，筛选出了较理想的猪卵母细胞体外成熟培养方案。该研究发现，猪卵母细胞在体外培养44h 和 46h 的成熟率（57.56%±2.8%、61.40%±14.44%）显著高于体外培养 40h 的成熟率（27.26%±6.54%）。猪卵母细胞在 20%氧分压的成熟率与 7%氧分压的成熟率无显著性差异。并且不同成熟培养液对猪卵母细胞的后期发育影响很大。总体而言，卵母细胞的成熟度对核移植操作中的去核至关重要，成熟时间太长，极体与卵母细胞核中期板的位置相距较远，盲吸法去核时不能准确去核。成熟时间太短，细胞质成熟又不理想，不能有效指导核移植胚胎的重编程。所以，要根据不同动物的卵母细胞的成熟时间，制定合理的去核操作时间。

（三）受体卵母细胞的去核

　　卵母细胞去核方法，根据其愈合原理可以分为机械去核法和化学去核法两种。机械去核法是最早使用的方法，根据其具体操作的不同，又可以分为盲吸法（图3-9）、染色法及 Piezo 辅助去核法等。盲吸法即不对卵母细胞进行任何染色，直接用去核针吸走极体及极体附近的部分卵母细胞胞质。该方法对于猪的卵母细胞

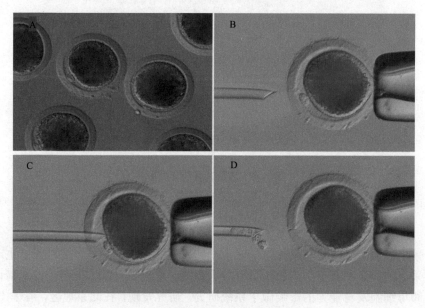

图 3-9　猪卵母细胞的盲吸法去核过程

A. 体外培养成熟的猪卵母细胞；B、C、D 为去核过程

来说有一定难度，因为猪卵母细胞中含有大量脂滴，无法看到细胞核，因此去核效果及对卵母细胞的损伤程度依赖于熟练的操作技术。染色法则是在去核前，先使用荧光染料对卵母细胞核进行染色，去核时能直接观察到核的位置，因此去核率可达到百分之百。但是荧光染料常常对卵母细胞有负面影响，会导致卵母细胞质量下降。Piezo 辅助去核法是 Wakayama 等在 1998 年首次采用的。Piezo 电动显微注射系统（Piezo electric microinjection, PEM）的原理是通过高频振动去核针，使其穿过透明带，因此去核针可以做成平头，对卵母细胞损伤较小，大大提高了去核后卵母细胞的质量（Wakayama et al., 1998）。

　　与机械去核法相比，化学去核法的优点不言而喻。该方法更为简单，操作简便并且可以同时处理几十甚至上百枚卵母细胞。化学去核法的原理是使用依托泊苷（etoposide）和放线菌酮等能改变卵母细胞分裂、分离动力系统的化学试剂，使卵母细胞的中期板和极体一起排出。除足叶乙苷和放线菌酮外，也有采用脱羧秋水酰碱来达到去核效果的（Gasparrini et al., 2003），该方法已经成功地完成了小鼠卵母细胞的去核。

（四）供体细胞的核移植

　　目前证明，能够作为核移植供体细胞的有卵丘细胞、睾丸支柱细胞、精子细胞、脑细胞、胎儿或成体成纤维细胞、乳腺细胞、胚胎干细胞（ES 细胞）等多种细胞，并且通常认为，并不是所有类型的体细胞均可以用来进行体细胞克隆。供体细胞的类型、基因型、分化程度及其所处的细胞时期都对核移植效率有影响（Inoue et al., 2003）。

　　分化程度较低的细胞比分化程度高的细胞，在作为供体细胞进行核移植时成功率更高。例如，利用小鼠的 ES 细胞作为供体细胞进行核移植，其后代成活率就比用卵丘细胞作供体时高 10%~20%。另外，在体细胞克隆技术诞生时，普遍认为供体细胞必须处于静止期（G_0 期）才能使体细胞核移植成功（Wakayama et al., 1998）。通常使用血清饥饿法或者接触抑制法来使供体细胞处于 G_0 期，然后再进行核移植操作。但是后来发现处于非静止期的，并且不经过人工处理，诱导其处于静止状态的供体细胞进行核移植也能获得成功（Zhou et al., 2001）。因此，关于供体细胞静止状态对体细胞核移植的重要性，目前仍然是一个没有定论的问题。总而言之，供体细胞是决定核移植能否成功的一个重要因素。

（五）重构胚胎的融合与激活

　　由于体细胞核移植过程中并没有常规胚胎发育中重要的受精这一步骤，因此移入供体细胞后的卵母细胞并不能自动进行后续的胚胎发育。必须对核移植胚胎进行人工激活以促使其发生融合、重编程等一系列过程，以便进一步发育。目前应用较多的激活方法可以分为电激活和化学激活，以及电激活结合化学激活三种方法。

电激活的原理目前认为是直流电脉冲可导致真核生物质膜脂双层不稳定，这种不稳定会在质膜上产生许多微小的孔洞。因此，在电流脉冲的瞬间，卵母细胞质膜上瞬间产生大量孔洞，使得细胞内外离子和大分子得以交换，产生显著的跨膜 Ca^{2+} 流，从而激活克隆胚胎。一般认为，孔洞的大小受质膜电位变化、脉冲时间、培养液中的离子强度等因素的影响。因此电激活一般需控制三个参数：电场强度、脉冲时间和脉冲次数。但需要注意的是，具有激活作用的是 Ca^{2+} 流而不是电刺激本身。由于不同物种、不同来源甚至不同条件下，克隆胚胎的细胞膜成分都不相同，因此适合激活的电脉冲条件也不尽相同。另外，在电激活的具体使用方式上，有融合前激活、融合同时激活及融合后激活三种。三种方法各有利弊，但融合时同时激活法减少了克隆操作的步骤，节省时间，因而成为常用的方法。

化学激活法多种多样，具体处理方法和处理时间也不尽相同。例如，乙醇、离子霉素、钙离子载体 A23187、氯化锶、放线菌酮、丝氨酸/苏氨酸蛋白激酶抑制剂、精子提取物等都可以用来激活克隆胚胎。另外，有多项研究表明，多种化学试剂联合处理或者先后处理，能够获得较高的激活率，并增加重构胚胎的发育率和克隆后代的出生率（Loi et al., 2002）。例如，先使用离子霉素处理，再移入放线菌酮或者丝氨酸/苏氨酸蛋白激酶抑制剂中处理等。而电激活和化学激活两者结合使用，也能够显著提高体细胞核移植胚胎的发育能力（Roh and Hwang, 2002）。

（六）重构胚胎的体外培养与移植

胚胎体外培养一直是影响胚胎移植后发育能力的一个重要因素。到目前为止，哺乳动物胚胎的体外培养系统仍然存在一些缺点，因此体外培养胚胎表现出发育阻滞现象，囊胚率低，发育不完善，移植后死亡、流产率高等特点。另外，体外环境的变化能改变一些重要基因的表达（Niemann and Wrenzycki, 2000），因此体外培养胚胎对培养条件要求严格。通常如果体外培养条件不完善，或者对胚胎培养要求较高，可以将胚胎放在活体的输卵管中培养，直到胚胎发育到桑椹胚或囊胚阶段再取出进行后续操作，从而克服胚胎在体外培养时导致的发育缺陷（Wilmut et al., 1997）。同样，体细胞核移植胚胎也可以选择在融合激活后（De Sousa et al., 2001）立即移植到受体子宫内或者体外培养至囊胚阶段后再进行移植。

移植的体细胞克隆胚胎要发育到成熟胎儿，受体对其的妊娠识别和妊娠维持是关键。猪是多胎动物，与其他单胎动物相比，猪的妊娠识别和妊娠维持必须要有一定数量的、质量良好的胚胎来维持。魏庆信等（2002）的研究认为至少有 4 个质量好的胚胎着床才能维持猪的正常妊娠，所以在进行猪的胚胎移植时，必须移入大量的胚胎。体细胞克隆胚胎一般每次移植 200~300 枚。体外受精胚胎一般移植 30~50 枚。De Sousa 等（2001）的研究认为用绵羊孤雌胚胎与其克隆胚胎共同移植，孤雌胚胎能提供妊娠信号使受体羊妊娠，同时使用一些激素维持其妊娠，将大大提高克隆重组胚移植的成功率。Shi 等（2015）通过大量实验，系统分析了胚胎移植方式对猪的克隆效率的影响。研究发现，孤雌胚胎和克隆胚胎混合移植，体外受精胚胎和克隆胚胎共移植，并不能提高妊娠率及克隆猪的出生率。而双侧输卵管移植方式却能显著提高妊娠率及克隆猪的出生率。

（七）妊娠期监护与分娩护理

为了使接受移植胚胎的代孕母体能够顺利安全地维持怀孕状态，还要对其进行一些保护处理，如外源激素 HCG 和 PMSG 注射，维持黄体功能，以及增加营养，适当运动。条件具备的话，最好配备 B 超仪，对受体母猪妊娠情况进行检测，尽早发现问题。另外，由于克隆动物往往先天发育不良，在分娩时常常会发生难产的现象。因此代孕母猪分娩时最好有饲养员在旁观察，发现有难产迹象时应尽快进行剖腹手术，抢救克隆仔猪。

三、猪的胚胎移植手术操作

哺乳动物的胚胎移植技术目前已经成为畜牧生产、繁殖中的一项常规技术，尤其是在牛的养殖生产中，商业化程度最高，形成了完善的技术体系，并极大地提高了生产效率，产生了巨大的经济效益（戴琦，2008）。由于猪的生殖系统结构与鼠、牛、羊等相比具有较大差异，子宫颈长而弯曲，子宫角长达 80~100cm，进行非手术胚胎移植难度较大（魏庆信等，2002）。因此，尽管目前已有内窥镜法和其他多种非手术的胚胎移植方法，其妊娠率都低于手术法（戴琦，2008）。所以到目前为止，猪的胚胎移植仍然多采用手术法进行，需通过外科手术打开猪的腹腔，找到输卵管或者子宫角后再进行移植。主要包括以下几个步骤（图 3-10）。

1）受体母猪的选择。
2）猪的诱导麻醉与保定。
3）维持麻醉与胚胎移植。
4）手术创口缝合。
5）仔猪出生后的护理。

（一）受体母猪的选择

根据国内外相关研究，以及本书编者课题组的猪胚胎移植经验，使用经产母猪作为受体母猪比使用后备母猪作为受体母猪的妊娠率要高。这可能是因为经产

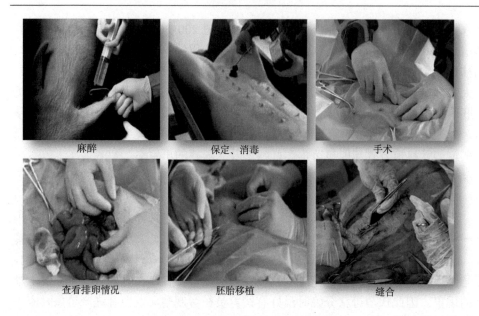

麻醉　　　　　　　　保定、消毒　　　　　　　手术

查看排卵情况　　　　　　胚胎移植　　　　　　　缝合

图 3-10　猪的胚胎移植手术操作流程

母猪激素水平相对稳定，胚胎易于着床，所以受胎率较高。另外，受体母猪发情时间的选择也对胚胎移植后的受胎率有重要影响。克隆胚胎的生长速度与自然受精形成的体内胚胎不同，通常要慢于体内胚胎。根据我们的实践经验，选择发情后 1~2 天的受体母猪进行胚胎移植，妊娠率较高。母猪发情的具体判定标准为：初期为爬跨其他母猪或接受其他母猪爬跨，外阴红肿，流出混浊黏液；后期出现"压背"反应，即以手触摸其背腰，母猪呆立不动，双耳直竖，表情呆滞，外阴由红肿转为紫红暗淡，略有皱纹，流出的黏液浓浊（李旭阳等, 2006）。

（二）猪的诱导麻醉与保定

猪的体形较大，生理结构与猫、狗等动物差异较大，小型动物的麻醉方法应用到猪上时，存在一定的局限性。另外，猪的皮下脂肪层非常厚，尤其是颈胸部的脂肪层，比猪其他部位的脂肪层更厚。而且喉部比较狭长，前喉的位置较浅，但是后部较深，气管内壁上的杯状细胞非常多，约为人的一倍（李尧清等, 2000），而杯状细胞多非常容易导致气管内分泌物的增多，鉴于此，可在麻醉前对受体猪注射阿托品，以减少猪在麻醉过程中气管中的分泌物。在维持麻醉过程中，猪的颈、胸部脂肪层会压迫呼吸，气管内分泌物增多及麻醉药的呼吸抑制作用等综合因素，极易引起呼吸道阻塞，从而导致猪在麻醉过程中死亡。

本课题组在进行胚胎移植时，通常在进行猪的保定和手术前，用氯胺酮和犬眠宝 1∶3 混合，根据猪的体重按照 0.05ml/kg 用量进行静脉注射，注射后 1~2min

后，受体猪即进入麻醉状态。根据本课题组多年的经验，该方法在注射不超量的情况下，可以安全有效地对受体母猪进行诱导麻醉，整个过程简单快捷，对受体猪的应激作用小。受体母猪麻醉后即可保定在手术台上，进行下一步的维持麻醉及手术准备等操作。

（三）维持麻醉与胚胎移植

猪的手术过程中维持麻醉的方法可以分为两类：一是依赖麻醉机的呼吸麻醉法；二是通过静脉持续注射麻醉药物来维持猪的麻醉状态。前者通过呼吸机使受体母猪通过口鼻吸入汽化后的异氟烷进行麻醉，需要配置麻醉机；后者只需持续向静脉注射麻醉药即可，经济简便。目前，可用于猪的静脉注射麻醉药物有多种，如硫喷妥钠（李旭阳等，2006）、氯胺酮、安定、戊巴比妥钠、速眠新等，可单用或者联合使用（吴清洪等，2008）。

受体猪进行维持麻醉后，先对手术部位进行清洗和消毒。基本流程是先用清水冲洗手术的部位，必要时涂抹肥皂以彻底清除污物。然后将手术部位的毛刮掉，用 3%碘酊由内向外消毒，再用 75%酒精由内向外脱碘，盖上创巾并用巾钳固定，露出倒数第二对乳头处。与此同时，兽医穿戴手术衣、帽，戴手术手套，做好手术前消毒等准备。确定猪麻醉状态正常后，以手术刀在猪腹中线，倒数第二对乳头附近的表皮处切开一个 3~5cm 的切口，再切开皮下脂肪、肌肉，对需要切断的血管先用止血钳在两端止血，切断后及时用缝合线进行结扎。之后，尽量用手术刀柄撑开脂肪和腹膜，以减少对腹膜的损伤。打开腹膜后，用手探入腹腔，向四周摸索，注意动作要轻柔。找到子宫后顺着子宫向上寻找，直到找到卵巢。轻轻将卵巢拉出腹腔外，查看卵巢排卵情况（李旭阳等，2006）。注意整个过程中尽量减少与子宫的接触，并且在整个手术过程中注意用预先消毒好的纱布吸取污血，防止子宫粘到血迹和脂肪粒。找到输卵管后，用纱布覆盖暴露在体外的子宫，倒一定量的 37℃生理盐水保温保湿。用玻璃移植管将克隆胚胎从输卵管伞口探入，最好深入一到两个弯曲后，一边缓慢撤出移植管一边吹入胚胎，注意是否有回流溢出。胚胎移入可选择植入两侧或一侧输卵管内，据报道双侧输卵管移植方式能显著提高妊娠率及克隆猪的出生率（Shi et al., 2015）。

（四）手术创口缝合

胚胎注入输卵管后，缓慢将子宫、输卵管放入腹腔。倒入少量生理盐水润湿创口，依次缝合腹膜、肌肉和脂肪层，最后缝合表皮层前可撤掉麻醉。完全缝合后对手术创口涂抹碘酊消毒，解除保定，在供体母猪清醒前转入单独饲养的猪栏，注射抗生素及镇痛药物，待其自然清醒。做好记录，注意观察和护理受体母猪，观察返情情况，30 天后用超声波检测妊娠情况。

猪的胚胎移植技术不仅能够用于基因工程、基因修饰猪的培育，还在 SPF（无特定病原体，specific pathogen free）级小型实验猪的培育中发挥着不可替代的作用。冯书堂研究员等早在 1990 年即系统地开展了猪的胚胎移植工作，建立并优化了猪的超排技术和胚胎移植技术平台，超排处理后平均每头母猪可排卵 23.6 枚±6.2 枚，胚胎移植妊娠率达到 80%，平均每头胚胎移植受体产仔 6.15 头（冯书堂等，1990）。之后，冯书堂研究员团队的戴琦等又利用该技术成功培育出 SPF 五指山近交系小型猪（戴琦，2008），为 SPF 级小型猪群体的建立提供了一种科学、有效的方法。

（五）仔猪出生后的护理

动物基因组编辑技术最终目的是要获得基因组编辑后成活的个体，以进行进一步的研究或者应用。因此，获得成活个体，是动物基因组编辑技术的重中之重。从胚胎移植到代孕母体受孕，一直到后代出生，整个过程中影响后代成活的因素有很多，出现胎儿不能正常出生或者出生后即死胎的概率较高。因此，在获得成活的基因组编辑幼体后，需要对其精心护理，以保证其正常生长发育。在基因组编辑培育制作过程中，仔猪出生后的护理技术较为成熟，很多生猪养殖实践中的经验和方法都可以应到基因组编辑仔猪的护理中，具体包括以下内容。

1. 防止出生仔猪活力差

虚弱的仔猪必然有较大的死亡概率，即便存活也会出现生长速度慢、生理生化水平不正常等现象，干扰研究结果。防止弱仔的出生，需要从妊娠母猪的护理入手。母猪妊娠期间，要补充足够的营养，维持产房的温度、湿度适合并稳定，杜绝噪声，减少对母猪的应激，且最好每日有适量的运动和光照。从而保证妊娠母猪身体状态优良，子宫供血充足。

2. 仔猪接生

代孕母猪生产时一定要有人看守。实时观察母猪情况，一旦出现难产或者生产时间过长的现象，要及时助产或者实施剖腹产手术。仔猪出生后，及时擦掉仔猪身上的黏液，放在保温灯下以维持其体温稳定。脐带应在出生后停留 2~10min 后再剪断，并保留 3~5cm。

3. 假死仔猪的急救

对出生后没有呼吸，但是有心跳和脉搏的假死仔猪，应当立即采取急救措施进行抢救。具体操作方法有以下几种：①倒提仔猪后腿，轻轻拍打背臀部，当仔猪出现叫声时即说明抢救成功；②人工呼吸法，双手分别手托住仔猪的肩和臀，腹部向上，一屈一伸，促进呼吸，同时观察仔猪情况，出现叫声时即可停止；③人工吹气法，向假死仔猪鼻内用力吹气，促进呼吸；④刺激法，用酒精棉球擦仔猪鼻子，引起仔猪打喷嚏（刘文天，2013）。以上方法可多种联合使用，直到仔猪苏醒或者确定死亡。

4. 及早哺喂初乳

母猪初乳中含有大量营养物质和抗体（刘文天，2013），是仔猪获得免疫力的基础，因此仔猪出生后要尽快哺喂初乳。最好在出生后半小时内，辅助仔猪在奶水充足、清洁干净的乳头上吸吮奶水。

5. 寄养

如果代孕母猪的奶水较差，应当及时将基因组编辑仔猪寄养于泌乳量高、母性较好的母猪。寄养时应严格注意以下几点：①代养母猪要与代孕母猪的分娩日期接近，最多不要超过 4 天；②寄养前，基因组编辑仔猪必须已经吃到初乳；③寄养时，要严格做到基因组编辑仔猪和非基因组编辑猪的隔离，不能将其并窝。为了防止代养母猪排斥仔猪，在实际操作中，可以使用白酒喷在仔猪身上或母猪鼻盘上，让母猪难以辨认。

6. 保持合适的养殖环境

新生仔猪保持体温的能力差，温度过低容易发病甚至死亡。因此要保证仔猪的环境温度在 30~34℃。另外还要保持仔猪生长环境的清洁卫生。腹泻是导致仔猪死亡的常见病，而保持环境卫生是预防腹泻的重要手段，因此保持猪舍干净卫生，及时清理粪便并经常消毒对提高仔猪成活率意义重大。理想的仔猪养殖环境要通风，温度湿度较为恒定，无噪声，同时母猪与仔猪分开休息，防止母猪挤压仔猪。

7. 及时补铁

仔猪出生后通过母乳获得的铁很少，因此必须在出生后第 3 天时及时注射补铁针剂。注意操作时动作要轻柔，避免应激。

8. 预防接种

按照常规接种程序给克隆仔猪接种各种疫苗，在接种时要尽量减小对仔猪的应激。

四、体细胞克隆技术目前存在的问题

以多莉羊为代表的体细胞克隆技术诞生至今已 20 多年,总体上取得了显著的成果。但是,由于具体机制尚不明确,该技术仍然面临诸多问题,未能完全发挥其应用价值。

(一)克隆效率低,后代成活率低

虽然目前体细胞克隆技术已经在小鼠、大鼠、山羊、牛、猪、水牛、兔子、马、狗、白尾鹿、雪貂等多种哺乳动物上获得克隆后代,但是总体而言,克隆胚胎流产率高,出生率低,克隆后代出生后死亡率高,易夭折,成活率低,进而导致总体克隆效率非常低(吕鑫等,2013)。Watanabe 和 Nagai(2011)对日本的克隆牛进行的调查显示,从 1999 年到 2009 年 10 年间日本国内进行移植的牛体细胞克隆胚胎总数达 3624 枚,而出生的克隆牛只有 301 头,平均克隆效率为 9.9%。而猪的克隆效率更低,大约在 1%。

导致克隆效率低的根本原因是克隆胚胎的发育能力差,导致胚胎移植后的妊娠率低及非常高的自然流产率。而且即便克隆胚胎能够发育到足月并出生,由于克隆胚胎常常发育不正常,导致畸形率高,克隆后代常常有生理或者免疫缺陷,从而易夭折,难以成活。以上种种因素,导致通过体细胞核移植技术克隆动物的费用非常高。例如,用于制作"多莉"的费用已超过 200 万英镑。

(二)胎盘发育异常

多数出生的克隆动物都有生长过度的现象,尤其是在克隆牛中,即"巨胎症"(Hill et al., 2000),而伴随巨胎症的通常是胎盘发育异常,胎盘过大及功能不良。在克隆牛中的研究发现,在牛的胎盘形成的最早时期,就发现体细胞克隆胚胎绒毛叶形成受损,并且常常同时有绒毛叶发育迟缓及尿囊血管退化等现象(Lee et al., 2004)。实际上,导致胎盘发育异常的原因可追溯到囊胚期胚胎的滋养层细胞。多项研究表明,体细胞克隆胚胎的滋养层细胞存在大量的发育异常现象,如 DNA 甲基化异常等。Lin 等(2011)开创性地用"四倍体补偿"的方法证明了小鼠克隆胚胎的滋养层细胞谱系的功能性缺陷是引起小鼠体细胞克隆低效的主要原因。他们用小鼠体细胞克隆胚胎内细胞团与体外受精的四倍体胚胎的滋养层细胞进行嵌合,发现能显著提高克隆胚胎发育效率。相反,用小鼠体细胞克隆胚胎的滋养层细胞与正常的体外受精胚胎内细胞团嵌合,体外受精胚胎的发育效率则明显下降。

（三）线粒体来源问题

体细胞克隆技术在构建重构胚胎时，会使供体细胞质进入受体细胞质中去，因而体细胞中具有一定独立遗传能力的细胞器——线粒体（mitochondria）也进入了受体细胞质。从理论上讲，单个卵母细胞中大约含有 10^5 个线粒体 DNA，单个体细胞含有 $10^2 \sim 10^3$ 个线粒体 DNA（Hiendleder, 2007）。因此，体细胞克隆动物实际上是一种遗传嵌合体（genetic chimera），具有两种来源的线粒体。遗传分析表明，第一只克隆动物"多莉"的身体并不含有核供体细胞来源的线粒体 DNA（Evans et al., 1999）。而 Steinborn 等（2000）的研究却发现三种不同类型核供体细胞制备的克隆牛都是线粒体遗传嵌合体。

但是到目前为止，重构胚胎的线粒体来源于供体核带入的线粒体，还是受体胞质中的线粒体，以及两者之间的比例如何尚没有系统的统计数据。而重构胚胎的线粒体来源对克隆效率的影响也尚不明确，需要进一步的研究。

（四）重编程过程异常

多数研究结果表明，体细胞克隆胚胎发育异常与克隆重编程不完全造成的多种表观遗传修饰错误密切相关。Su 等（2011a）系统地对克隆牛胚胎重编程过程中的表观遗传修饰进行了深入研究，综合运用转录组测序、小 RNA 测序及甲基化 DNA 免疫共沉淀测序等方法比较体细胞克隆牛与正常繁殖生产牛的胎盘差异基因表达谱、microRNA 信息和全基因组甲基化信息，研究体细胞克隆牛死亡的分子机理。发现转录组中，克隆组与对照组相比，分子功能上的催化活性、细胞位置上的组织相容性复合体及细胞表面是差异基因显著富集的项，与免疫相关的生物学过程及通路是表达差异基因的主要富集区域。

用甲基化 DNA 免疫共沉淀测序技术高通量分析克隆组与对照组胎盘上全基因组水平的 DNA 甲基化信息发现，多个基因位点在牛克隆胚胎上存在异常的甲基化修饰。而且 X 染色体失活特异转录因子（XIST）、*OCT4*、*Sox2*、*Nanog*、*Rex1* 和 *Fgf4* 基因 5′端的差异甲基化区域的甲基化水平在牛体细胞克隆囊胚上都显著低于对照组体外受精囊胚（Su et al., 2011b）。

五、体细胞克隆技术的前景展望

体细胞克隆技术的诞生是生物技术史上一项重要的里程碑式的事件，使得我们对哺乳动物体细胞的全能性有了突破性的认识。尽管目前体细胞克隆技术面临着效率低下、具体机制不明等技术性难题，但是它仍然是最值得深入研究的生物学技术之一。

首先，体细胞克隆技术具有重要的生产实践价值。体细胞克隆技术可应用于人类器官移植、人类疾病模型或者动物疾病模型的构建，优良品种家畜或者濒危动物的保种扩增和繁殖，基因修饰动物的培育，高价值药用蛋白的生产及治疗性克隆等，尤其是对医疗和畜牧行业具有重大的应用价值。

其次，体细胞克隆技术具有重要的理论研究价值。体细胞克隆的过程，实质上是细胞重编程及胚胎发育两个生物学过程，而目前我们对这两个过程都知之甚少。在重编程技术上，虽然与新生的诱导多能干细胞（induced pluripotent stem cell, iPSC）技术相比，体细胞克隆技术相关的研究数量有所减少，但是值得注意的是，体细胞克隆技术是唯一的能够获得完整个体的细胞重编程技术。而且，高绍荣团队的研究表明，与 iPSC 技术相比，以体细胞克隆技术获得的干细胞，其端粒和线粒体更容易得到保护（Le et al., 2014）。这也进一步表明体细胞克隆在细胞重编程上具有一定的优势。在哺乳动物胚胎发育研究中，体细胞克隆技术也发挥着不可替代的作用。例如，目前的研究发现，相比于正常受精的胚胎，克隆胚胎的滋养层细胞明显发育异常，并且这有可能是导致克隆胚胎流产率高的主要原因。这实际上为我们研究胚胎滋养层发育、胚盘发育及哺乳动物尤其是猪等非侵入性胎盘动物中胎盘与子宫的相互作用等科学问题提供了最佳的研究材料。

另外，体细胞克隆技术在表观遗传学、核质相互作用等基础研究领域也具有重要的作用。尤其是当体细胞克隆技术与其他学科的技术相互结合、交叉使用时，显然具有更重要的应用价值（于洋等, 2009）。

综上所述，体细胞克隆技术具有重要的基础研究与应用价值。这项技术的发展与完善对于人类的科技进步、整体医疗体系的改善、人民生活质量和健康的提高都具有积极的意义。我们坚信这项技术的完善和应用将会为人类带来巨大的社会福利。

参 考 文 献

戴琦. 2008. 利用胚胎移植及相关技术培育实验用 SPF 小型猪. 西北农林科技大学硕士学位论文.

冯书堂, 李绍楷, 张元. 1990. 猪胚胎移植技术研究. 中国畜牧杂志, 26(3): 13-16.

匡颖, 徐国江, 王龙, 等. 2003. 哺乳动物体细胞核移植技术研究进展. 中国生物工程杂志, 23(12): 43-47.

李旭阳, 邱明伟, 孙慧敏, 等. 2006. 克隆猪的胚胎移植技术及其应用. 猪业科学, (2): 10-11.

李尧清, 杨小玲, 田英, 等. 2000. 外科动物实验中猪的麻醉问题. 四川动物, 19(4): 258-259.

刘文天. 2013. 哺乳仔猪护理技术. 中国畜牧兽医文摘, 29(9): 70.

吕鑫, 杜卫华, 朱化彬. 2013. 体细胞克隆发展现状, 出现问题及解决方法. 中国生物工程杂志, 33(4): 136-142.

孟召川, 王双梅, 赵灵洁, 等. 2015. 猪场仔猪护理八防. 中国畜牧兽医文摘, 31(1): 75.

魏庆信, 郑新民, 李莉, 等. 2002. 猪胚胎移植技术研究进展及其在生产中的应用. 湖北畜牧兽医, (4): 5-8.

吴清洪, 那顺巴雅尔, 陈丽, 等. 2008. 戊巴比妥钠联用速眠新 II 对西藏小型猪麻醉效果观察. 中国比较医学杂志, 18(10): 29-30.

于洋, 王柳, 周琪. 2009. 哺乳动物体细胞核移植研究进展. 生命科学, 21(5): 647-651.

张坤, 张运海, 潘登科, 等. 2007. 季节对猪体外成熟卵母细胞的发育能力的影响. 自然科学进展, 17(7): 963-967.

张莉. 2005. 猪卵母细胞体外成熟培养及孤雌发育研究. 中国农业科学院硕士学位论文.

Briggs R, King T J. 1952. Transplantation of living nuclei from blastula cells into enucleated frogs' eggs. Proceeding of the National Academy of Sciences, 38(5): 455-463.

Campbell K, McWhir J, Ritchie B, et al. 1995. Production of live lambs following nuclear transfer of cultured embryonic disc cells. Theriogenology, 43(1): 181.

Cibelli J B, Stice S L, Golueke P J, et al. 1998. Cloned transgenic calves produced from nonquiescent fetal fibroblasts. Science, 280(5367): 1256-1258.

De Sousa P A , King T, Harkness L, et al. 2001. Evaluation of gestational deficiencies in cloned sheep fetuses and placentae. Biology of Reproduction, 65(1): 23-30.

Evans M J, Gurer C, Loike J D, et al. 1999. Mitochondrial DNA genotypes in nuclear transfer-derived cloned sheep. Nat Genet, 23(1): 90-93.

Gasparrini B, Gao S, Ainslie A, et al. 2003. Cloned mice derived from embryonic stem cell karyoplasts and activated cytoplasts prepared by induced enucleation. Biology of Reproduction, 68(4): 1259-1266.

Hiendleder S. 2007. Mitochondrial DNA inheritance after SCNT. Adv Exp Med Biol, 591: 103-116.

Hill J R, Burghardt R C, Jones K, et al. 2000. Evidence for placental abnormality as the major cause of mortality in first-trimester somatic cell cloned bovine fetuses. Biol Reprod, 63(6): 1787-1794.

Inoue K, Ogonuki N, Mochida K, et al. 2003. Effects of donor cell type and genotype on the efficiency of mouse somatic cell cloning. Biology of Reproduction, 69(4): 1394-1400.

Kong S, Ruan J, Xin L, et al. 2016. Multi-transgenic minipig models exhibiting potential for hepatic insulin resistance and pancreatic apoptosis. Molecular Medicine Reports, 13(1): 669-680.

Kragh P M, Nielsen A L, Li J, et al. 2009. Hemizygous minipigs produced by random gene insertion and handmade cloning express the Alzheimer's disease-causing dominant mutation APPsw. Transgenic Research, 18(4): 545-558.

Le R, Kou Z, Jiang Y, et al. 2014. Enhanced telomere rejuvenation in pluripotent cells reprogrammed via nuclear transfer relative to induced pluripotent stem cells. Cell Stem Cell, 14(0): 27-39.

Lee R S, Peterson A J, Donnison M J, et al. 2004. Cloned cattle fetuses with the same nuclear genetics are more variable than contemporary half-siblings resulting from artificial insemination and exhibit fetal and placental growth deregulation even in the first trimester. Biol Reprod, 70(1): 1-11.

Lin J, Shi L, Zhang M, et al. 2011. Defects in trophoblast cell lineage account for the impaired *in vivo* development of cloned embryos generated by somatic nuclear transfer. Cell Stem Cell, 8(4): 371-375.

Loi P, Clinton M, Barboni B, et al. 2002. Nuclei of nonviable ovine somatic cells develop into lambs after nuclear transplantation. Biology of Reproduction, 67(1): 126-132.

McGrath J, Solter D. 1983. Nuclear transplantation in the mouse embryo by microsurgery and cell fusion. Science, 220(4603): 1300-1302.

Niemann H, Wrenzycki C. 2000. Alterations of expression of developmentally important genes in preimplantation bovine embryos by *in vitro* culture conditions: implications for subsequent development. Theriogenology, 53(1): 21-34.

Ogura A, Inoue K, Wakayama T. 2013. Recent advancements in cloning by somatic cell nuclear transfer. Philosophical Transactions of the Royal Society B: Biological Sciences, 368(1609): 57-69.

Qian L, Tang M, Yang J, et al. 2015. Targeted mutations in myostatin by zinc-finger nucleases result in double-muscled phenotype in Meishan pigs. Scientific Reports, 5: 14435.

Roh S, Hwang W S. 2002. *In vitro* development of porcine parthenogenetic and cloned embryos: comparison of oocyte-activating techniques, various culture systems and nuclear transfer methods. Reproduction, Fertility and Development, 14(2): 93-99.

Ruan J, Li H, Xu K, et al. 2015. Highly efficient CRISPR/Cas9-mediated transgene knockin at the H11 locus in pigs. Scientific Reports, 5: 14253-14263.

Shi J, Zhou R, Luo L, et al. 2015. Influence of embryo handling and transfer method on pig cloning efficiency. Animal Reproduction Science, 154: 121-127.

Steinborn R, Schinogl P, Zakhartchenko V, et al. 2000. Mitochondrial DNA heteroplasmy in cloned cattle produced by fetal and adult cell cloning. Nat Genet, 25(3): 255-257.

Su J, Wang Y, Zhang Y. 2011a. Aberrant mRNA expression and DNA methylation levels of imprinted genes in cloned transgenic calves that died of large offspring syndrome. Livestock Science, 141(1): 24-35.

Su J M, Yang B, Wang Y S, et al. 2011b. Expression and methylation status of imprinted genes in placentas of deceased and live cloned transgenic calves. Theriogenology, 75(7): 1346-1359.

Wakayama T, Perry A C, Zuccotti M, et al. 1998. Full-term development of mice from enucleated oocytes injected with cumulus cell nuclei. Nature, 394(6691): 369-374.

Watanabe S, Nagai T. 2011. Survival of embryos and calves derived from somatic cell nuclear transfer in cattle: a nationwide survey in Japan. Anim Sci J, 82(2): 360-365.

Wilmut I, Schnieke A, McWhir J, et al. 1997. Viable offspring derived from fetal and adult mammalian cells. Nature, 385: 810-813.

Zhou Q, Jouneau A, Brochard V, et al. 2001. Developmental potential of mouse embryos reconstructed from metaphase embryonic stem cell nuclei. Biology of Reproduction, 65(2): 412-419.

第三节　RNA 干扰技术

RNA 干扰（RNA interference, RNAi）技术是一种序列特异性的转录后基因沉默技术（post-transcriptional gene silencing, PTGS），是指在生物体内，通过内源性和外源性的双链 RNA（double strand RNA, dsRNA）诱导同源靶基因的 mRNA 特异性降解，从而有效封闭特异性基因的过程。该技术被 *Science* 杂志评为 2001 年十大科技突破之一，并名列 2002 年十大科学进展之首。随后，作为 RNA 干扰现象的发现者，美国斯坦福大学的 Andrew 和马萨诸塞大学的 Craig 获得了 2006 年诺贝尔生理学或医学奖。RNAi 作为一种在进化过程中高度保守的防御机制，可以保护自身基因组免受外源性（如病毒）和内源性（如转座元件）序列的侵袭，广泛存在于各种生物体中，同时在生物生长、发育过程中对基因表达调控起到重要的作用。

一、RNAi 现象的发现

1995 年，Guo 和 Kempheus（1995）试图阻断秀丽隐杆线虫 *par-1* 基因的表达，他们在实验组中给线虫注射了反义 RNA，对照组中注射正义 RNA，却发现两者均抑制了 *par-1* 基因的表达，当时该研究小组未能对此结果给出合理的解释。直到 1998 年，Fire 等（1998）发现，Guo 等实验中的正义 RNA 抑制基因表达的现象，以及其他研究中反义 RNA 对基因表达的抑制作用，均是体外转录所得 RNA 中有微量 dsRNA 污染造成的。将单链 RNA 纯化后注射线虫时，其基因抑制效果非常微弱；而经过纯化的 dsRNA 却能够特异、高效地抑制目的基因的表达，其抑制效率较纯化后的单链 RNA 高 2 个数量级，因此该小组称这种现象为 RNAi。

此后，学者们针对不同种属生物中的 RNAi 开展了广泛而深入的研究，证实这种现象广泛存在于真菌、动物、植物乃至人类等多种生物中。

二、RNAi 的作用机制

RNAi 的分子主要包括小 RNA（small interfering RNA, siRNA）、短发夹 RNA（short hairpin RNA, shRNA）、microRNA（miRNA），虽然它们的结构不同，但均具有基因表达抑制的作用，它们在生物体中的作用机制主要有起始、维持、信号放大与传播三个阶段（图 3-11）。

（一）起始阶段

主要包括 dsRNA 形成、识别和 siRNA 片段的产生过程。在 Rde-1（RNAi defective-1）、Ago-1（Argonaute-1）和 Rde-4 等相关蛋白的介导下，不同来源的

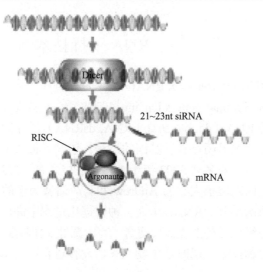

图 3-11　RNA 干扰的作用机理

RISC：RNA 诱导沉默复合体

dsRNA 被 Dicer 酶特异性识别并切割，并进一步产生 21~23nt 的 siRNA，该过程需要依赖 ATP。Dicer 是 RNaseⅢ家族成员之一，具有双链 RNA 结合结构域（double-stranded RNA binding domain, dsRBD）、RNA 解旋酶结构域、RNA 沉默复合物结构域和 RNaseⅢ结构域。

（二）维持阶段

由 Dicer 酶切割产生的 siRNA 与蛋白复合物结合，形成 RNA 诱导沉默复合体（RNA induced silencing complex, RISC）并解链，随后在 siRNA 反义链的引导下有活性的 RISC 与同其互补的 mRNA 特异性结合并对其进行切割，导致 RNA 降解，从而抑制基因的表达。在该阶段起关键作用的 RISC 是由 siRNA、Argonaute 蛋白家族、Dicer 酶及其他一些大分子有序地加工形成的。此外，siRNA 的解链也需要解旋酶作用并由 ATP 提供能量完成。

（三）信号放大与传播阶段

siRNA 特异性地结合 mRNA 后，一方面可引导 RISC 对同源 mRNA 进行特异性剪切；另一方面以 mRNA 为模板，将 siRNA 作为引物，在 RNA 聚合酶作用下，扩增形成更多的 dsRNA，并进入下一轮循环。如此反复倍增，进一步放大转录后基因沉默效应（Smardon et al., 2000）。

三、RNAi 的生物学特点

随着后基因组时代的到来，RNAi 技术已成为一种新的、快速的解读基因的功能、表达机制及基因间相互关系的重要手段。与其他方法相比，RNAi 技术在基因功能研究上有其独特的优点：①**特异性**：RNAi 具有高度的序列特异性，能够特异性地识别与之匹配的 mRNA，并进行降解，实现对目的基因的精确沉默；②**高效性**：RNAi 存在级联放大效应，少量 dsRNA 的引入即可完全抑制靶基因的表达；③**稳定性**：siRNA 分子式 3′端有突出的非配对碱基的双链分子，化学性质较为稳定，在细胞内可稳定存在 3~4 天，半衰期远长于反义寡聚核苷酸，无需进行广泛的化学修饰；④**选择性**：仅对成熟 mRNA 起作用，对 mRNA 前体没有或很少具有影响，而只具内含子序列的 dsRNA 则无此效应；⑤**传播性**：RNAi 可以越过细胞界限对基因的表达进行抑制，可在不同的细胞间实现长距离传递和维持；⑥**快速抑制**：可快速降解细胞中的同源 mRNA，致使目的基因 mRNA 的缺少而无法翻译蛋白质。

四、影响 RNAi 效率的因素

RNAi 技术已成为基因工程中重要的实验手段，但在其应用过程中，经常发现合理设计的 siRNA 不能发挥有效的基因表达抑制作用，分析其影响因素主要包括 RNAi 的构建、序列的修饰及转染效率等。

（一）RNAi 的构建

针对 siRNA 特异性的研究中发现，siRNA 的长度最好在 19~25 个碱基，且 GC 含量应为 30%~52%。另外，在其特定的位置设计特定的核苷酸也可以提高其特异性，如 siRNA 5′端碱基最好是 U，第 3 位和第 10 位碱基最好是 A（Dykxhoorn and Lieberman, 2006）。由于碱基 A 具有更低的键能，可降低 siRNA 双链的稳定性使 RISC 更容易解开双链 siRNA，提高 siRNA 的基因干扰效率。

（二）RNAi 序列的修饰

在血清的环境下，一般的 siRNA 容易被降解，致使其作用降低。因此有必要对 siRNA 序列进行适当的修饰以维持其稳定性。研究表明，tricyclo-DNA 修饰能明显提高 siRNA 在血清中的稳定性（Ittig et al., 2010）。

（三）转染效率

RNAi 技术已被广泛地应用于各个领域。需要有特定的导入方式将 RNAi 分子有效地转染到目的组织或细胞。目前，转染细胞的主要方式有注射、脂质体包裹转染、纳米材料导入、噬菌体包装转染、电转染、病毒载体等。但是不同导入方式的转染效率不同，从而影响了 RNAi 的效率。

五、RNAi 的应用

RNAi 技术作为一种"反向遗传学"中的研究技术，在研究基因功能、改良生物遗传性及治疗相关遗传病等多个领域得到广泛的应用。

（一）基因功能研究

随着分子生物学的发展，众多生物的基因组序列已经被破解，大量未知功能的新基因不断被发现，需要大规模高通量地开展基因功能的研究工作。RNAi 能特异、高效地干扰基因的表达，并具有周期短、操作简单、投入少等优势，作为一种反向遗传学技术，RNAi 技术已被广泛地应用于基因功能研究。例如，Prasanth 等（2002）利用 siRNA 抑制了 *Orc6* 基因的表达，揭示 *Orc6* 参与了细胞分裂和染色体的复制。Ashrafi 等（2003）用 RNAi 技术证实了线虫体内 305 个基因的表达抑制可导致体内脂肪沉积降低，112 个基因表达的抑制可提高线虫的脂肪沉积。Pekarsky 等（2006）利用 RNAi 技术发现了 miR29 和 miR181 可以抑制癌基因 *TCL1* 的表达，该研究为慢性淋巴细胞白血病的治疗奠定了基础。相信随着 RNAi 技术的不断发展，它将在后基因组时代基因功能的解析中发挥越来越重要的作用。

（二）基因治疗

一些疾病是由内源性基因异常表达或病毒感染引起的。作为基因治疗的工具，RNAi 高效、特异、持久，较传统治疗方法更有效，副作用更小。Leachman 等（2010）通过皮下注射 siRNA 的方式对先天性厚甲遗传病患者突变的 K6a 角质蛋白进行抑制，3 个月后患者皮肤起茧情况明显好转。Ku 等（2010）针对 T24 膀胱癌细胞中的生存素（survivin）设计了 siRNA，该 siRNA 有效抑制生存素的表达并促进膀胱癌细胞的凋亡。Wedgwood 等（2013）利用 RNAi 技术进行了新生儿肺动脉高压中血管重塑的相关研究，发现过氧化氢酶在其中起着重要作用，有望成为该疾病治疗的靶位点。此外，RNAi 技术也为艾滋病（AIDS）（Lee et al., 2002）、乙型肝炎病毒（HBV）（McCaffrey et al., 2003）等的基因治疗提供了新的思路。

（三）家畜品质改良

目前，RNAi 技术在家畜品质改良中的应用主要集中于抗病研究。例如，①抗禽流感：该病毒的爆发不仅对家禽养殖造成巨大的经济损失，同时也是人类的一种潜在的新型流感病毒来源。有研究表明，RNAi 技术可在犬肾细胞系 MDCK 和鸡胚中有效抑制流感病毒的产生（Zhou et al., 2008; Ge et al., 2003）。Lyall 等

（2011）利用 RNAi 技术制备的基因工程鸡对禽流感抗性增强。②**抗猪瘟**：猪瘟是由猪瘟病毒引起的一种急性、热性、接触性、烈性传染病，一旦发生，病死率高，损失巨大，世界动物卫生组织将其列为 A 类传染病。吉林大学针对不同猪瘟病毒构建了 siRNA 表达载体，成功制备了抗猪瘟病的基因工程猪，其抗猪瘟效果良好。③**抗蓝耳病**：猪繁殖与呼吸综合征（porcine reproductive and respiratory syndrome, PRRS）俗称蓝耳病，其临床表现为母猪出现严重的繁殖障碍，断奶猪发生普遍的肺炎、生长迟缓及死亡率增加的症状。中国农业大学成功利用 shRNA 技术制备了抗繁殖与呼吸综合征基因工程猪，并进行了攻毒实验，结果显示 siRNA 的内源表达对病毒有一定抑制作用，表现在血液带毒量减少和存活天数延长两个方面。④**抗口蹄疫**：口蹄疫是由口蹄疫病毒所引起的偶蹄动物的一种高度接触性、急性、热性传染病。中国农业大学开展了 shRNA 介导的抗口蹄疫基因工程猪群的攻毒实验，结果表明，与对照组相比，有 20% 的基因工程猪始终受到保护，且基因工程猪发病时间延缓，带毒量降低。除了抗病育种方面，RNAi 技术还被应用于产量性状的改良。Acosta 等（2005）针对斑马鱼 *MSTN* 基因设计了干扰片段并注入其受精卵，成功制备了肌肉发达的斑马鱼。

总之，随着 RNA 干扰机制研究的深入，RNA 干扰技术必将大力推动基因功能组学研究、人类疾病的治疗和畜禽品质改良等众多生物学领域的发展。

六、RNAi 技术应用中存在的问题

RNAi 可能会引起受体细胞的免疫反应，或者出现脱靶及 RISC 过饱和等现象，这些问题在一定程度上也影响着 RNAi 技术的应用。

（一）免疫反应

siRNA 进入靶细胞之后，可以对靶基因起到抑制作用，但也可能会引起细胞的免疫反应。研究表明，外源的基因片段会刺激细胞中 I 型干扰素（type I interferon, IFN I）等一些细胞炎症因子的产生。在 RNAi 过程中，依赖 dsRNA 的激酶（dsRNA dependent protein kinase, PKR）可激活 $2'$-$5'$ 寡腺苷酸合成酶（$2'$-$5'$ oligoadenylate synthetase, OAS），随后 OAS 则会刺激 ATP 形成 $2'$-$5'$ 寡腺苷核苷酸，并促进细胞中核糖核酸酶（RNase）形成，进而降解细胞中的 RNA，包括 RNAi 小分子，降低 RNAi 的沉默效率（Sioud, 2010）。因此，对 siRNA 进行适当的化学修饰，如增加 $2'$-氨基（$2'$-NH_2）和 $2'$-氟取代物（$2'$-F）及 $2'$-O-甲基核糖取代物（$2'$-O-Me），或者降低 siRNA $5'$ 端磷酸基团和增加 $3'$ 端的重叠区域，可以增强对内切核酸酶的抗性，缓解细胞的免疫反应（Robbins et al., 2007）。

（二）脱靶效应

高浓度的 siRNA 进入细胞后，反义 siRNA 除了与目的 mRNA 结合外，可能与非靶基因进行不完全配对而导致非靶基因沉默，从而造成非靶基因的转录抑制。

（三）饱和现象

为了维持细胞的正常生理功能，细胞内的 RNAi 分子与其靶基因之间始终保持着一种平衡状态。当大量外源的 RNAi 分子被导入细胞内，会引起核输出蛋白 5（exportin-5）饱和（Boudreau et al., 2009），并与内源的 miRNA 竞争 Dicer、Ago 等蛋白，导致细胞内的 miRNA 无法行使正常的功能。因此，通过过表达 exportin-5 和 Ago 蛋白相对应的 shRNA，可以减轻过饱和效应产生的 miRNA 通路抑制（Grimm et al., 2010）。

参 考 文 献

Acosta J, Carpio Y, Borroto I, et al. 2005. Myostatin gene silenced by RNAi show a zebrafish giant phenotype. Journal of Biotechnology, 119(4): 324-331.

Ashrafi K, Chang F Y, Watts J L, et al. 2003. Genome wide RNAi analysis of the *Caenorhabditis elegans* fat regulatory genes. Nature, 421(6920): 268-272.

Boudreau R L, Martins I, Davidson B L. 2009. Artificial microRNAs as siRNA shuttles: improved safety as compared with shRNAs *in vitro* and *in vivo*. Molecular Therapy, 17(1): 169-175.

Dykxhoorn D M, Lieberman J. 2006. Running interference: prospects and obstacles to using small interfering RNAs as small molecule drugs. Annual Review of Biomedical Engineering, 8: 377-402.

Fire A, Xu S, Montgomery M K, et al. 1998. Potent and specific genetic interference by double-stranded RNA in *Caenorhabditis elegans*. Nature, 391(6669): 806-811.

Ge Q, McManus M T, Nguyen T, et al. 2003. RNA interference of influenza virus production by directly targeting mRNA for degradation and indirectly inhibiting all viral RNA transcription. Proc Natl Acad Sci USA, 100(5): 2718-2723.

Grimm D, Wang L, Lee J S, et al. 2010. Argonaute proteins are key determinants of RNAi efficacy, toxicity, and persistence in the adult mouse liver. The Journal of Clinical Investigation, 120(9): 3106-3119.

Guo S, Kempheus K J. 1995. PAR1, a gene required for establishing polarity in *C. elegans* embryos, encodes a putative Ser/Thr kinase that is asymmetrically distribute. Cell, 81(4): 611-620.

Ittig D, Luisier S, Weiler J, et al. 2010. Improving gene silencing of siRNAs via tricyclo-DNA modification. Artificial DNA, PNA & XNA, 1(1): 9-16.

Ku J H, Seo S Y, Kwak C, et al. 2010. Cytotoxicity and apoptosis by survivin small interfering RNA in bladder cancer cells. BJU International, 106(11): 1812-1816.

Leachman S A, Hickerson R P, Schwartz M E, et al. 2010. First-in-human mutation-targeted siRNA phase Ib trial of an inherited skin disorder. Molecular Therapy, 18(2): 442-446.

Lee N S, Dohjima T, Bauer G, et al. 2002. Expression of small interfering RNAs targeted against HIV-1 *rev* transcripts in human cells. Nature Biotechnology, 20(5): 500-505.

Lyall J, Irvine R M, Sherman A, et al. 2011. Suppression of avian influenza transmission in genetically modified chickens. Science, 331(6014): 223-226.

McCaffrey A P, Nakai H, Pandey K, et al. 2003. Inhibition of hepatitis B virus in mice by RNA interference. Nature Biotechnology, 21(6): 639-644.

Pekarsky Y, Santanam U, Cimmino A, et al. 2006. Tcl1 expression in chronic lymphocytic leukemiais regulated by miR-29 and miR-181. Cancer Research, 66(24): 11590-11593.

Prasanth S G, Prasanth K V, Stillman B. 2002. Orc6 involved in DNA replication, chromosome segregation, and cytokinesis. Science, 297(5583): 1026-1031.

Robbins M, Judge A, Liang L, et al. 2007. 2'-*O*-methyl-modified RNAs act as, TLR7 antagonists. Molecular Therapy, 15(9): 1663-1669.

Sioud M. 2010. Recent advances in small interfering RNA sensing by the immune system. New Biotechnology, 27(3): 236-242.

Smardon A, Spoerke J M, Stacey S C, et al. 2000. EGO-1 is related to RNA-directed RNA polymerase and functions in germ-line development and RNA interference in *C. elegans*. Current Biology, 10(4): 169-178.

Wedgwood S, Lakshminrusimha S, Czech L, et al. 2013. Increased p22phox/Nox4 expression is involved in remodeling through hydrogen peroxide signaling in experimental persistent pulmonary hypertension of the newborn. Antioxidants & Redox Signaling, 18(14): 1765-1776.

Zhou K, He H, Wu Y, et al. 2008. RNA interference of avian influenza virus H5N1 by inhibiting viral mRNA with siRNA expression plasmids. Journal of Biotechnology, 135(2): 140-144.

第四节　病毒载体技术

　　将外源目的基因导入细胞的载体可分为病毒载体和非病毒载体。非病毒载体主要采用物理刺激和化学介质方法进行基因传递，如通过电转染、基因枪、显微注射及脂质体介导等，这些方法虽然操作简便，但转染效率较低，难以达到预期效果。病毒载体经过改造后保留对机体细胞较高的感染能力，且不具有致病性，使用相对安全，是当今病毒基因工程研究的热点之一，受到学者们的青睐。目前研究最多的主要有慢病毒载体、腺病毒载体、腺相关病毒载体、单纯疱疹病毒载体、鸡痘病毒载体等，可应用于基础研究、基因疗法、疫苗及基因工程动物制备等多个领域。

一、慢病毒载体

慢病毒（lentivirus）载体具有转染效率高、可感染分裂期细胞和非分裂期细胞、携带基因片段容量大、长期稳定表达等优点，是外源基因导入受体细胞过程中较为理想的载体。

（一）慢病毒载体的构造及来源

慢病毒属于反转录病毒科，是二倍体 RNA 病毒。因其含有反转录酶，故被称为反转录病毒。作为反转录病毒属的成员，包含编码病毒的核心蛋白、病毒复制所需的酶类及病毒包膜糖蛋白 *gag*、*pol*、*env* 3 个结构基因，以及 tat 和 rev 2 个调控元件和 *vif*、*vpr*、*nef*、*vpu* 等 4 个辅助基因。

最初的慢病毒载体是由人免疫缺陷病毒（human immunodeficiency virus, HIV）改造而来，主要包括 HIV-1 型和 HIV-2 型载体系统。随着研究的深入，学者们研制出一些其他类型的慢病毒载体，如猿类免疫缺陷病毒（simian immunodeficiency virus, SIV）载体、马传染性贫血病毒（equine infectious anemia virus, EIAV）载体、牛免疫缺陷病毒（bovine immunodeficiency virus, BIV）载体、山羊类关节炎-脑炎病毒（caprine arthritis-encephalitis virus, CAEV）载体、绵羊髓鞘脱落病毒（Visna/Maedi virus, VMV）载体及猫免疫缺陷病毒（felines immunodeficiency virus, FIV）载体等。其中，对 HIV-1 型慢病毒载体的研究最深入，其生物学特性也最为人所了解。

（二）慢病毒载体的发展

野生型的慢病毒对人类及动物具有危害性，因此，慢病毒载体的构建首先需要考虑其安全性问题。以 HIV-1 型慢病毒载体为例，需要将 HIV-1 基因组中的编码反式作用蛋白的序列与顺式作用元件包括包装信号及长末端重复序列等进行分离，将载体系统分为包装和载体两个部分，而两者的成分互补，使载体部分由于缺乏形成完整病毒所需的蛋白质基因，无法形成完整的病毒颗粒。这样形成的 HIV-1 型慢病毒载体系统重组的病毒颗粒不会在宿主细胞中产生子代病毒，增强了安全性。

慢病毒载体的发展经历了 3 个阶段：第一代慢病毒载体系统以三质粒系统为代表。将反转录的相关元件及整合所需的顺式作用元件分别构建在三个独立的质粒中。同时，减少 3 种质粒之间的同源序列以降低产生有复制能力病毒的可能性，但包装质粒中仍然保留了 HIV 的附属基因。第二代慢病毒载体系统去除了 HIV 的所有附属基因，以提高载体的安全性。第三代慢病毒载体系统又在前两代载体系统的基础上进行了改造：以异源启动子序列取代了 *tat* 基因，仅保留了 gag、pol

和 rev 三个元件，去除 U3 区的 3′LTR，主要包括 HIV-1 增强子及启动子序列，较之前的慢病毒载体系统更为安全。

（三）慢病毒载体的优缺点

相较于其他反转录病毒载体，慢病毒载体有其独特的优点：①**可转染分裂期细胞和非分裂期细胞**，如原代细胞、干细胞、不分化的细胞等一些较难转染的细胞；②**对转录沉默作用有一定的抵抗能力**，使得目的基因在受体细胞中实现持续、稳定、高效表达；③**携带基因片段容量大**，理论上可携带 5kb 以上的目的基因，但随着目的基因长度的增加，其滴度也将下降。上述的优点使得慢病毒载体成为一种高效转导外源基因的有效工具，具有良好的应用前景。

同时，慢病毒载体也有一定的限制性，主要集中在对其生物安全性的担忧。慢病毒载体主要来源为 HIV，其中 HIV-1 的应用最为广泛，其安全性成为研究者担心的主要问题之一。随着研究的不断深入，慢病毒载体不断被改进、优化，如多质粒表达系统，删除所有附属基因及包装信号等，使病毒载体进入宿主细胞后无法复制，不产生新的病毒颗粒。

（四）慢病毒载体的应用

目前，慢病毒载体已经广泛地应用于生命科学的各个领域，包括基因功能研究、基因治疗（肿瘤、神经性疾病）、生物反应器、基因工程动物的制备等。

二、腺病毒载体

自 20 世纪 50 年代早期腺病毒（adenovirus, AdV）被发现以来，学者们已对它开展了广泛的研究。在腺病毒的基础上改造获得的腺病毒载体是一种高效率、高滴度、低致病性且不整合入宿主细胞染色体的载体，具有广泛的应用前景。

（一）腺病毒的结构和分类

腺病毒属于腺病毒科，是一种线性、无包膜的双链 DNA 病毒，完整的病毒颗粒为二十面体，直径为 70~90nm。其基因组大小约为 36kb。腺病毒的基因组包括了非编码区和编码区两个部分。非编码区主要是一些相关的顺式作用元件。编码区又可分为编码病毒功能蛋白的 E1、E2、E3 和 E4 等 4 个区的早期转录区，以及编码病毒结构蛋白 L1、L2、L3、L4 和 L5 等 5 个区的晚期转录区。其中，E1 区为腺病毒感染后转录和表达的第一个基因，可激活其他病毒基因的表达；E2 区编码参与 DNA 复制的相关蛋白；E3 区编码参与病毒逃避宿主免疫监视机制有关的蛋白质，从而降低感染细胞被机体免疫识别的概率；E4 区基因产物与病毒 DNA 的复制、晚期基因表达等功能有关。E1、E3 和 E4 区可供插入外源基因。腺病毒在自然界分布广泛，迄今所知至少有 100 余个血清型。腺病毒科分为两个属：哺乳动物腺病毒属和禽腺病毒属。其中，哺乳动物腺病毒属的代表是人腺病毒，至少有 50 余个血清型。随着现代农业生物技术的发展，猪、牛、羊、犬、禽等腺病毒载体研究也取得了一定的进展。

（二）腺病毒载体的优缺点

相较于其他动物病毒载体，腺病毒载体具有以下优点：①**安全性高**，几乎不整合到所有已知细胞的染色体中，仅以附加体形式游离在宿主细胞基因组外；②**细胞宿主范围广**，可感染多种细胞，且对分裂期细胞和非分裂期细胞均具有感染力；③**稳定性高**，病毒基因组重排频率低，不易突变；④**携带外源基因的容量大**，第三代腺病毒载体可携带的外源基因片段达 37kb；⑤**外源基因表达水平较高**，可使外源基因稳定、高效地表达；⑥**可构建多基因表达载体**，是第一个被用来设计表达多个基因的表达载体；⑦**免疫途径简便**，可通过口服或气雾吸入的方式进行。正是具有上述众多优点，腺病毒被广泛地应用于基因转导、体内疫苗接种和基因治疗等多个领域。

但是，腺病毒载体也具有一定的缺点：①**表达时间短**，腺病毒载体并不整合到宿主细胞的基因组中，外源基因容易随着细胞分裂而消失，无法持续表达；②**缺乏靶向性**，目前使用较为广泛的腺病毒载体是哺乳动物腺病毒属的 C 亚群 5 型腺病毒（Ad5），Ad5 可以识别靶细胞表面的柯萨奇-腺病毒受体（CAR）并进入细胞，但 CAR 在各种正常组织、细胞中广泛表达，尤其是在肝脏细胞中含量较高，因此 Ad5 在使用过程中也可能感染非靶器官或非靶细胞，从而限制了其在临床上的应用；③**具有一定的免疫原性**，虽然在构建重组腺病毒时已经去除了病毒蛋白的主要编码基因，但其感染靶细胞后，仍有少量病毒蛋白表达，可能会被机体当成异己抗原而引发特异性免疫反应。

因此，对腺病毒载体表达时间、靶向性、免疫原性等方面的改进，将是新一代腺病毒载体构建的目标。

（三）腺病毒载体的应用

目前，腺病毒载体除了在基因功能研究方面具有良好的应用基础，在疫苗研究，尤其是动物性疫苗研究，以及基因治疗等生物学领域，也有着广泛的应用前景。

1. 在疫苗研究中的应用

目前，腺病毒载体在人类及动物疫苗的研发中得到较为广泛的应用，部分人类疫苗已从基础研究向临床应用发展。

Hansen 等（2011）对猴子进行了猿巨细胞病毒载体 RhCMV 和人腺病毒载体 AdHu5 的联合免疫，在 12 只猴子中，有 7 只猴子获得完全免疫保护，说明抗原特异性记忆 T 细胞免疫在防控 HIV 感染中起到十分重要的作用。Chen 等（2001）利用腺病毒载体构建来表达猪圆环病毒 2 型 *Cap* 基因，发现该载体可诱导小鼠产生高滴度血清免疫球蛋白 G（IgG）。Hu 等（2006）构建了携带狂犬病毒 SRV9 株 G 蛋白基因的重组犬 2 型腺病毒载体，并对犬进行免疫，免疫犬可以抵抗 60 000 LD$_{50}$ CVS-24 狂犬病毒的攻击达数月之久。Liu 等（2009）和 Barouch 等（2010）构建了表达 HIV *Gag* 基因的不同血清型的腺病毒载体，对猴子进行免疫，发现 rAdHu26/rAdHu5 的联合免疫具有更广谱、更强的免疫效果，经过 500 多天的实验观察，对照组动物 100%发病死亡，而免疫组则全部存活。Toro 等（2007）构建了携带禽流感病毒基因的复制缺陷型重组腺病毒载体，并将其注射入鸡蛋中，出生后的小鸡可对禽流感 H5N1 亚型和 H5N2 亚型产生明显的抗病效果。2013 年年初，第一种基因工程流感疫苗——杆状病毒系统表达流感病毒 HA 的三价疫苗（Protein Sciences Inc. 研发）经美国食品和药物管理局（FDA）批准上市（Traynor,2013）。

随着对腺病毒载体疫苗研究的不断深入，基于腺病毒载体的动物疫苗，如蓝耳病疫苗、猪瘟疫苗、口蹄疫疫苗、狂犬病疫苗、禽流感疫苗等，有可能被很快推向市场。

2. 基因治疗

腺病毒载体可以多种途径给入，如肌注、静注、口服和雾化吸入等，对于基因治疗具有一定的应用前景。Kobinger 等（1998）将大猩猩源 AdV-7 编码的扎伊尔埃博拉病毒（ZEBOV）糖蛋白给小鼠、猪免疫后，发现小鼠和猪可对 ZEBOV 产生防疫作用。Ushitora 等（2010）将腺病毒载体介导的过氧化氢酶基因静脉注射进小鼠的体内，发现该小鼠肝脏中的过氧化氢酶活性显著增加，为治疗氧化应激引起的肝损伤提供了新的方法。

随着对腺病毒载体的进一步研究和改造，腺病毒载体在研究基因功能、制备动物疫苗及治疗人类遗传疾病等众多领域具有广泛的应用前景。

三、腺相关病毒载体

腺相关病毒（adeno-associated virus, AAV）是动物病毒中最小、基因结构最简单的一类单链 DNA 缺陷病毒，最早于 1965 年作为腺病毒制备物中的一种污染成分被发现。由于其具有低免疫原性、低致病性、长期稳定表达、可感染多种细胞等特点受到了研究者的青睐，是目前应用较为广泛的病毒载体之一。

（一）腺相关病毒载体的结构和分类

腺相关病毒属微小病毒科（Parvoviridae），是一类线状 DNA 缺陷型病毒，其直径约为20nm,是动物病毒中最小的病毒（Goncalves, 2005），其大小约为4.7kb,两侧各有 145bp 的反向末端重复序列，其中外侧的 125bp 呈发夹结构，是 AAV 复制和包装所需的唯一顺式作用元件。内部编码区主要包括两个可读框。左边可读框编码复制蛋白 Rep 并含有 P5、P19 启动子，右边可读框编码结构蛋白 Cap 并含有 P40 启动子。复制蛋白与 AAV 基因的表达自我调控，异源性启动子的抑制和癌基因放大作用的抑制，病毒的复制、包装和基因的表达调控有关。Cap 编码的蛋白质是装配成完整病毒所需的衣壳蛋白，它们在病毒整合、复制和装配中起重要作用（赵丽琴等, 2012; 邱燕等, 2012）。

目前,已从人和一些动物的组织中发现 14 个 AAV 血清型和变异体（Gao et al., 2004; Bantel-Schaal et al., 1999; Rutledge et al., 1998）。这些不同血清型和变异体的 AAV 进入宿主细胞的方式不同，导致其对宿主细胞具有一定的选择性（Verma and Weitzman, 2005）。现有应用较多的 AAV 载体多是在 2 型衣壳的基础上改造而来的，需在辅助病毒如腺病毒、单纯疱疹病毒等存在的条件下，才能感染宿主细胞。

（二）腺相关病毒载体的特点及应用

AAV 载体具有宿主范围广、可持续表达、免疫原性低、安全性高等优点，但是其可携带的外源基因片段容量低，仅为5kb。

目前，关于 AAV 载体的研究主要集中在基因治疗及其相关的基因功能研究领域。Su 等（2009）利用 AAV 载体介导血管内皮生长因子（VEGF）和血管生成素-1（*angiopoietin-1*）基因的共表达，在对梗死性心脏病的治疗试验中显示了良好的效果。Mayra 等（2011）通过试验证明，腹膜内 shRNA-AAV9 载体能使外源基因在胎儿心肌和骨骼肌中有效表达且不会造成肝脏衰竭。Lv 等（2011）发现 AAV 介导的抗-DR5 嵌合抗体可有效抑制裸鼠体内肿瘤细胞的增长。目前学者们针对不同血清型 AAV 结构及其与宿主受体之间的相互作用机制等，对 AAV 载体结构及其包装技术不断优化。相信 AVV 载体的应用前景会更为广阔。

四、单纯疱疹病毒载体

单纯疱疹病毒（herpes simplex virus, HSV）是一种双链 DNA 病毒，目前在这种病毒基础上发展起来的载体主要由 I 型单纯疱疹病毒（HSV-1）改造而来。HSV-1 是一种人类嗜神经病毒，因此 HSV 载体在中枢神经系统的基因转导方面极具吸引力。HSV 载体具有以下优点：①携带外源基因片段的容量大。可携带

40~50kb，是目前容量最大的病毒载体之一。②**对神经细胞具有靶向性**。适用于神经系统疾病如帕金森病等的治疗。③**可感染分裂期细胞和非分裂期细胞。**④**病毒滴度高。**但是 HSV 的细胞毒性和免疫原性也在某种程度上限制了它的使用。

　　除了上述几种病毒载体之外，还有一些其他病毒载体，如鸡痘病毒（fowl pox virus, FPV）载体、猿猴空泡病毒 40（simian vacuolating virus-40, SV40）载体等。各种病毒载体各具优缺点，针对病毒载体系统的安全性、靶向性、转染效率及可携带的外源基因片段大小进行优化改造，从而获得简便、高效的包装系统、可调控表达外源基因或靶向性及无病毒基因的重组病毒载体是今后努力的目标。

参 考 文 献

邱燕, 杨彬, 柳纪省. 2012. 重组腺相关病毒载体的研究进展. 生物技术通报, 11: 49-53.

赵丽琴, 席斌, 彭华松. 2012. 腺相关病毒(AAV)载体研究进展. 生物技术进展, 2(2): 110-115.

Bantel-Schaal U, Delius H, Schmidt R, et al. 1999. Human adeno-associated virus type 5 is only distantly related to other known primate helper-dependent parvoviruses. Journal of Virology, 73(2): 939-947.

Barouch D H, O'Brien K L, Simmons N L, et al. 2010. Mosaic HIV-1 vaccines expand the breadth and depth of cellular immune responses in rhesus monkeys. Nature Medicine, 16(3): 319-323

Chen Y, DeWeese T, Dilley J, et al. 2001. CV706, a prostate cancer-specific adenovirus variant, in combination with radiotherapy produces synergistic antitumor efficacy without increasing toxicity. Cancer Research, 61(14): 5453-5460.

Gao G, Vandenberghe L H, Alvira M R, et al. 2004. Clades of adeno-associated viruses are widely disseminated in human tissues. Journal of Virology, 78(12): 6381-6388.

Goncalves M A. 2005. Adeno-associated virus: from defective virus to effective vector. Virology Journal, 2(43): 517-534.

Hansen S G, Ford J C, Lewis M S, et al. 2011. Profound early control of highly pathogenic SIV by an effector memory T-cell vaccine. Nature, 473(7348): 523-527.

Hu R, Zhang S, Fooks A R, et al. 2006. Prevention of rabies virus infection in dogs by a recombinant canine adenovirus type-2 encoding the rabies virus glycoprotein. Microbes and Infection, 8(4): 1090-1097.

Kobinger G P, Borsetti A, Nie Z, et al. 1998. Virion-targeted viral inactivation of human immunodeficiency virus type 1 by using Vpr fusion proteins. Journal of Virology, 72(7): 5441-5448.

Liu J, O'Brien K L, Lynch D M, et al. 2009. Immune control of an SIV challenge by a T-cell-based vaccine in rhesus monkeys. Nature, 457: 87-91.

Lv F, Qiu Y, Zhang Y, et al. 2011. Adeno-associated virus-mediated anti-DR5 chimeric antibody expression suppresses human tumor growth in nude mice. Cancer Letters, 302(2): 119-127.

Mayra A, Tomimitsu H, Kubodera T, et al. 2011. Intraperitoneal AAV9-shRNA inhibits target expression in neonatal skeletal and cardiac muscles. Biochemical and Biophysical Research

Communications, 405(2): 204-209.

Rutledge E A, Halbert C L, Russell D W. 1998. Infectious clones and vectors derived from adeno-associated virus (AAV) serotypes other than AAV type 2. Journal of Virology, 72(1): 309-319.

Su H, Takagawa J, Huang Y, et al. 2009. Additive effect of AAV-mediated angiopoietin-1 and VEGF expression on the therapy of infarcted heart. International Journal of Cardiology, 133(2): 191-197.

Toro H, Tang D C, Suarez D L, et al. 2007. Protective avian influenza *in ovo* vaccination with non-replicating human adenovirus vector. Vaccine, 25(15): 2886-2891.

Traynor K. 2013. First recombinant flu vaccine approved. American Journal of Health-System Pharmacy, 70(5): 382.

Ushitora M, Sakurai F, Yamaguchi T, et al. 2010. Prevention of hepatic ischemia-reperfusion injury by pre-administration of catalase-expressing adenovirus vectors. Journal of Controlled Release, 142: 431-437.

Verma I M, Weitzman M D. 2005. Gene therapy: twenty-first century medicine. Annual Review of Biochemistry, 74: 711-738.

第五节　人工染色体技术

人工染色体（artificial chromosome）指人工构建的含有天然染色体基本功能单位的载体系统，具有超大的接受外源片段的能力，主要包括酵母人工染色体（yeast artificial chromosome, YAC）、细菌人工染色体（bacterial artificial chromosome, BAC）、人类人工染色体（human artificial chromosome, HAC）及哺乳动物人工染色体（mammalian artificial chromosome, MAC）等。人工染色体由三部分组成：着丝粒、端粒和复制起点。着丝粒：位于染色体中央，呈纽扣状结构，在有丝分裂时结合微管并调控染色体的运动，也是姐妹染色单体配对时的最后位点，接收细胞信号而使姐妹染色体分开。端粒：主要功能是防止染色体融合、降解，确保其完整复制。端粒酶以其自身 RNA 为模板，在染色体端部添加上端粒重复序列，并参与端粒长度和细胞增殖的调控。复制起点：DNA 复制通常由起始蛋白与特定的 DNA 序列相互作用开始。人工染色体为基因组图谱制作、基因分离及基因组序列分析提供了有用的工具。

一、酵母人工染色体

1983 年，Murray 和 Szostak（1983）把酵母染色体的着丝粒、自主复制序列和端粒子连接在一起，构建了第一条人工染色体 YAC。1987 年，Burke 等（1987）通过将大分子 DNA 与载体连接，成功地构建了 YAC 克隆体系。此后，YAC 成为高等生物 DNA 物理图谱、基因组构建的有效工具。目前，在人类、小鼠、果蝇、拟南芥和水稻等高等生物中均构建了高质量的 YAC 文库。

YAC 作为克隆载体，可以容纳更长的 DNA 片段，用较少的克隆就可以包含特定的基因组全部序列，从而保持了基因组特定序列的完整性。同时，YAC 具有一些缺陷：①嵌合体比例高，即一个 YAC 克隆含有两个本来不相连的独立片段，嵌合克隆占总克隆的 5%~50%；②稳定性差，在传代培养中可能会发生缺失或重排；③难与酵母染色体区分开，YAC 与酵母染色体具有相似的结构，不利于进一步分析，并且在操作时必须特别小心，以防染色体机械切割。

二、细菌人工染色体

为了克服 YAC 载体的上述缺陷，Shizuya 等（1992）构建出 BAC 载体。其构建基础是大肠杆菌（*Escherichia coli*）的 F 因子，目前常用的 BAC 载体主要有pBAC108L、pBeloBAC11、pBACe3.6、pNOBAC1、pBACwich、双元 BAC 载体等，其载体主要包含氯霉素抗性标记、复制子 ATP 驱动的解旋酶及 3 个确保低拷贝质粒精确分配至子代细胞的基因座（parA、parB 和 parC）。其外源 DNA 片段的容量平均在 100kb 左右（Yang et al., 1997）。近几年来，BAC 克隆系统已成为构建基因组大片段插入文库应用最广泛的系统。

BAC 文库的构建中，需要注意载体的选择、高分子量核 DNA 的制备及其部分消化等环节。随后进行 BAC 文库的鉴定，包括文库中克隆的数量、插入片段平均大小、对基因组的覆盖率、空载率、细胞器 DNA 的含量及假阳性克隆的含量等。

相对 YAC 而言，BAC 具有很多优势：①转化效率高，比 YAC 提高了 10~100倍，适合于目的 DNA 资源有限的文库构建；②容易分离，以环形超螺旋状态存在，使得后者在分离操作上相对容易，使用常规的碱裂解方法即可做到；③稳定性好，在宿主中稳定复制，保持低拷贝，可减少所携带 DNA 片段的重组，使外源 DNA 片段保持稳定；④嵌合体少，由于大肠杆菌一个细胞只允许接受一个外源 DNA 片段，几乎不存在嵌合现象。

三、人类人工染色体

HAC 是在 YAC 的基础上发展起来的。1997 年，Harrington 等（1997）构建了第一个 HAC。它是一类真核生物染色体，具有维持染色体正常功能所必需的着丝粒、端粒和复制起点或其替代成分（Ren et al., 2005）。目前对 HAC 的研究主要集中在 HAC 上各种组成元件及其生物学功能，各种 HAC 的生物学特点、构建方法，以及 HAC 在基因工程动物模型的制备和基因治疗中的应用等方面。

（一）HAC 的优缺点

相对于其他人工染色体，HAC 具有以下特点：①**稳定遗传**，可与宿主细胞染色体一样，进行分裂复制；②**容量大**，可携带含多个基因的基因家族序列，有望对因多基因缺陷所致综合征进行基因治疗；③**不整合入宿主染色体**，独立存在，不会引起插入突变。同时，它也存在一定的缺陷，如转染效率低、纯化难等。

（二）HAC 的构建方法

目前，用于构建 HAC 的方法主要有两种：一种是对天然染色体的改造，即端粒介导的染色体截短法（telomere-associated chromosome fragmentation, TACF）或端粒定位截短法（telomere directed truncation, TDT）；另一种是从头构造人工染色体，即组装法或从下到上法。

1. 对天然染色体的改造

研究者发现，将外源性端粒 DNA 整合入哺乳动物染色体，可将该染色体截断，同时在断端产生新的端粒。研究者们应用这种技术修剪哺乳动物染色体，成功构建了一系列大小在 0.5~6Mb 的 HAC。Farr 等（1995）和 Heller 等（1996）成功地应用此方法改造了人 X 染色体和 Y 染色体。X 来源的微型染色体含 α-卫星 DNA 序列，大小约为 500kb，而 Y 染色体来源的 α-卫星 DNA 序列最小为 100kb。

2. 从头构造人工染色体

该策略是在细胞内或者细胞外将着丝粒 DNA、端粒 DNA 及复制原点装配在一起，从而构建 HAC，其长度为 1~10Mb。1997 年，Harrington 等（1997）将合成的人 α-卫星序列、端粒、人类基因组 DNA 和一个选择标记共转染 HT1080 细胞系，经过重组，那些同时含有着丝粒、端粒、复制起点且按照正常染色体结构顺序的重组连接产物以染色体的形式稳定保存下来，而那些不完整或未按照正常顺序连接的产物因其不能稳定地进行有丝分裂而丢失、降解。

四、人工染色体的应用

（一）物理图谱和定位克隆

人工染色体在基因组物理图谱和定位克隆中发挥着不可替代的作用。例如，YAC 一经产生就马上成为各种基因组计划的主要克隆载体，包括多种细菌、动物、植物和人。YAC 和 BAC 具有插入片段大、覆盖度高等特点，其构建的基因组物理图谱不仅包括基因的编码区也包括了内含子及基因的调控区，不仅是基因组测序的底物和基因图位克隆的桥梁，而且对研究基因的结构、功能、时空表达及基因间的关系研究都极为重要。

基因的定位克隆是根据目的基因在染色体上的位置进行基因分离，即通过分析突变位点与已知分子标记的连锁关系确定突变基因在染色体上的位置。人工染色体在基因的定位克隆中也发挥了重要的作用，如 Song 等（1995）构建了水稻的 BAC 文库，并通过图位克隆获得了 *Xa21* 抗病基因。

（二）基因治疗

人工染色体如 HAC 和 MAC 等可在寄主细胞内自主复制，不会像普通载体转染宿主细胞之后出现基因不表达，或者插入宿主细胞染色体，引起宿主正常基因的功能紊乱，并且不会像病毒载体产生细胞毒害、引起免疫反应。此外，能容纳的外源片段大，可携带完整的基因家族，从而有可能校正由多个突变位点引起的表型突变。例如，有研究表明，携带含完整调控元件，编码次黄嘌呤鸟嘌呤磷酸核糖转移酶（*HPRT*）基因的 HAC，可以修复 *HPRT* 缺陷型 HT1080 细胞的代谢缺陷（Mejía et al., 2001）。

（三）基因工程动物的制备

目前，基因工程技术已成为一种成熟的技术，但是其受到载体容量的限制，对于一些基因片段大或多个基因的操作仍很困难，而人工染色体技术如 HAC 等，成为解决这一难题的突破口。Tomizuka 等（2000）利用截短的人 2 号染色体和含有 Ig 位点的 14 号染色体转染 IgH 和 Igκ 双敲除小鼠，以补偿 Ig 重链和 κ 轻链的表达，结果产生了功能性抗体反应。Kuroiwa 等（2000）应用同源位点特异性 Cre/loxP 重组，在鸡 DT40 细胞中将 10Mb 含 Ig 位点的人 22 号染色体片段，连接到截断的人 14 号染色体上，随后将其转入小鼠胚胎干细胞，获得了可表达人 Ig 的嵌合体小鼠。Co 等（2000）成功地利用以卫星 DNA 为基础的人工染色体（SATAC）和人的 21 号染色体片段生产出了转染色体小鼠。以上研究成果均表明，人工染色体在充当基因工程技术中功能基因表达载体是可行的。

尽管目前人工染色体还存在着一些问题，如转化效率低等，但相信随着基因工程技术的进步，针对人工染色体的结构进行优化，对其相关机制进行深入研究，人工染色体将在基因组图谱构建、基因功能解析、基因治疗及基因工程生物制备等领域中发挥越来越大的作用。

参 考 文 献

Burke D T, Carle G F, Olson M V. 1987. Cloning of large segments of exogenous DNA into yeast by means of artificial chromosome vectors. Science, 236(4803): 806-812.

Co D O, Borowski A H, Leung J D, et al. 2000. Generation of transgenic mice and germline transmission of a mammalian artificial chromosome introduced into embryos by pronuclear microinjection. Chromosome Research, 8(3): 183-191.

Farr C J, Bayne R A, Kipling D, et al. 1995. Generation of a human X-derived minichromosome using telomere-associated chromosome fragmentation. The EMBO Journal, 14(21): 5444-5454.

Harrington J J, Van Bokkelen G, Mays R W, et al. 1997. Formation of *de novo* centromeres and construction of first-generation human artificial microchromosomes. Nature Genetics, 15(4): 345-355.

Heller R, Brown K E, Burgtorf C, et al. 1996. Mini-chromosomes derived from the human Y chromosome by telomere directed chromosome breakage. Proc Natl Acad Sci USA, 93(14): 7125-7130.

Kuroiwa Y, Tomizuka K, Shinohara T, et al. 2000. Manipulation of human minichromosomes to carry greater than megabase-sized chromosome inserts. Nature Biotechnology, 18(10): 1086-1090.

Mejía J E, Willmott A, Levy E, et al. 2001. Functional complementation of a genetic deficiency with human artificial chromosomes. The American Journal of Human Genetics, 69(2): 315-326.

Murray A W, Szostak J W. 1983. Construction of artificial chromosomes in yeast. Nature, 305: 189-193.

Ren X, Katoh M, Hoshiya H, et al. 2005. A novel human artificial chromosome vector provides effective cell lineage-specific transgene expression in human mesenchymal stem cells. Stem Cells, 23(10): 1608-1616.

Shizuya H, Birren B, Kim U J, et al. 1992. Cloning and stable maintenance of 300-kilobase-pair fragments of human DNA in *Escherichia coli* using an F-factor-based vector . Proc Natl Acad Sci USA, 89(18): 8794-8797.

Song W Y, Wang G L, Chen L L, et al. 1995. A receptor kinase-like protein encoded by the rice disease resistance gene, *Xa21*. Science, 270(5243): 1804-1806.

Tomizuka K, Shinohara T, Yoshida H, et al. 2000. Double trans-chromosomic mice: maintenance of two individual human chromosome fragments containing Ig heavy and κ loci and expression of fully human antibodies. Proceedings of the National Academy of Sciences, 97(2): 722-727.

Yang D, Parco A, Nandi S, et al. 1997. Construction of a bacterial artificial chromosome (BAC) library and identification of overlapping BAC clones with chromosome 4-specific RFLP markers in rice. Theoretical and Applied Genetics, 95(7): 1147-1154.

第六节　转　座　子

一、转座子的定义

转座子首先由 McClintock 于 20 世纪 40 年代在玉米染色体中发现，是一类在基因组上可以自由跳跃（复制或移位）的移动 DNA 序列，以后又陆续在细菌、真菌及昆虫等各种生物中发现（Finnegan, 1989; Doolittle and Sapienza, 1980）。DNA 转座能够引起多种遗传效应，如外显子改组、新基因产生、插入受体基因钝化或激活、染色体畸变等（Bourque, 2009）。目前的研究证明，转座子几乎存在于所有生物的基因组中，是基因组扩张的主要决定因素，同时也对真核生物基因组结构和进化有着重要的影响。转座子在哺乳动物基因组中所占的比例最大，使用 Repeat Masker 方法注释发现转座子几乎占到人类基因组的一半（Piegu et al., 2006; Petrov, 2001），而用元素特异性的p-clouds("element-specific" *p-clouds*, ESPs)方法注释发现转座子覆盖将近 2/3 的基因组（De Koning et al., 2011）。在一些高等植物中，转座子所占比例更大，如玉米基因组中的转座子占到80%。因此，对转座子的研究成为后基因组时代的重要研究热点和研究内容。

二、转座子类型

转座因子按照其转座模式可以分为两类：一类称为 DNA 转座子，通过 DNA 转座；另一类称为反转录转座子（retrotransposon），简称"反座子"（retroposon），通过 RNA 转座（Finnegan, 1989）。DNA 转座子可以被分为三大亚类：自身复制机制 DNA 转座子（polinton）、滚环式复制机制 DNA 转座子（helitron）及剪切-粘贴复制机制 DNA 转座子。剪切-粘贴类转座子家族分布非常广泛，可以根据转座酶相似性、末端反向重复序列的结构特征及在末端反向重复序列侧翼的靶位点重复序列分为 hAT、Tc1/mariner 等几大超家族。反转录转座子又可以分成两大亚类：一类是长末端重复序列（long terminal repeat, LTR）反转录转座子，包括Ty1-copia 类和 Ty3-gypsy 类转座子，是具有 LTR 的转座子，这也是反转录病毒基因组的特征性结构，这类反转录转座子可以编码反转录酶或整合酶，自主地进行转录，其转座机制同反转录病毒相似，但不能像反转录病毒那样以自由感染的方式进行传播。高等植物中的反转录转座子主要属于 Ty1-copia 类，分布十分广泛，几乎覆盖了所有高等植物种类。另一类是非 LTR 反转录转座子，包括长散在核元件（long interspersed nuclear element, LINE）、短散在核元件（short interspersed nuclear element, SINE）、复合 SINE 转座子类和没有长末端重复序列（non-long terminal repeat, non-LTR），其自身也没有转座酶或整合酶的编码能力，需要在细胞内已有的酶系统作用下进行转座（Kapitonov and Jurka, 2008）。

三、DNA 转座子家族

虽然脊椎动物基因组中也含有大量转座子基因序列，但是其转座酶大多在漫长的进化过程中逐渐失活。因此，脊椎动物转座子的开发利用一直进展缓慢。直到 1996 年 Koga 等在青鳉（medaka）的基因组内发现了天然存在且具有自主转座活性的脊椎动物转座子 Tol2（Koga et al., 1996）。该发现重新引进了学术界对脊椎动物转座子的关注，进一步促进了转座子作为遗传学和分子生物学工具，在脊椎动物，尤其是哺乳动物中的应用研究。

目前，已经发现了十几种 DNA 转座子超家族。通常，来自相同超家族的转座酶核心催化序列结构基本一致，且可以通过系统发育分析推断它们的来源（Kapitonov and Jurka, 2008）。在某些情况下，可以根据真核细胞进化进一步分类，如 Tc1/mariner 超家族（Rouault et al., 2009）。而 CACTA 和 PIF/Harbinger 两个超家族的特征是其转座时需要有另一个转座子编码的蛋白质。过去 10 年里，随着人们对基因组序列知识的迅速增长，研究者们已经在许多生物中发现了大量的转座子，这些发现使人们深入地了解真核生物 DNA 转座子的进化和分布。最初，超家族的分类被限制在几种原核生物中，而现在范围却逐渐扩大，包括了一些真核生物的超家族。并发现了一些原本被认为不相关的超家族之间存在着一定的联系。除此之外，又发现两种特殊的 DNA 转座子亚种类 Helitrons 和 Mavericks（Yuan and Wessler, 2011; Feschotte and Pritham, 2007）。

转座子能够介导基因转移，从而可能产生多种遗传学效应，常被作为非常有效的基因操作工具。目前，研究较多的主要为 piggyBac（PB）转座子、hAT 转座子、PIF/Harbinger 转座子及 Tc1/mariner 转座子 4 个家族。其中 Tc1/mariner 转座子家族是自然界分布最广泛的DNA 转座子家族，包括 Frog Prince、Minos、Hsmar1、Himar1、Passport 和"睡美人"（sleeping beauty, SB）转座子（Delaurière et al., 2009）。尽管该转座子家族在基因组上广泛分布，但在长期进化过程中，在大多哺乳动物和鸟类基因组上几乎所有成员的转座活性已经丧失。近年来在鱼类基因组发现了大量的活性家族（Ni et al., 2008; Largaespada, 2003; Kempken and Windhofer, 2001）。

PB 转座子是最早在无脊椎动物中分离到一个具有自主转座活性的转座子，可在昆虫基因组中准确切离，转化频率较高，并且不受宿主因子的限制，是基因工程昆虫研究中应用最广的转座子载体。它广泛分布于昆虫和其他生物基因组中，并在多种细胞和脊椎动物中具有转座活性。hAT 转座子家族包括最早在玉米中发现的 Activator/Dissociation（Ac/Ds）和在鱼类中发现的 Tol1 和 Tol2。已有研究证实，Tol2 转座子在人、鼠及斑马鱼等多种动物细胞中都具有转座活性。而 PIF/Harbinger 是一类在植物和动物中存在的转座元件，其中 Harbinger3DR 是通过分子重建后恢复其转座活性的成员（Ni et al., 2008）。

目前，研究报道比较多的转座子有 PB 转座子、SB 转座子、Tol2 转座子、Minos 转座子、Mosl 转座子、果蝇的 P-因子（P-element）及 Frog Prince 转座子等（Ni et al., 2008; Largaespada, 2003）。其中，PB、SB 和 Tol2 转座子在转座活性等方面具有明显优势，且在多种细胞和生物中具有转座活性，在蟾蜍、斑马鱼和小鼠等模式动物的转基因、基因捕获和基因治疗等研究中得到有效应用。

四、PB 转座子结构及转座机制

PB 转座子发现于甘蓝尺蠖蛾，总长约 2472bp，包括 13bp 的反向末端重复序列（inverted terminal repeat, ITR），可编码 64kDa 转座酶的单个外显子可读框，反向重复序列（IR）内侧有长 19bp 的不对称内部重复序列。PB 转座子是通过"剪切-粘贴"机制进行转座的（Kim and Pyykko, 2011; Fraser et al., 1996; Cary et al., 1989）。目前，PB 转座子已经被证实可以在鞘翅目、直翅目、鳞翅目、膜翅目和双翅目等 20 多种昆虫中实现转座（Handler, 2002）。同时，也能够在多种哺乳动物细胞中高效转座（Wu et al., 2006; Ding et al., 2005）。PB 的转座过程一般分 4 步：①起始转座，转座子序列断裂，暴露出 3′OH；②3′OH 识别供体 DNA 的 TTAA，发夹结构形成；③5′端形成 TTAA 黏性末端，此时 3′OH 又一次被露出；④再次露出的 3′OH 识别新的 TTAA 靶位点。在转座过程中，PB 转座酶识别位于转座子载体两端的特定转座子 ITR，并将基因片段从原来的位点移动整合到 TTAA 染色体位点。正是因为 PB 转座子具有特殊的转座酶及 TTAA 目的位点序列，其被认为是一种新的转座子家族，命名为 piggyBac 家族。PB 转座子的特点是没有携带片段大小的限制并可以重新切除，并且 PB 转座子从基因组中删除不会留下足迹（Kim and Pyykko, 2011）。

五、SB 转座子研究进展

（一）SB 转座子的发现与结构

SB 转座子是目前应用研究最广泛的转座子之一。SB 转座子已经失活了一千多万年，与其他转座子相似，它也由转座酶基因和两端的反向重复序列组成，但转座酶没有活性。SB 转座子的全长约 1.6kb，反向末端重复序列约为 230bp，由外侧的 32bp IR、内侧与 IR 相似的同向重复序列（DR）及两者间相距的 165~166 个碱基三个部分组成（图 3-12A）。Ivics 等（1997）针对 Tc1 类转座酶中的 8 个不同鱼品种中的 Tc1 类转座酶基因序列，通过生物信息学的方法对其高同源性保守结构进行了重建，恢复了其转座酶的活性，因此称其为"睡美人"转座子。SB 转座酶基因的可读框编码 340 个氨基酸的蛋白质，它可以与两端的反向重复序列相结合，促进转座的发生，主要包括 5 个保守结构域：N 端的 DNA 结合域；靠近转座酶中心的一段未知功能的富糖结构域；C 端催化转座的 DDE 3 个区域（图 3-12）。DNA 结合区域可编码 123 个氨基酸，由 PAI 和 RED 两个成对的序列组成，且序列的组成与 NLS 具有重叠性。PAI 可利用内部亮氨酸拉链结构与转座子左侧的反向重复序列内的一段增强子特异性结合，此过程形成突起复合物

（synaptic complex formation, SCF），RED 结构域与 NLS 重叠，但其功能仍不清楚。在转座酶表达后，NLS 介导转座酶进入细胞核内，转座酶的 C 端介导 DNA 断裂与整合并催化中心 DDE 结构域（Izsvák and Ivics, 2004）。

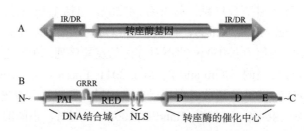

图 3-12　SB 转座子（A）和 SB 转座酶（B）结构示意图

SB 转座酶的保守域含有 260 个氨基酸，分成三个主要区域：①N 端的 DNA 结合域，负责结合转座子末端的重复序列。②核定位序列（NLS）。③DDE 结构域，负责催化剪切-粘贴反应。DNA 识别域上的 PAI 及 RED 盒与一些在转录因子中发现的基序有关。催化结构域中具有标志性的 DDE（有时是 DDD）氨基酸，也存在于许多转座酶和重组酶中。催化区域还包含一个富含甘氨酸（G）的区域

（二）SB 转座子的转座机制

SB 转座子是按照经典的"剪切-粘贴"方式进行转座的。转座可分为 4 步：①转座酶识别并结合到转座子正向重复序列（direct repeat, DR）位点；②转座酶亚基相互作用形成突起复合物；③供体从原整合位点剪切；④转座元件重新整合到新基因组位点上（图 3-13）。

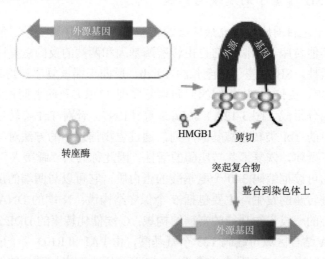

图 3-13　SB 转座子转座过程示意图

转座时，首先转座酶特异性识别转座子两端的 TA 二核苷酸，并将其从转座子两端切割下来，以此 TA 二核苷酸为起点向 3′端延伸三个碱基（GTC），在转座子的两侧形成 5′端突出，同时转座酶在基因组其他位置上特异性切割 TA 二核苷酸，产生两个 3′端突出的 TA 末端，作为新的整合位点。该过程被称为"非同源末端连接"，由细胞因子介导。双链 5-碱基的修补完成标志着整个整合过程的结束。之后，切割的转座子就转移到基因组的新位点。最后则利用细胞的 DNA 修复机制将缺口补平。值得注意的是，在整合过程中原始转座序列两侧的 TA 碱基在目的基因的左右两端被分别复制。有时修复过程会引起供体序列更多改变，可能导致序列的大量缺失。应当指出的是，转座酶不是限制性内切核酸酶，整个切除整合反应是高度协调的，严格按照以上步骤逐步执行（Izsvák and Ivics, 2004; Luo et al., 1998）。

研究表明，SB 转座子的转座效率受到转座子两端重复序列的影响。对 SB 转座子的反向重复序列内部进行修饰，与对其外部序列修饰一样，都会对转座产生影响。Cui 等（2002）在 SB 转座子右端的反向重复序列中对第 80 位（G-T）、第 87 位（G-A）、第 101 位（缺失 A）、第 217 位（A-T）利用 PCR 定点突变，并在转座子两个末端加上 TA 碱基，得到转座子 PT2-HB，发现其转座的效率可以提高 4 倍左右。Zayed 等（2003）根据自然界中已存在的复合转座子如 Tn5 和 Tn10 的结构，构建了一种能携带 10kb 或更大基因片段的"三明治式"SB 转座子结构，即在原始转座子 ITR 内侧再构建一对反向重复序列，增加了载体携带大片段的能力，并提高了大片段基因的转座效率。

研究发现，SB 转座子在同种动物的不同组织中转座的效率也不相同，如在小鼠的胚胎干细胞中 SB 转座子的转染效率为 10^{-5} 次/细胞（Luo et al., 1998），而在生殖细胞中却可以达到（0.2~2）次/细胞（Dupuy et al., 2001）；同时研究还发现在不同的组织和细胞中转座子与转座酶的最优比例不同。Yant 等（2000）发现在小鼠肝脏内当转座子质粒与转座酶的质粒比例为 25∶1 进行共转染时转座效率最高。而 Geurts 等（2003）在体外转染 HeLa 细胞的研究中，却发现当转座子与转座酶的比例为 5∶1 时，转座的效率最高。这些研究结果提示，SB 转座子存在复杂的调控机制。已有研究表明，SB 转座子的转座效率受到转座酶的活性和剂量，转座子序列，转座子的甲基化，外源基因大小，细胞、组织和生物类型，染色质的结构状态和一些宿主因子影响。

经自然界进化选择的转座酶活性并不一定是最强的，这可能是由于转座子和宿主细胞都在竭力避免产生插入性突变或破坏一些必要的基因，所以自 SB 转座酶恢复活性以来，一直有人尝试改造转座酶以获得更高的转座活性。Geurts 等（2003）对 SB10 的第 136 位（T-R）、243 位（M-Q）、253 位（VVA-HVR）和 255 位（A-R）进行定点突变，获得的转座酶命名为 SB11，结果发现此转座酶活性提高了约 3 倍，用 SB11 进行转座发生的染色体整合率是随机整合的 100 倍。Zayed 等（2004）应用 PCR 定点突变技术对 SB10 的第 115 位（R-H）和第 260（D-K）进行了碱基替代，并命名为 SB12，其转座酶的活性提高了近 4 倍。Baus 等（2005）对转座酶位点进行了一系列突变实验，发现活性最强的是对转座酶的第 13 位（K-A）、第 33 位（K-A）、第 83 位（T-A）、第 115 位（R-K）、第 205 位（A-K）、第 207 位（HK-VR）、第 210 位（D-E）和第 214 位 （RKEN-DAVQ）进行共突变后的序列，命名为 HSB17，其转座活性是 SB10 的近 17 倍。

大多研究表明，异染色质和 DNA 甲基化对 DNA 转座子和反转座子的转座有抑制作用。例如，在拟南芥中发现，低甲基化能够激活 DNA 转座子和反转座子的转座。但 Yusa 等于 2004 首次在鼠 ES 细胞试验中发现，在 SB 转座子中引入 CpG 甲基化能够显著提高 SB 转座子的转座效率（11 倍）（Yusa et al., 2004）。这一结论在基因工程小鼠上得到进一步证实，甲基化可以显著提高转基因效率，与未甲基化的 SB 转座子介导基因工程小鼠制备效率相比，基因工程小鼠的阳性率大约提高 1 倍以上，从而达到 50%以上，有的高达 90%，同时该甲基化在小鼠胚胎早期发育阶段被去除，启动子活性能够恢复，不影响所携带外源基因的表达。CpG 甲基化在 Tc3 转座子上也能提高转座效率（2 倍），但效果不如 SB 明显，而在 PB 转座子系统上却表现为抑制转座，这一显著的促转座效果仅仅限于 SB 转座子系统。因此甲基化在不同转座子上可能存在不同的调控机制。

在转座过程中，突起复合物的形成速度是决定转座效率的一个重要因素。Zayed 等（2003）发现的高迁移率族蛋白 B1（high-mobility group B1, HMGB1）对 SB 的促转座作用就是通过促进突起复合物的形成，从而提高转座效率。SB 转座酶对异染色质具有亲和性，而 CpG 甲基化能促进转座子形成异染色质，因此，CpG 甲基化对 SB 转座子的促转座作用可能是促进转座子异染色质形成，从而提高了其与 SB 转座酶结合，加快了突起复合物的形成速度。

六、Tol2 转座子结构及转座机制

Tol2 转座子属于 hAT 超家族成员，是第一个发现于脊椎动物中的具有自主活性的Ⅱ类 DNA 转座子。Tol2 活性是将该转座子插入青鳉的酪氨酸酶基因后导致白化而确认的（Koga et al., 1996）。现在 Tol2 转座子系统已在鱼类和哺乳动物中广泛运用，如生殖细胞基因转移、转基因和基因捕获等。

Tol2 转座子的结构如下：①Tol2 末端倒位重复序列：该序列长 12bp。②亚末端重复序列：靠近右侧末端倒位重复序列的亚末端重复序列，长度约为 5bp，在亚末端区域重复出现 33 次，与发生在末端倒位重复序列的突变一样，如果突变发生在这个 5bp 的重复序列内，转座效率则会显著下降。③中间倒位重复序列：该序列是位于转座酶基因的外显子 1 和外显子 2 之间的另一倒位重复序列，长度为

300bp。这个重复序列被一段 50bp 的 DNA 片段分开后，可能形成了一个茎环结构，从而使核酸外切酶和核酸聚合酶的活性在这个区域经常受到抑制。④靶位重复序列：该重复序列是 Tol2 转座子两端的正向重复序列。它不是 Tol2 转座子自身的序列，而是在每个特异性的插入位点上所产生的长度约 8bp 的一段序列。⑤转座酶基因：Tol2 携带的编码转座酶的基因包含 4 个外显子。它能翻译成一个含有长达 649 个氨基酸的蛋白质，这个蛋白质具有完整的生物学功能，并能催化 Tol2 转座子的转座。Tol2 是自主转座子，内部是转座酶基因，按照"剪切-粘贴"的机制进行转座，完成转座后，Tol2 转座子在转座过程中序列长度保持不变且没有内部片段缺失。目前，Tol2 转座子系统被拆为两个部分：非自主的 DNA 转座子（可携带外源）和转座酶（使用 cDNA 形式）（Kawakami, 2007）。

针对 SB、PB 及 Tol2 转座子，宋成义（2014）系统研究比较了这三种转座系统在细胞和胚胎水平上的转座活性差异，同时对转座子介导细胞质显微注射相关技术参数进行了优化。发现在细胞水平，转座子和转座酶比例为 2∶1 时，Tol2、PB 转座子整合效率最高；而 SB 转座子在 1∶1 比例时整合效率最高；SB、PB、Tol2 三种转座子在转座子和转座酶比例为 2∶1 时基因捕获效率最高。在胚胎水平，PB 在转座子质粒和转座酶 mRNA 按质量比 20ng∶50ng 混合时转基因效率最高，而 SB 和 Tol2 转座子在转座子质粒和转座酶 mRNA 按质量比 20ng∶30ng 混合时转基因效率最高。硬骨鱼类转座子多样性程度和转座活性很高，基因组大小差异主要是由转座组的不同程度扩张引起的，而转座组差异主要是由于 DNA 转座子的不同程度扩张引起的。斑马鱼基因组中的 DNA 转座子得到显著扩张，其中两个 DNA 超家族转座子（hAT 和 Tc1/mariner）是硬骨鱼转座组扩张的主要成分，且 hAT 和 Tc1/mariner 超家族转座子均存在多个结构完整的成员，提示其是活跃家族。反转录转座子家族在斑马鱼中活性也很高，斑马鱼基因组是活跃基因组。斑马鱼基因组中 Tc1 转座子超家族 5 个结构完整的转座子成员（Tc1-a、Tc1-b、Tc1-c、Tc1-d、Tc1-e）活性存在较大差异，Tc1-c 是最年轻的转座子，在哺乳动物细胞和胚胎中有较高的转座活性，其活性与现有的 SB 转座子活性相近（宋成义，2014）。

七、转座子的应用

转座子的应用主要包括基因转移载体、基因工程动物的制备、基因治疗、基因捕获研究等。

（一）基因转移载体和基因工程研究应用

PB、SB 和 Tol2 转座子均具有在包括人、猪、鼠等多种脊椎动物细胞中介导基因转移的能力。转座子能将 *NEO*、*Lac Z* 和 *GFP* 等外源基因有效整合进入多个物种细胞系中，并可以稳定表达。转座子作为基因转移载体具有以下优势：①结构简单，与外源基因共同整合入受体基因组的只是两侧各 250bp 的 IR/DR 序列，对外源基因的影响较小，在整合位点也没有发现大片段的丢失和染色体重排现象；②与反转录病毒载体相比，对插入片段的长度限制较小；③转座的外源基因可以稳定整合到染色体中，而且通过生殖细胞传代后也能够长期表达；④转座酶可以催化单拷贝基因精确地插入受体序列中，不再依靠随机整合且插入片段的大小也不会发生变化；⑤转座子系统可全部以裸露的 DNA 形式给予，也可以 DNA（转座子）与 RNA/蛋白质形式提供的转座酶相结合进行转座，所以其免疫原性较低（Izsvák and Ivics, 2004）。

Ding 等于 2005 年首次使用了 PB 转座子制备出基因工程小鼠。研究者们将 PB 转座子和转座酶混合液注入小鼠受精卵中，同时获得了表达红色荧光蛋白（RFP）和酪氨酸转移酶的基因工程小鼠，并且实验证明了此外源基因可以遗传给子代（Ding et al., 2005）。此后，学者们利用包括 PB、SB 和 Tol2 在内的转座子已经成功制备了鸡（Macdonald et al., 2012）、鱼（Juntti et al., 2013）多种基因工程动物。

转座子应用于基因工程技术新的突破是转座子介导的细胞质显微注射技术的发展。DNA 原核显微注射法是最早用于基因工程动物研制的经典方法，在大鼠和小鼠中是比较可靠、效果比较稳定的转基因方法。但原核显微注射法在大型哺乳动物，如牛、羊、猪等动物上应用效果并不理想，主要是由于家畜的卵细胞中含有大量卵黄颗粒细胞，显微镜下与小鼠的受精卵不同而呈现不透明状态，需要经过高速离心，使其原核暴露才可以进行原核显微注射。受精卵在高速离心和注射针刺穿原核的操作后，胚胎的死亡率相应增高，导致转基因效率较低。由于介导转座子的转座酶具有核定位信号，可以介导载体顺利进入细胞核，从而介导外源DNA 与基因组整合。Sumiyama 等（2010）首次尝试通过 Tol2 转座子介导、细胞质注射制备基因工程小鼠，获得理想的效果，转基因效率平均达 19.5%，最高达到 27.3%，与原核显微注射对照组相比（2.3%），提高 10 倍以上。Garrels 等（2011）在大型哺乳动物猪上也进行了尝试，获得出生仔猪的阳性率平均 47.3%，最高达到 57.1%，相较于原核显微注射提高了 5 倍以上。提示转座子介导细胞质显微注射法在基因工程大型哺乳动物制备研究上具有重要应用前景。

（二）促进外源基因表达

Masuda 等（2004）研究发现，将一组不含转座子序列的表达萤光素酶的质粒与转座酶质粒协同注射，另一组只注射表达萤光素酶的质粒，结果发现前者比后者萤光素酶的表达水平提高了 5 倍，表明转座酶本身就可以增强外源基因的表达，与转座子的存在与否无关，但萤光素酶基因均没有整合到染色体中。这提示转座子有可能用于介导基因免疫。

（三）基因治疗

在基因治疗中，目的基因整合后能够表达并且维持一段时间，才能起到治疗的效果，而 PB、SB、Tol 等转座子满足了上述要求，目前应用于基因治疗比较多的是 PB 和 SB 转座子。Chen 等（2005）将 SB 转座系统和 RNAi 技术结合，将 *htt*（亨廷顿舞蹈病）基因导入小鼠体内，降低了 *htt* 基因的表达。Yant 等（2000）用带有 hAAT cDNA 的 SB 载体注射后得到的基因工程小鼠，在血液中表达 hAAT 并可持续 6 个月以上，更重要的是，在实验中反复注射 SB 载体并没有引起毒性和免疫反应。Ohlfest 等（2005）和 Liu 等（2006）利用 SB 转座子将血友病基因转入缺乏凝血因子Ⅷ的小鼠肝脏内，患鼠表型也有所改善，再次印证 SB 转座系统应用于基因治疗的可行性。此后，Hausl 等（2010）在小鼠上证实高活性 SB 转座系统可以用于 B 型血友病的治疗，患鼠表型得到长时间持续改善。Di Matteo 等（2014）证实高活性 PB 转座子能够持续有效地进行肝脏靶向基因治疗。

（四）基因捕获

基因捕获（gene trapping）技术也是一种创造随机插入突变的生物技术手段，但与传统基因诱变技术不同的是，如果捕获载体插入某一基因内部且与基因转录方向一致，由于载体中含 mRNA 拼接受体序列信号和报道基因等，突变基因会与载体上报道基因 mRNA 拼接，形成截断的嵌合 mRNA，正常的 mRNA 表达被打断，产生内源基因失活突变。其优势在于，首先，它能阻断内源基因表达，使基因功能失活（或者部分失活），产生突变表型，解析基因功能；其次，能在表达水平上定位基因，即通过报道基因来反映内源基因的表达特点；另外，由于有报道基因的标记，可以快速分离克隆突变基因。该技术对于揭示突变基因所对应的生物功能具有重要的应用价值。

由于转座子技术介导能够高效、规模制备插入突变体，转座子技术和基因捕获技术的结合，极大增强了传统基因捕获技术的基因诱变能力。传统基因捕获需要对 ES 细胞克隆进行筛选并通过囊胚注射制备基因突变动物模型，而携带基因捕获构件载体在转座子系统的介导下能够高效精确地插入基因组，覆盖基因组范围大，且可以直接通过囊胚注射获得大量基因突变动物模型。近年来，在小鼠规模诱变上，更是发展出了一个转座子技术介导独特的基因捕获研究系统——精子细胞突变体系统（sperm cell mutation system，SCMS）。在该系统中，首先制备两个基因工程小鼠品系：一个为在公鼠睾丸中特异性表达转座酶的转座启动者基因工程小鼠，另一个为携带转座子的突变者基因工程小鼠，将两个基因工程小鼠交配就可以产生一个携带转座子和转座酶的双基因工程公鼠，由于同时携带转座子和转座酶转基因构件，公鼠睾丸组织特异性表达的转座酶可以介导生殖细胞发生重新转座，从而在基因组中发生新的转座子插入，这样双基因工程公鼠能够源源不断地产生重新转座的精子，成为精子突变体库，与野生型母鼠交配可以制备大量的突变体。这样，转座子中的捕获载体就可以不断捕获新的基因，实现基因的规模捕获。

　　利用转座子技术进行基因规模捕获成为功能基因组学新的研究热点，是目前最具有应用前景的挖掘功能基因的方法之一。目前，国际上已开展了对线虫、斑马鱼、果蝇和小鼠等模式生物的大规模突变体构建和基因捕获研究。

参 考 文 献

宋成义. 2014. 不同 DNA 转座子在哺乳动物细胞和胚胎中转座活性研究及新转座子的挖掘. 中国农业科学院北京畜牧兽医研究所博士后出站报告.

Baus J, Liu L, Heggestad A D, et al. 2005. Hyperactive transposase mutants of the Sleeping Beauty transposon. Molecular Therapy, 12(6): 1148-1156.

Bourque G. 2009. Transposable elements in gene regulation and in the evolution of vertebrate genomes. Current Opinion in Genetics & Development, 19(6): 607-612.

Cary L C, Goebel M, Corsaro B G, et al. 1989. Transposon mutagenesis of baculoviruses: analysis of *Trichoplusia ni* transposon IFP2 insertions within the FP-locus of nuclear polyhedrosis viruses. Virology, 172(1): 156-169.

Chen Z J, Kren B T, Wong P Y, et al. 2005. Sleeping Beauty-mediated down-regulation of huntingtin expression by RNA interference. Biochemical and Biophysical Research Communications, 329(2): 646-652.

Cui Z, Geurts A M, Liu G, et al. 2002. Structure-function analysis of the inverted terminal repeats of the Sleeping Beauty transposon. Journal of Molecular Biology, 318(5): 1221-1235.

De Koning A P, Gu W, Castoe T A, et al. 2011. Repetitive elements may comprise over two-thirds of the human genome. PLoS Genetics, 7(12): e1002384.

Delaurière L, Chénais B, Hardivillier Y, et al. 2009. Mariner transposons as genetic tools in vertebrate cells. Genetica, 137(1): 9-17.

Di Matteo M, Samara-Kuko E, Ward N J, et al. 2014. Hyperactive piggyBac transposons for sustained and robust liver-targeted gene therapy. Molecular Therapy, 22(9): 1614-1624.

Ding S, Wu X, Li G, et al. 2005. Efficient transposition of the piggyback (PB) transposon in mammalian cells and mice. Cell, 122(3): 473-483.

Doolittle W F, Sapienza C. 1980. Selfish genes, the phenotype paradigm and genome evolution. Nature, 284(5757): 601-603.

Dupuy A J, Fritz S, Largaespada D A. 2001. Transposition and gene disruption in the male germline of the mouse. Genesis, 30(2): 82-88.

Feschotte C, Pritham E J. 2007. DNA transposons and the evolution of eukaryotic genomes. Annual

Review of Genetics, 41: 331-368.

Finnegan D J. 1989. Eukaryotic transposable elements and genome evolution. Trends in Genetics, 5: 103-107.

Fraser M J, Ciszczon T, Elick T, et al. 1996. Precise excision of TTAA-specific lepidopteran transposons piggyBac (IFP2) and tagalong (TFP3) from the baculovirus genome in cell lines from two species of Lepidoptera. Insect Molecular Biology, 5(2): 141-151.

Garrels W, Mátés L, Holler S, et al. 2011. Germline transgenic pigs by Sleeping Beauty transposition in porcine zygotes and targeted integration in the pig genome. PLoS One, 6(8): e23573.

Geurts A M, Yang Y, Clark K J, et al. 2003. Gene transfer into genomes of human cells by the sleeping beauty transposon system. Molecular Therapy, 8(1): 108-117.

Handler A M. 2002. Use of the piggyBac transposon for germ-line transformation of insects. Insect Biochemistry and Molecular Biology, 32(10): 1211-1220.

Hausl M A, Zhang W, Müther N, et al. 2010. Hyperactive sleeping beauty transposase enables persistent phenotypic correction in mice and a canine model for hemophilia B. Molecular Therapy, 18(11): 1896-1906.

Ivics Z, Hackett P B, Plasterk R H, et al. 1997. Molecular reconstruction of Sleeping Beauty, a Tc1-like transposon from fish, and its transposition in human cells. Cell, 91(4): 501-510.

Izsvák Z, Ivics Z. 2004. Sleeping beauty transposition: biology and applications for molecular therapy. Molecular Therapy, 9(2): 147-156.

Juntti S A, Hu C K, Fernald R D. 2013. Tol2-mediated generation of a transgenic haplochromine cichlid, *Astatotilapia burtoni*. PLoS One, 8(10): e77647.

Kapitonov V V, Jurka J. 2008. A universal classification of eukaryotic transposable elements implemented in Repbase. Nature Reviews Genetics, 9(5): 411-412.

Kawakami K. 2007. *Tol2*: a versatile gene transfer vector in vertebrates. Genome Biol, 8(Suppl 1): S7.

Kempken F, Windhofer F. 2001. The hAT family: a versatile transposon group common to plants, fungi, animals, and man. Chromosoma, 110(1): 1-9.

Kim A, Pyykko I. 2011. Size matters: versatile use of piggyBac transposons as a genetic manipulation tool. Molecular and Cellular Biochemistry, 354(1-2): 301-309.

Koga A, Suzuki M, Inagaki H, et al. 1996. Transposable element in fish. Nature, 383(6595): 30.

Largaespada D A. 2003. Generating and manipulating transgenic animals using transposable elements. Reprod Biol Endocrinol, 1(1): 80.

Liu L, Mah C, Fletcher B S. 2006. Sustained FⅧ expression and phenotypic correction of hemophilia A in neonatal mice using an endothelial-targeted sleeping beauty transposon. Molecular Therapy, 13(5): 1006-1015.

Luo G, Ivics Z, Izsvák Z, et al. 1998. Chromosomal transposition of a Tc1/mariner-like element in mouse embryonic stem cells. Proceedings of the National Academy of Sciences, 95(18): 10769-10773.

Macdonald J, Taylor L, Sherman A, et al. 2012. Efficient genetic modification and germ-line transmission of primordial germ cells using piggyBac and Tol2 transposons. Proceedings of the National Academy of Sciences, 109(23): 1466-1472.

Masuda K, Yamamoto S, Endoh M, et al. 2004. Transposon-independent increase of transcription by the Sleeping Beauty transposase. Biochemical and Biophysical Research Communications, 317(3): 796-800.

Ni J, Clark K J, Fahrenkrug S C, et al. 2008. Transposon tools hopping in vertebrates. Briefings in Functional Genomics & Proteomics, 7(6): 444-453.

Ohlfest J R, Frandsen J L, Fritz S, et al. 2005. Phenotypic correction and long-term expression of factor Ⅷ in hemophilic mice by immunotolerization and nonviral gene transfer using the Sleeping Beauty transposon system. Blood, 105(7): 2691-2698.

Petrov D A. 2001. Evolution of genome size: new approaches to an old problem. Trends in Genetics, 17(1): 23-28.

Piegu B, Guyot R, Picault N, et al. 2006. Doubling genome size without polyploidization: dynamics of retrotransposition-driven genomic expansions in *Oryza australiensis*, a wild relative of rice. Genome Research, 16(10): 1262-1269.

Rouault J D, Casse N, Chénais B, et al. 2009. Automatic classification within families of transposable elements: application to the mariner family. Gene, 448(2): 227-232.

Sumiyama K, Kawakami K, Yagita K. 2010. A simple and highly efficient transgenesis method in mice with the Tol2 transposon system and cytoplasmic microinjection. Genomics, 95(5): 306-311.

Wu S C, Meir Y J, Coates C J, et al. 2006. piggyBac is a flexible and highly active transposon as compared to sleeping beauty, Tol2, and Mos1 in mammalian cells. Proceedings of the National Academy of Sciences, 103(41): 15008-15013.

Yant S R, Meuse L, Chiu W, et al. 2000. Somatic integration and long-term transgene expression in normal and haemophilic mice using a DNA transposon system. Nature Genetics, 25(1): 35-41.

Yuan Y W, Wessler S R. 2011. The catalytic domain of all eukaryotic cut-and-paste transposase superfamilies. Proceedings of the National Academy of Sciences, 108(19): 7884-7889.

Yusa K, Takeda J, Horie K. 2004. Enhancement of Sleeping Beauty transposition by CpG methylation: possible role of heterochromatin formation. Molecular and Cellular Biology, 24(9): 4004-4018.

Zayed H, Izsvák Z, Khare D, et al. 2003. The DNA-bending protein HMGB1 is a cellular cofactor of Sleeping Beauty transposition. Nucleic Acids Research, 31(9): 2313-2322.

Zayed H, Izsvák Z, Walisko O, et al. 2004. Development of hyperactive sleeping beauty transposon vectors by mutational analysis. Mol Ther, 9(2): 292-304.

第七节　精子介导的基因转移技术

精子介导的基因转移法（sperm mediated gene transfer, SMGT）是指利用雄性动物的生殖细胞，即精子或精原干细胞作为携带外源基因的载体，在受精过程中将外源基因导入受精卵，并稳定整合到子代基因组中。该方法利用生殖细胞受精的自然过程，避免了人为操作对胚胎造成的损伤，简单易行，成本低廉，无需昂贵的试验设备，也可以获得较高的转基因效率。精子载体法生产基因工程动物起源于 1989 年，首先被应用于小型动物，尤其在小鼠上得到较高的效率。随后，Lavitrano 等（1989）成功地优化了该技术，使之适用于大型哺乳动物。与其他的转基因方法相比，精子载体转基因技术具有特定的应用前景，在哺乳动物遗传育种方面具有其独特的研究意义。

一、精子载体法的发展

1971 年，Brackett 等（1971）实现外源基因导入兔的精子，证实了动物精子能够自发结合并通过受精将外源基因带入受精卵中。此后 Lavitrano 等（1989）用小鼠附睾精子作为外源 DNA 载体，体外受精获得了基因工程小鼠，证实了以精子为载体生产基因工程动物是可行的。2003 年，Lavitrano 等（2003）证实对于不同的精子供体，精子载体法的效率存在一定差异。2005 年，Smith 和 Spadafora（2005）报道在通过精子载体法获得的基因工程后代中，约 25%可以将外源基因遗传到 F_1 代或更多代，证明精子载体法获得的基因工程动物能够将外源基因遗传给下一代，但并不是所有阳性个体都具有这个能力。2009 年，Bacci 等（2009）的研究表明，外源的 DNA 结合精子后，对精子的受精能力没有负面影响。

精子载体法适用于许多动物物种，而且成本低、效率较高、操作简单，受到人们越来越多的关注，并已在小鼠、鱼、家兔、鸡上，以及猪等大家畜上获得成功（Rottmann et al., 1996; Yannoutsos et al., 1995; Khoo et al., 1992; Lavitrano et al., 1989）。

二、精子载体法的机制

（一）精子与外源 DNA 的结合调控机制

Spadafora 在 2007 年的研究中揭示，成熟精子头部可以瞬时吸收外源 DNA，并且吸收区域是特异性的，位于精子头部的顶体后区，即靠近精核的区域。精子与外源 DNA 的特异性结合是一种不可逆的离子作用，并不依赖特定的序列。由于其他一些带负电的分子如肝素等都可以特异性地与这一区域结合，推测此区域带正电,通过电荷相互作用与 DNA 分子结合。精子头部蛋白提取物中有一种蛋白质起 DNA 结合底物的作用,与 DNA 形成蛋白复合体。研究表明,精液中存在能抑制精子对 DNA 吸收的因子,因此只有彻底清除精浆,精子才能吸收 DNA。将哺乳动物精液中分离出的一种结合糖蛋白命名为抑制因子 1(IF-1),当其存在时,结合底物蛋白会失去对外源 DNA 的结合能力,导致外源 DNA 无法进入精子细胞(Spadafora, 2007)。

(二)精子内外源 DNA 的定位与整合

1997 年,Lavitrano 等的研究表明,外源 DNA 与精子的结合及外源 DNA 的内化与组织相容性复合体Ⅱ(MHCⅡ)和 CD4 分子有关,MHCⅡ基因敲除小鼠的精子细胞与 DNA 结合的能力比野生型小鼠精子的结合力低,而基因工程小鼠敲除 *CD4* 基因后,其精子结合 DNA 的能力正常,但失去进一步吸收 DNA 的能力。这表明,在精子与 DNA 作用过程中,MHCⅡ与精子结合 DNA 的能力有关,而精子表面的 CD4 与外源 DNA 的内化有关(Lavitrano et al., 1997)。

三、精子载体法的应用

精子载体法最初的操作方法是人工采集精液,通过精子与外源 DNA 共孵育来转染精子,然后进行人工授精。虽然科研人员已经从精液质量、精液的处理、DNA 浓度和 DNA 片段长度等方面进行改进,但改进后的效果还是未达到科研人员的要求。随着研究的深入,精子载体法也呈现多元化发展,从精子直接与外源 DNA 孵育,到用一些介质辅助转染;从转染精子到转染精原干细胞。新方法层出不穷,常用的辅助转染的介质有脂质体、慢病毒和电穿孔技术等,这些介质大大提高了转基因的效率。2010 年,Kim 等将一种新的载体-磁性纳米颗粒(MNP)首次应用于猪精子的转染,MNP 首先与外源 DNA 形成复合物,再连接到精子,当体外受精时,传递外源基因到卵母细胞中。结果显示:其效率比直接共孵育和使用脂质体都要高,此发现进一步提高了精子转染的效率(Kim et al., 2010)。利用精原干细胞生产基因工程动物可分为体内转染和体外转染两部分:体内转染是直接把外源 DNA 注射到睾丸、曲精细管或是输精管。伴随精子的发生可以源源不断地产生转基因精子;体外转染要与精原干细胞的分离、培养和冷冻相结合,在体外进行精原干细胞的转染和筛选,然后进行移植,其生产基因工程动物的效率比转染精子高得多。同时,1992 年产生的胞浆内单精子注射(ICSI)与精子载体法相结合生产基因工程动物的技术,在基因工程动物性别控制方面也发挥着巨大的作用(Palermo et al., 1992)。

我国科学家也进行了一系列精子载体法的研究与应用,尤其在大动物上取得了一定的成果。任红艳等(2007)利用精子载体法将人 *her2* 基因整合在猪染色体上，其整合率约为20%。2010年，青岛农业大学的孙金海团队利用纳米精子载体法成功制备了转绿色荧光蛋白基因和猪生长激素基因的基因工程猪（吴明明等，2011）。吴斌等（2013）利用精子载体法获得植酸酶基因工程猪，阳性率为15.8%。

四、精子载体法应用中存在的问题

精子载体法虽然具备很多优点，但它也存在一些明显的问题。例如，在1989年精子载体法出现后，Brinster等（1989）采用6个不同品系的小鼠、近10种结构基因及多种基因浓度进行试验，得到的1300只小鼠全为阴性。这一结果也在当时使人们对精子载体法生产基因工程动物持有怀疑态度。可见精子载体法在不同的试验研究之间效率差异较大，缺乏稳定性。目前，尚未形成一套可重复的、稳定的制备基因工程动物的技术方法，所以还有许多问题有待于进一步研究和解决。外源基因的摄入及内化转运过程中的调控机制尚不十分明确，精子携带外源基因入卵后的整合表达规律仍需进一步阐明。

参 考 文 献

任红艳, 张兴举, 杨述林, 等. 2007. 精子载体法获得转人 *her2* 基因猪. 中国畜牧兽医, 34(3): 50-52.

吴斌, 戴建军, 张廷宇, 等. 2013. 精子载体法获得植酸酶转基因猪. 上海农业学报, 29(5): 6-9.

吴明明, 曹月胜, 迟晓瑶, 等. 2011. 纳米材料介导精子载体法制备转基因猪的研究. 第十六次全国遗传育种学术讨论会暨纪念吴仲贤先生诞辰100周年大会论文集: 277.

Bacci M L, Zannoni A, De Cecco M, et al. 2009. Sperm-mediated gene transfer-treated spermatozoa maintain good quality parameters and *in vitro* fertilization ability in swine. Theriogenology, 72(9): 1163-1170.

Brackett B G, Baranska W, Sawicki W, et al. 1971. Uptake of heterogonous genome by mammalian spermatozoa and its transfer to ova through fertilization. Proc Nat Acad Sci USA, 68(1): 353-357.

Brinster R L, Sandgren E P, Behringer R R, et al. 1989. No simple solution for making transgenic mice. Cell, 59(2): 239-241.

Khoo H W, Ang L H, Lim H B, et al. 1992. Sperm cells as vectors for introducing foreign DNA into zebrafish. Aquaculture, 107(1): 1-19.

Kim T S, Lee S H, Gang G T, et al. 2010. Exogenous DNA uptake of boar spermatozoa by a magnetic nanoparticle vector system. Reproduction in Domestic Animals, 45(5): e201-e206.

Lavitrano M, Camaioni A, Fazio V M, et al. 1989. Sperm cells as vectors for introducing foreign DNA into eggs: genetic transformation of mice. Cell, 57(5): 717-723.

Lavitrano M, Forni M, Bacci M L, et al. 2003. Sperm mediated gene transfer in pig: selection of donor boars and optimization of DNA uptake. Molecular Reproduction and Development, 64(3): 284-291.

Lavitrano M, Maione B, Forte E, et al. 1997. The interaction of sperm cells with exogenous DNA: a role of CD4 and major histocompatibility complex class Ⅱ molecules. Experimental Cell Research, 233(1): 56-62.

Palermo G, Joris H, Devroey P, et al. 1992. Pregnancies after intracytoplasmic injection of single spermatozoon into an oocyte. The Lancet, 340(8810): 17-18.

Rottmann O, Antes R, Höfer P, et al. 1996. Liposome-mediated gene transfer via sperm cells. High transfer efficiency and persistence of transgenes by use of liposomes and sperm cells and a murine amplification element. Journal of Animal Breeding and Genetics, 113(1-6): 401-411.

Smith K, Spadafora C. 2005. Sperm-mediated gene transfer: applications and implications. Bioessays, 27(5): 551-562.

Spadafora C. 2007. Sperm-mediated gene transfer: mechanisms and implications. Society of Reproduction and Fertility Supplement, 65: 459.

Yannoutsos N, Langford G A, Cozzi E, et al. 1995. Production of pigs transgenic for human regulators of complement activation. Transplantation Proceedings. 1995, 27(1): 324.

第八节　复合性状基因工程动物制备技术

　　基因工程技术日趋成熟，受到世界各国高度重视并已取得迅猛发展。建立高效、安全、规模化的基因工程技术将是 21 世纪生物技术的发展方向。而动物的表型往往不是由一个基因决定的，特定经济性状大多与多个基因相关。在实际研究和生产中，经常需要基因工程动物具有两种或两种以上的基因特性。畜禽生物育种和人类重大疾病的动物模型研究很需要我们利用现代基因工程技术同时对一个动物基因组的两个或两个以上基因进行修饰，生产实际中多基因复合性状基因工程动物更具实用价值。复合性状基因修饰技术已成为基因工程技术发展的主要方向之一。

一、复合性状基因工程技术及其发展

　　传统方法制备基因工程动物一般借助真核表达载体来实现，通过分子生物学手段将目的基因片段连接到真核启动子下游，进入细胞后能指导外源基因表达，该方法在基因表达及功能的研究中有着极其广泛的应用。由于早先开展的基因过表达或者转基因研究中，大多采用单外源基因表达载体，成功实现单个基因的过表达。但在实际研究和开发中，为了达到科研和产业化目的，需要多个基因同时过表达，或者基因工程动物个体实现多个性状的改良或多个基因的修饰，早期的方法是在细胞水平分别开展多次细胞转染，多次筛选稳定表达细胞系；在个体水平如欲实现多基因表达或者使得制备的基因工程动物具有多个目标性状则需分别制备相应的基因工程动物个体，再借助传统育种方法，通过个体间交配获得多个同时表达外源基因的基因工程动物，上述方法虽然技术上可行，但因为工作量巨大、耗费较高、周期较长，而且面临着筛选或者个体选育过程中外源基因表达效率的降低或者缺失，严重影响了该技术的发展。

随着分子生物学研究方法的推进及对基因功能认识的深入，在生物体中发现了一些基因序列能实现多个基因的共表达，研究较多的是借助一个或多个内部核糖体进入位点（internal ribosome entry site, IRES）序列元件或自剪切多肽 2A（self-cleaving 2A peptide, 2A）元件等构建一个真核双顺反子或多顺反子表达载体（de Felipe, 2002; Emerman and Temin, 1984），利用上述基因组件来实现多基因的表达有其优势，如只借助一个启动子启动多个基因的表达（Carey et al., 2009），这样实现多基因表达的序列及元件的出现使得一次基因转染或者转基因操作实现多基因的表达，制备多性状的基因工程动物成为可能（Li and Wang, 2012; Mansha et al., 2012; Ha et al., 2010; Provost et al., 2007; Bonaldo et al., 1998）。

随着生物技术及基因工程研究的推进，目前复合性状基因组编辑技术大概分为以下几类：首先是利用 IRES 序列来介导多基因的表达。一般真核 mRNA 的翻译都需要 5'端帽子来介导核糖体结合，但真核生物和病毒中还存在一些例外情况，如一些基因 5'端具有一段较短的 RNA 序列（150~250bp），这类 RNA 序列能折叠成类似于起始 tRNA 的结构，从而介导核糖体与 RNA 结合，起始蛋白质翻译，这段非翻译 RNA 被称为内部核糖体进入位点序列。IRES 序列能招募核糖体对 mRNA 进行翻译。将 IRES 序列与外源 cDNA 融合，发现 IRES 序列能独立地起始翻译。文献表明，借助 IRES 序列尽管可以实现多基因的表达，但会导致 IRES 序列前后的基因表达不平衡，尤其是下游基因的表达量仅有上游基因表达量的 20%~50%（Mizuguchi et al., 2000）。另外是利用自剪切多肽 2A 元件来介导多基因的表达，其基本原理是 2A 元件可以在翻译过程中形成高级结构对核糖体肽基转移酶中心造成空间阻隔，导致无法形成正常的肽链链接，但同时核糖体却能继续翻译下游蛋白，从而形成类似蛋白水解酶的作用将前后两个蛋白质切开。与 IRES 序列元件相比，2A 元件能够实现多基因的高效平衡表达，但是 2A 元件因为其独特的"剪切"机理，使得上游基因表达的蛋白融合有 2A 元件的多肽尾巴，增加的结构可能会影响目的蛋白的功能（de Felipe and Ryan, 2004），也有研究表明，利用 2A 元件构建的双顺反子表达载体表达的产物中能检测到明显的未剪切的蛋白质前体（刘必胜等, 2007）。

随着研究的深入，在综合比较已有的多基因表达体系的基础上，鞠辉明等（2010）通过技术改进，将多个携带启动子、目的基因及终止子的独立基因的表达盒整合到一个载体上，构建真核双顺反子表达载体，成功制备了同时表达大肠杆菌植酸酶 *appA2* 及抗黏液病毒基因 A 的真核表达载体，研究中，制备的双基因表达载体和单基因表达载体相比，基因的表达效率没有明显改变。该研究思路还可以实现不同类型启动子启动多基因的表达，也可以实现过表达目的基因的同时过表达 shRNA 等其他表达对象。该方法具有其他多顺反子研究方法不可比拟的优势。但该技术在应用过程中也面临一系列的问题：首先是表达载体的容量问题，多顺反子表达盒由于各自的启动子和终止子等独立元件的组成，势必导致载体插入片段比较长，对载体构建、细菌转化及细胞转染等过程的效率都会有所影响，但多顺反子表达盒序列长度在一定范围内在上述研究过程中差异不显著，显示了该技术有很好的应用前景。该项技术成果申报了国内、国际专利，并于 2014 年成功获得了美国专利的授权（US8742085B2）。

二、复合性状基因工程技术的应用

中国农业科学院北京畜牧兽医研究所基因工程与种质创新团队在制备复合性状基因工程动物上有丰富的经验，由于在基础研究上对多基因表达系统研究较为深入，成功制备出一系列多基因、符合性状的基因工程动物。首先将具有环保功能的 *appA* 和具有抗病功能的 *MxA* 多顺反子基因表达载体利用小鼠内源性精原干细胞介导得到复合性状基因工程小鼠（Ju et al., 2011），在小鼠个体水平上检测出基因工程小鼠同时具有黏液病毒抗性，粪便中有机磷排放水平显著降低。该研究团队还将多顺反子表达载体导入猪的胚胎中，得到基因工程胚胎。将基因工程胚胎移植到母猪体内，得到表达多个基因复合性状的基因工程猪，制备出的基因工程猪既环保又抗病。该团队还利用 CRISPR/Cas9 技术获得了载脂蛋白 E（ApoE）和低密度脂蛋白受体（LDLR）双基因编辑猪，该基因编辑猪的低密度脂蛋白胆固醇（LDL-C）、总胆固醇和载脂蛋白 B（ApoB）含量显著升高，是人类心血管疾病和相关转化医学研究的良好模型（Huang et al., 2017）。另外，该团队还获得了转 *HSD11β1-GIPRn-hIAPP* 三基因猪（Kong et al., 2016）、转 *GIPRn-hIAPP* 双基因猪等一系列农用、医用基因工程猪。

参 考 文 献

鞠辉明, 白立景, 牟玉莲, 等. 2010. 大肠杆菌植酸酶 *appA2* 基因联合人 *MxA* 基因真核表达载体的构建及表达研究. 畜牧兽医学报, 41(12): 1550-1555.

刘必胜, 刘新垣, 钱程. 2007. 构建多顺反子表达载体的有效工具——FMDV 2A. 生物工程学报, 23(5): 765-769.

Bonaldo P K, Chowdhury A, Stoykova, et al. 1998. Efficient gene trap screening for novel developmental genes using IRES beta geo vector and *in vitro* preselection. Exp Cell Res, 244(1): 125-136.

Carey B W, Markoulaki S, Hanna J, et al. 2009. Reprogramming of murine and human somatic cells using a single polycistronic vector. Proc Natl Acad Sci USA, 106(1): 157-162.

de Felipe P. 2002. Polycistronic viral vectors. Curr Gene Ther, 2(3): 355-378.

de Felipe P, Ryan M D. 2004. Targeting of proteins derived from self-processing polyproteins containing multiple signal sequences. Traffic, 5(8): 616-626.

Emerman M, Temin H M. 1984. Genes with promoters in retrovirus vectors can be independently suppressed by an epigenetic mechanism. Cell, 39(3 Pt 2): 449-467.

Ha S H, Liang Y S, Jung H, et al. 2010. Application of two bicistronic systems involving 2A and IRES sequences to the biosynthesis of carotenoids in rice endosperm. Plant Biotechnol J, 8(8): 928-938.

Huang L, Hua Z, Xiao H, et al. 2017. CRISPR/Cas9 mediated ApoE$^{-/-}$ and LDLR$^{-/-}$ double gene knocked in pigs elevates serum LDL-C and TC levels. Oncotarget, 8(23): 37751-37760.

Ju H M, Bai L J, Ren H Y, et al. 2011. Production of transgenic mice by type-A spermatogonia-mediated gene transfer. Agricultural Sciences in China, 10(3): 8.

Kong S, Ruan J, Xin L, et al. 2016. Multi-transgenic minipig models exhibiting potential for hepatic insulin resistance and pancreatic apoptosis. Molecular Medicine Reports, 13: 669-680.

Li D, Wang M. 2012. Construction of a bicistronic vector for the co-expression of two genes in *Caenorhabditis elegans* using a newly identified IRES. Biotechniques, 52(3): 173-176.

Mansha M, Wasim M, Ploner C, et al. 2012. Problems encountered in bicistronic IRES-GFP expression vectors employed in functional analyses of GC-induced genes. Mol Biol Rep, 39(12): 10227-10234.

Mizuguchi H, Xu Z, Ishii-Watabe A, et al. 2000. IRES-dependent second gene expression is significantly lower than cap-dependent first gene expression in a bicistronic vector. Mol Ther, 1(4): 376-382.

Provost E, Rhee J, Leach S D. 2007. Viral 2A peptides allow expression of multiple proteins from a single ORF in transgenic zebrafish embryos. Genesis, 45(10): 625-629.

案例一：基于 *MSTN* 基因座的转 *IGF-1* 基因猪

湖北省农业科学院畜牧兽医研究所利用猪自身的 *MSTN* 基因调控元件，构建 *IGF-1* 基因表达载体，使 *IGF-1* 基因的表达量受到猪自身内源性 *MSTN* 基因座的调控。并利用该技术制备了基因工程猪，该猪不含外源 DNA、真核选择标记、病毒成分和转座子元件，安全性高；可以正常驱动 *IGF-1* 基因的表达，基因工程猪血浆中 *IGF-1* 水平比阴性猪高出 1 倍，而血浆中蛋白质、谷丙转氨酶、谷草转氨酶、血糖等相关的血液生化指标正常；且该猪的生长速度和瘦肉率均较阴性猪显著提高，具有良好的应用前景。

1. 材料方法

载体构建：将湖北白猪肌抑素基因启动子、终止子、截短型 *IGF-1* 组装为完整表达框，并在细胞水平进行载体验证。

基因工程猪制备：通过原核显微注射的方法进行制备。

外源基因整合位点分析：利用交错式热不对称 PCR（TAIL-PCR）技术对 F_0 和 F_1 基因工程猪外源基因的整合位点进行分析，三条下游引物的序列分别为：IV-R1，GCTTATAGATACC GTAGACAT；IV-R2，TCCCGTGCTCACCGTGACC；IV-R3，ATCAACTACCGCCA CCTCG。

拷贝数检测：采用实时荧光定量 PCR 测定外源基因的拷贝数。内参基因为 *TFRC*，在单倍体猪基因组内为单拷贝，引物序列为

TFRC-QF：GAGACAGAAACTTTCGAAGC，

TFRC-QR：GAAGTCTGTGGTATCCAATCC，产物长度 81bp。

目的基因的定量 PCR 引物为

IGF-1-QF：TGAACCGCATCGAGCTGAAGGG，

IGF-1-QR：ACCTTGATGCCGTTCTTCTGCTTG，产物长度 130bp。

基因拷贝数=基因分子数/内参基因分子数×2×100%。

基因工程猪血液中 *IGF-1* 的浓度及相关血液生化指标检测：采集血液，用酶联免疫吸附测定（ELISA）方法检测猪血液中 *IGF-1* 浓度，并进行了血液生化指标检测。

繁殖性能和生产性能统计：系统开展了基于 *MSTN* 基因座转 *IGF-1* 基因猪的产仔数、产活仔数及 21 天平均窝重等繁殖性能及生长性能的测定工作。

2. 结果

整合位点：利用 TAIL-PCR 技术对 F_0 和 F_1 进行整合位点分析，发现位点主要集中在 15 号染色体上。

拷贝数检测：插入序列的拷贝数为 1 个。

基因工程猪血液中 *IGF-1* 的浓度及相关血液生化指标检测：7 头基因工程猪血中 *IGF-1* 浓度平均值为 1.3mg/L（3 月龄），而 7 头对照组（同窝猪）的 *IGF-1* 水平只有 0.6mg/L，即实验组比对照组高一倍（图 3-14）。

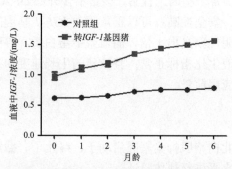

图 3-14　基于 *MSTN* 基因座的转 *IGF-1* 基因猪与阴性猪的 *IGF-1* 水平曲线

基因工程猪与阴性猪相比，血液生化指标并未发生明显变化（表3-1）。

表3-1 基因工程猪与阴性猪的血液生化指标

测定内容	对照组	实验组
丙氨酸转移酶/（U/L）	26.5	26.4
谷草转氨酶/（U/L）	24.8	24.5
总胆红素/（μmol/L）	4.1	4.1
直接胆红素/（μmol/L）	2.0	2.0
总蛋白/（g/L）	40.0	42.5
白蛋白/（g/L）	22.6	25.7
总胆固醇/（mmol/L）	1.2	1.4
甘油三酯/（mmol/L）	0.12	0.13
血糖/（mmol/L）	5.5	5.8

繁殖性能测定：对基于 *MSTN* 基因座的转 *IGF-1* 基因猪的繁殖性能进行统计，其平均产仔数为 11.43 头，产活仔数为 10.8 头，母猪初产 21 天窝重为 54.85kg，初产猪的繁殖性能与湖北白猪基本一致。

生产性能测定：对基于 *MSTN* 基因座转 *IGF-1* 基因猪的繁殖性能进行统计，其中试验组和对照组各 16 头，90kg 时屠宰测定，与对照组相比，该基因工程猪的瘦肉率提高 9.4%，背膘厚降低 1.7mm（表3-2）。

表3-2 基于 *MSTN* 基因座的转 *IGF-1* 基因猪生产性能

分组	头数	达 90kg 日龄	背膘/mm	瘦肉率/%
试验	16	177.3±16.3	14.8±2.1	60.4±2.9
对照	16	175.5±16.0	16.5±1.3	55.2±2.1

目前，该猪已完成中间试验[《转 *IGF-I m* 基因产量性状改良湖北白猪中湖 I 号在湖北省的中间试验安全评价报告书》农基安办报告字（2013）第 T553 号]，正在准备申报环境释放阶段的转基因生物安全评价。

该技术也申报了 3 项国内外发明专利，其中 1 项国内专利已获得授权（"猪肌抑素基因启动子及其应用"，专利授权号：ZL201180004689.X，国际专利申请号：PCT/CN2011/000831；"猪肌抑制素基因座位及其应用"，国际专利申请号：PCT/CN2011/001119）。

3. 讨论

这一研究在国际上首次利用猪内源基因调控序列驱动功能基因的表达。该策略开创了借助宿主动物内源基因调控模式驱动功能基因表达的新思路，为农业家畜的遗传改良和优良新品种培育提供了新路径。该载体的功能元件由猪肌抑素基因启动子、终止子和猪截短型 *IGF-1* 三部分组成，不含外源 DNA，也不含真核选择标记、病毒载体成分和转座子元件。同源转基因策略的运用消除了消费者的疑虑，提高了基因修饰的安全性。以该技术制备的转 *IGF-1* 基因猪的生长速度和瘦肉率均较阴性猪显著提高，对于我国种猪的培育具有重要的战略意义。

案例二：可控表达 *GH* 基因工程猪

生长激素（GH）是由脑垂体前叶分泌的一种多肽激素，其作为动物生长轴的中心环节调节动物机体的生长。GH 在动物发育和家畜生产中可以促进脂肪分解、提高肉质，在生产中有很广泛的应用前景。但在基因工程动物中，*GH* 的持续、过高表达可能会导致发育畸形、体弱多病、繁殖力下降等副作用，因此，制备可控型的 *GH* 基因工程动物非常重要。中国农业科学院北京畜牧兽医研究所在 *GH* 基因工程猪的制备过程中，引入并改造了 Tet-on 调控表达系统，实现外源 *GH* 基因表达的安全、可控。目前，基于可控表达技术制备的 *GH* 基因工程猪已经具有一定的群体规模，且目标性状鉴定结果表明，该育种新材料具有良好的高瘦肉率表型。

1. 材料方法

载体构建：对传统的 Tet-on 诱导表达载体进行改造，将调控系统-rtTA 及可诱导表达载体系统-TRE 构建到同一个载体上，大大提高操作效率；并将 *GH* 基因插到可诱导表达载体系统 pTRE 及调控系统 rtTA 之间，实现对 *GH* 基因的可控表达（图 3-15）。

阳性细胞鉴定：采用 G418 对阳性细胞进行富集，细胞培养基为 DMEM+10% 的胎牛血清（FBS）。所获得的阳性细胞在 DNA 水平检测 *rtTA* 基因，检测引物为

rtTA-L: CATTCCGCTGTGCTCTCCTCTC,

rtTA-R: GAGCGTCAGCAGGCAGCATATC。

为了检测诱导前后 *GH* 基因和 *rtTA* 基因的表达情况，收集多西环素（doxycycline, Dox）诱导前后阳性细胞株，进行 RNA 提取，采用 RT-PCR 方法对其表达量进行检测。定量引物如下：

rtTA-L: TACACTGGGCTGCGTATTGGAG,

rtTA-R：ATCGGCTGGGAGCATGTCTAAG，

pGH-L：GGGCAGGACAGATCCTCAAG，

pGH-R：GACCCGCAGGTATGTCTCAG，

pGAPDH-L：AGCAATGCCTCCTGTACCAC，

pGAPDH-R：AAGCAGGGATGATGTTCTGG。

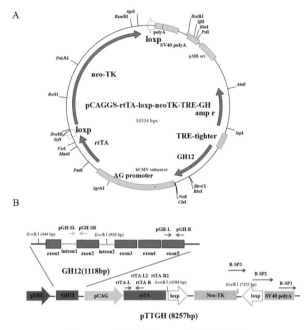

图 3-15　可控表达 *GH* 基因载体图

采用 Western blot 方法检测 *GH* 基因的表达量。

拷贝数及插入位点分析：采用实时荧光定量 PCR（quantitative real time PCR, QRT-PCR）方法对阳性细胞株的拷贝数进行分析。目的基因 *GH* 的引物及内参基因转铁蛋白受体基因（transferrin receptor gene, *TFRC*）的引物信息如下：

pGH-L：GGGCAGGACAGATCCTCAAG，

pGH-R：GACCCGCAGGTATGTCTCAG，

pTFRC-L：GAGACAGAAACTTTCGAAGC，

pTFRC-R：GAAGTCTGTGGTATCCAATCC。

采用基因组步移（genome walking）的方法对外源基因的插入位点进行检测，相关引物信息如下：

R-SP1：CCGGATACCTGTCCGCCTTTCTC，

R-SP2：GTGGCGCTTTCTCATAGCTCACG，

R-SP3：TGCGCCTTATCCCGGTAACTATCG。

扩增产物经胶回收后连接 T 载体并进行测序。

基因工程猪的制备：采用体细胞核移植的方法进行制备。

目标性状测定：对原代基因工程猪进行扩繁，对获得的 F₁ 代个体进行目标性状测定。实验分为 4 组：基因工程 DOX 诱导组（13 公 7 母），基因工程非 DOX 诱导组（10 公 6 母），非基因工程猪 DOX 诱导组（8 公 8 母），非基因工程猪非 DOX 诱导组（8 公 8 母）。DOX 于仔猪 65 日龄时按照 5mg/kg 体重进行添加，每 10 天称量一次体重。

将 F₁ 代基因工程猪和阴性对照组共计 32 头，分为 4 组，分组同上，每组公母各 4 头，进行屠宰性能测定。

2. 结果

对 *rtTA* 基因进行 DNA 水平鉴定，鉴定结果如图 3-16A 中所示，1 号、2 号、6 号、11 号、12 号、15 号、17 号、19 号、20 号、22 号细胞克隆中均检测出了 *rtTA* 基因片段。利用荧光定量 PCR 对 *rtTA* 基因的 mRNA 水平表达量进行检测，发现 1 号、11 号、12 号、19 号细胞株的 *rtTA* 基因表达量高，对这 4 株细胞进行 DOX 诱导前后 *GH* 基因 mRNA、蛋白质的表达量检测（图 3-16），最终选择 11 号、19 号细胞进行体细胞核移植。

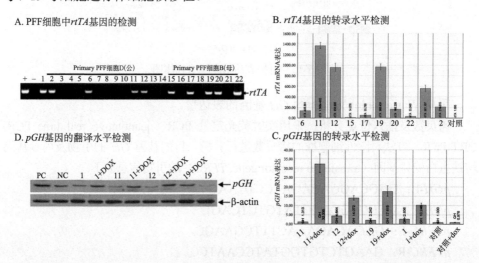

图 3-16　细胞筛选鉴定

拷贝数及插入位点检测：以具有 2 个 *GH* 基因拷贝的非基因工程猪的基因组为对照，发现 11 号、19 号阳性细胞株的 *GH* 基因拷贝数均为 4 个。对外源性 *GH* 基因的插入位点分析发现，11 号阳性细胞株外源 *GH* 基因的插入位点为 1 号染色体（Chr1:105336697）和 13 号染色体（Chr13:2490397），而 19 号阳性细胞株外源 *GH* 基因的插入位点为 8 号染色体（Chr8:50866342）和 6 号染色体（Chr6:141389908）（图 3-17）。

基因工程猪的制备：体细胞核移植后，共获得 5 头健康的基因工程猪，其中 3 头来源于 11 号细胞系（86 号、115 号、133 号猪），2 头来源于 19 号细胞克隆（148-1、148-2）。经 PCR、Southern blot 鉴定，这些克隆猪均为阳性（图 3-18）。

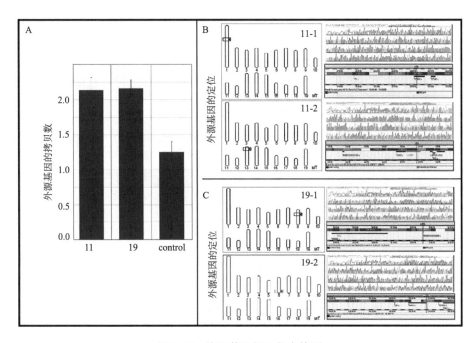

图 3-17 拷贝数及插入位点检测

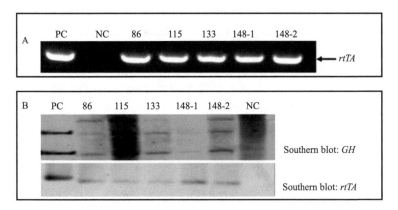

图 3-18 克隆猪的鉴定

PC 为阳性对照，NC 为非基因工程对照组

　　为了初步评估外源基因的功能和可控性，该研究分离了原代基因工程猪的耳缘成纤维细胞，结果发现，DOX 诱导后，外源 *GH* 基因在 mRNA 水平和蛋白质水平均较诱导前有了较大的提高（图 3-19）。

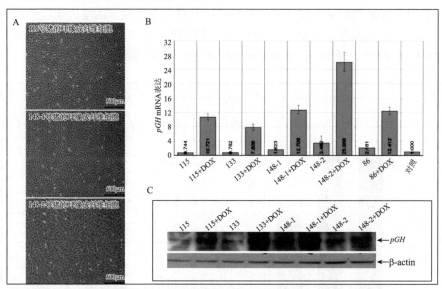

图 3-19　原代 *GH* 基因工程猪成纤维细胞中 *GH* 基因的表达情况

A. 基因工程猪的耳缘成纤维细胞；B. 实时荧光定量 PCR 检测 *pGH* 基因的转录水平表达；C. Western blot 检测 *pGH* 基因的翻译水平表达

　　为了进一步在个体水平鉴定外源 *GH* 基因的功能及其可控表达，针对 86 号、115 号和 133 号三头猪开展了 DOX 诱导前后血液中 *GH* 及 *IGF-1* 激素水平的测定工作。结果发现，与诱导前相比，基因工程猪血液中的 *GH* 水平显著上升（4.240ng/ml± 0.204ng/ml vs. 3.149ng/ml±0.197ng/ml，$P<0.05$），而 IGF-1 水平显著下降（197.964ng/ml±14.243ng/ml vs. 236.658ng/ml±11.287ng/ml，$P<0.01$）。而非基因工程猪对照组 DOX 诱导前后，血液中 *GH* 和 *IGF-1* 的差异不显著（图 3-20）。

　　采集基因工程猪的精液，对 8 头非基因工程母猪进行了人工授精共计获得 83 头 F_1 代基因工程猪后代，包括 42 头基因工程猪（26 公 16 母）和 41 头非基因工程猪（22 公 19 母）。与野生型猪相比，基因工程仔猪的初生重（公猪，1.36kg±0.03kg vs. 1.31kg±0.03kg，$P>0.05$；母猪：1.33kg±0.04kg vs. 1.35 kg±0.07kg，$P>0.05$）、28 天断奶重（公猪：6.95kg±0.17kg vs. 6.87kg±0.30kg，$P>0.05$；母猪：7.06kg±0.14kg vs. 6.83kg±0.17kg，$P>0.05$）并无显著变化。65 天时，选择体重相近的 F_1 代猪进行 DOX 诱导，结果发现，在 3 个月的诱导期内，DOX 诱导的基因工程猪较非 DOX 诱导的基因工程猪的料重比（F/G）显著下降（公猪：2.31±0.06 vs. 2.64±0.16，$P=0.027$；母猪：2.42±0.14 vs. 2.74±0.10，$P=0.028$），而基因工程猪非 DOX 诱导

组，与非基因工程猪诱导组、非基因工程猪非诱导组的料重比差异均不显著；基因工程诱导组的体重增长速度也较其他组快（图3-21）。

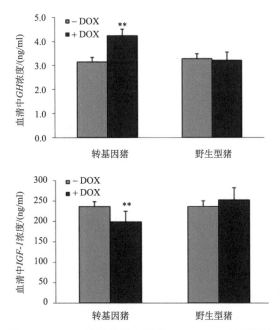

图 3-20　DOX 诱导前后血液中 *GH*、*IGF-1* 浓度测定

**表示显著性差异，$P < 0.01$

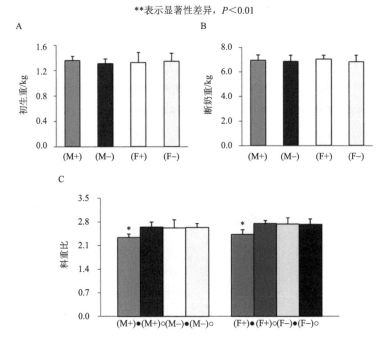

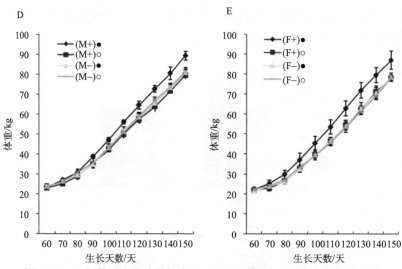

图 3-21 F₁代基因工程猪的初生重、28 天断奶重、料重比及生长情况

M 表示公猪，F 表示母猪；+表示基因工程猪，−表示非基因工程猪。后同

*表示显著性差异，$P<0.05$

　　DOX 诱导期间，DOX 诱导基因工程猪组血液中 GH 水平，显著高于非 DOX 诱导组基因工程猪组、DOX 诱导非基因工程猪组及非 DOX 诱导非基因工程猪组（公猪：7.12ng/ml±0.45ng/ml vs. 4.90ng/ml±0.47ng/ml，4.89ng/ml±0.26ng/ml 和 4.88ng/ml±0.46ng/ml，$P<0.05$；母猪：6.89ng/ml±0.56ng/ml vs. 4.73ng/ml± 0.16ng/ml，4.76ng/ml±0.35ng/ml 和 4.71ng/ml±0.26ng/ml，$P<0.05$），而 *IGF-1* 的水平显著低于其他 3 组（公猪：156.66ng/ml±11.32ng/ml vs. 224.91ng/ml± 14.07ng/ml，229.61ng/ml±33.32ng/ml 和 220.72ng/ml±17.95ng/ml，$P<0.05$；母猪：161.61ng/ml± 28.9ng/ml vs. 224.28ng/ml±19.97ng/ml，227.72ng/ml±18.76ng/ml 和 233.34ng/ml± 23.10ng/ml，$P<0.05$）（图 3-22）。

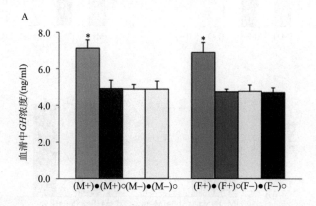

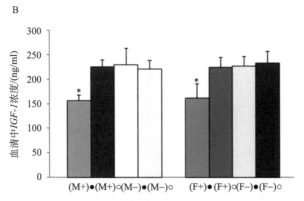

图 3-22　DOX 诱导后血液中 *GH*、*IGF-1* 水平测定

*表示显著性差异，*P*＜0.05

基因工程猪的屠宰性能测定：诱导试验结束后，选择其中的 32 头开展了屠宰性能测定（分为 4 组，每组 8 头，公母各半）。结果表明，基因工程诱导组猪的屠宰率、屠体长、眼肌面积和瘦肉率均较其他 3 组显著提高（*P*＜0.05），而背膘厚、皮厚、肉色、pH 和嫩度在各组之间差异不显著（*P*＞0.05）（图 3-23）。

该基因工程猪的制备和检测方法已申请国际发明专利 1 项，授权国内发明专利 2 项（"一种培育猪生长激素表达量增强的基因工程动物的方法"，美国专利申请号：PCT/CN2010/000942，国内专利授权号：ZL201010102427.4；"一种生产猪生长激素的方法及其专用 DNA 片段"，国内专利授权号：ZL201010033947.4）。该成果已发表于国际期刊 *Scientific Reports*（Ju et al., 2015）。

3. 讨论

利用传统的 Tet-On 调控系统在实现外源基因可控表达时，需要分别导入调控系统（rtTA）及可诱导表达载体系统（TRE），在小鼠中，通常需要建立两种系统的基因工程小鼠，然后进行杂交并筛选出同时表达调控基因和表达基因的基因工程动物后代，但大型家畜的妊娠期长，该方法在大型家畜中的应用具有一定的局限性。本研究将调控系统（rtTA）及可诱导表达载体系统（TRE）构建到同一个载体上，大大提高了操作效率。

GH 在动物发育和家畜生产中可以促进脂肪分解、提高肉质。在基因工程动物中，*GH* 的持续、过高表达可能会导致发育畸形、体弱多病、繁殖力下降等副作用。为了避免这种情况，本研究制备可控表达转 *GH* 基因猪。从细胞到个体水平证实，外源性 *GH* 基因的表达安全、可控。同时，这些基因工程猪的繁殖性能正常，而瘦肉率显著提高，料重比显著下降，为我国基因工程猪新品种培育奠定了基础。

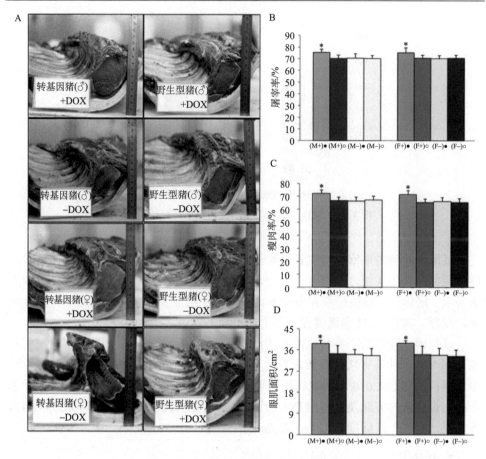

图 3-23　基因工程猪的屠宰性能测定

A. 6~7 肋骨处的眼肌。*表示显著性差异，$P < 0.05$

第四章　基因组编辑动物的评价与检测

第一节　基因组编辑动物的生物安全评价

　　基因工程技术加快了畜禽品种的遗传改良，基因组编辑技术的迅猛发展促使基因组编辑动物应用范围不断深入。基因组编辑技术可以精确改造生物基因组，实现了基因定点修饰，同时也提高了基因的敲除、整合和替换效率。基因组编辑技术已经在猪、牛、羊等多种动物中实现了对其基因组的定点修饰。作为现代农业生物技术的核心，它在缓解资源约束、保护生态环境、拓展农业功能、保障食物安全等方面已显现出巨大潜力，成为世界各国增强农业核心竞争力的焦点（张启发，2010）。虽然目前基因组编辑动物仍主要用于疾病、医药模型的实验室研究，但以其出色的仿制或创造基因变异的能力，基因组编辑动物及其产品的商业化生产前景被高度看好。2015 年 11 月 19 日，美国 FDA 正式批准 AquaBounty 公司培育的可快速生长的 AquAdvantage 三文鱼上市，加快了基因修饰动物的商业化步伐。基因组编辑动物及其产品的研究日益深入，其市场化的前提是按照生物安全管理法律法规进行监控和安全评价并进行标识。基因组编辑动物及其产品的生物安全性问题是目前研究的热点之一，已经不仅仅局限于科学技术的争论，而是成为涉及政治、经济和伦理等多因素的复杂问题。

　　自 20 世纪 80 年代起，基因操作可能带来的生物安全问题已引起国际上的广泛注意。生物安全一般指由现代生物技术开发和应用所能造成的对生态环境和人体健康产生的潜在威胁，以及对其所采取的一系列有效预防和控制措施。对生物安全管理的热烈讨论始于 1975 年在美国加利福尼亚召开的阿西洛马会议（Asilomar Meeting），科学家们认为重组 DNA 技术可能存在风险，应该将基因工程生物安全管理纳入基因工程技术发展中必须考虑的重要问题之一（Berg et al., 1975）。2000 年 5 月，多个国家在内罗毕签署《〈生物多样性公约〉卡塔赫纳生物安全议定书》(The Cartagena Protocol on Biosafety to the Convention on Biological Diversity)，旨在控制凭借现代生物技术获得的产品可能对生物安全产生的不利影响，保护生物多样性（Sendashonga et al., 2005）。截至 2015 年 3 月 12 日，全球已有 170 个国家加入该公约，但是美国、加拿大、阿根廷等基因工程生物生产大国目前尚未加入。

一、基因组编辑动物的生物安全评价原则

（一）科学性原则（science-base principle）

对生物安全进行评价必须基于严谨的态度和科学的方法，应充分利用最先进的科学技术和公认的生物安全评价方法，基于科学数据及对其的科学统计分析，根据安全评价的指导原则科学评价。安全评价的方法要求能够反映客观实际，能够辨识出系统中存在的所有危险，评价的结论要与实际情况相符，以得到基因组编辑动物及其产品安全评价的科学结论。

（二）实质等同性原则（substantial equivalence principle）

实质等同性原则是生物安全评价的重要原则，由联合国经济合作与发展组织（Organization for Economic Co-operation and Development, OECD）于 1993 年首次提出，被加拿大食品检验署（局）（Canadian Food Inspection Agency, CFIA）、日本厚生劳动省（Ministry of Health, Labour and Welfare, MHLW）、美国食品和药物管理局（Food and Drug Administration, FDA）、世界卫生组织（World Health Organization, WHO）、OECD 等多个国家和国际性机构广泛采用。

实质等同性原则认为在评价基因工程技术产生的新食品和食品成分的安全性时，现有的食品或食品来源生物可以作为比较的基础。FAO 将实质等同性原则定义为如果新食品或其成分与传统食品或其成分相同，可认为该产品与传统食品的安全性具有实质等同性。实质等同性分为以下 3 类：①与传统食品或成分具有实质等同性；②除某些特定差异外，与传统食品或成分具有实质等同性；③与传统食品或成分无实质等同性（FAO, 1996）。

作为生物安全评价的指导原则，实质等同性也是整个安全评价的起始点，是从事和管理基因工程生物安全评价的工具。在评价基因组编辑动物及其产品的安全性时，实质等同性为整个安全评价工作提出可能存在的风险，指引下一步评价的方向，提供评价的帮助指导，并不是评价的终结。安全评价中应详细比较涉及的多方面内容，包括成分、营养、毒性等，如果在实质等同性评价过程中得出的结论是：除了引入的性状外，由基因操作得到的基因组编辑动物与传统品种动物或制品的成分是等同的，那么该引入性状（基因产物）的安全性就成为下一步生物安全评价的焦点，需进一步开展针对性的评价试验。

（三）个案分析原则（case by case principle）

在对基因组编辑动物进行安全评价的过程中，应结合其特点，从科学、合理的角度进行要求，具体问题具体分析，发现其可能发生的特殊效应，以确定其潜

在的安全风险。该原则要求对不同的个案应采取不同的评价方法，必须针对具体的外源基因、受体动物、基因操作方式、基因组编辑动物及其产品的特性及其对环境的影响等方面进行具体的研究和评价，通过综合、全面的考察得出准确的评价结果。

（四）逐步深入原则（step by step principle）

逐步深入原则的内涵包括两个层次：①对基因组编辑动物进行安全评价应当分阶段进行，逐步而深入地开展评价工作；②基因组编辑动物可能存在的安全风险具有多面性，如表达的蛋白组毒性、致敏性和抗营养因子等。对其中某一方面的安全评价也应分步进行，逐步开展。

我国的《农业转基因生物安全评价管理办法》中，将生物安全评价分为5个阶段：①实验室研究：在完全可控的环境（如实验室和温室）下进行评价；②中间试验：在小规模和可控的环境下进行评价；③环境释放：在较大规模的环境条件下进行评价；④进行商品化之前的生产性试验；⑤申请安全证书（农业部，2002）。

（五）预先防范原则（precautionary principle）

在1992年的《里约环境与发展宣言》第十五条中提出：为保护环境，缔约国应根据其能力广泛地采取预防手段，当出现严重或不可逆转的损害时，不应因缺乏充分的科学定论推迟有效的手段防止环境恶化（Pinker，2000）。为了确保基因组编辑动物对环境等方面的非预期影响，应广泛采用预先防范原则，对于一些潜在的严重威胁或不可逆的危害，即使缺乏充分的科学证据来证明危害发生的可能性，也应该采取有效的措施来防止由于出现这种危害而对环境带来的灾难性后果。

（六）熟悉原则（familiarity principle）

在对基因组编辑动物进行安全评价的过程中，要求对转基因受体、目的基因、基因操作方法及基因组编辑动物的用途和其所要释放的环境条件等因素熟悉和了解，才能对其可能带来的生物安全问题给予科学的判断。

二、基因组编辑动物的生物安全风险分析

目前，大多数基因组编辑动物还主要用于功能基因组学、新药研发和疾病模型等领域的科学研究，尚无基因组编辑动物的食品产品上市。大部分国家对待基因组编辑动物的生物安全评价还参照现有的转基因生物安全管理法律、法规和评价方法。但是，事实上，基因组编辑技术可能无需引入外源基因，直接在自身基因组上进行操作，与自然突变或物理、化学诱变的机理相似，所以对基因组编辑生物安全性的监管是否参照转基因生物监管条例进行，来自不同国家的管理部门、

科学家持有的态度不同。

　　生物安全评价的结果是生物安全性监管的依据，对基因组编辑动物出于新基因、新性状、基因操作方式和长期使用与积累过程等方面所带来的潜在风险有必要开展全面、科学的风险分析。

（一）分子特征和遗传稳定性

　　虽然基因组编辑技术已实现对特定位点的定点编辑，从而在一定程度上规避了传统转基因技术的外源基因随机整合所带来的风险。但是由于基因组编辑技术本身依然有较大的改进空间，基因操作过程中仍存在错配、脱靶等风险（Hsu et al., 2013; Ran et al., 2013）。此外，基因组编辑动物生产过程中必须通过原核显微注射、体细胞核移植等操作实现，细胞的体外过程可能会对基因组编辑动物带来健康风险（Campbell et al., 1996）。因此，对动物基因组编辑行为的评价仍然是生物安全评价的重要组成部分和必需环节。

　　不同世代基因组编辑动物目标性状的稳定表达是生物安全评价的重要内容。通过 Southern blot、PCR 等方法检测目的基因在不同世代动物中的表达情况和分离情况。用 Northern blot、RT-PCR、Western blot 等方法分析目的基因在基因组编辑动物不同世代、不同组织的转录和翻译，客观分析基因组编辑行为的遗传稳定性。

　　基因操作行为的评价遇到前所未有的挑战。TALEN、ZFN、CRISPR/Cas9 等新兴的基因组编辑技术可以实现对单个碱基的精确修饰，这和自然发生的突变所带来的结果相似，从而区分是基因组编辑还是由自然突变所造成的动物基因型和表型变化变得尤为困难。

（二）动物个体健康与福利

　　对基因组的编辑行为可能会正面或负面地影响动物的健康状况和动物福利。基因组编辑动物制作的方法众多且涉及环节较广，针对不同性状，采用不同的方法制备基因组编辑动物其安全性是不同的，应遵循个案分析原则，根据各个技术的特点对获得的基因组编辑动物的安全风险进行特异性分析。

1. 基因组编辑动物的存活能力和生存竞争力

　　对动物基因组进行的编辑行为可能会影响其生存能力，因此，基因组编辑动物应具备对自然环境的适应、保证该品系的种族延续等许多重要的性状。通过行为学观察、生理生化指标检测等方法实现对基因组编辑动物存活能力和生存竞争力的评价。

2. 目标性状

动物通过基因组编辑后具有特定的目标性状，包括提高生长、繁殖、抗病性能等方面。中国是猪肉消费大国，在饲料资源短缺、养殖业环境污染严重的今天，培育节粮高瘦肉率猪等一系列具有优异经济性能的新品种是重要发展方向。

3. 动物福利

动物福利（animal welfare）是指为满足动物正常生长、生产所提供的必需的设施、设备及最基本的需要，包括生理福利、环境福利、卫生福利、行为福利和心理福利等 5 个要素。生理福利是指为动物提供充足清洁的饮水和保持健康所需的饲料，让动物无饥渴之忧虑；环境福利要求为动物提供适当的居所，使它们获得舒适的休息和睡眠；卫生福利要求为动物做好防疫和诊治，减少动物的伤病；行为福利要求给动物提供足够的空间、适当的设施，保证动物表达天性的自由；心理福利即减少动物的各种恐惧感和焦虑感（包括宰杀过程）。

基因组编辑动物的福利很难同时满足上述的 5 个要素（Van Reenen et al., 2001），欧盟国家尤其重视基因操作过程中的动物福利问题。荷兰和丹麦等国家一致认为基因工程动物监管应涵盖基因工程动物生产的伦理。荷兰的动物保护党作为世界范围内第一个通过选举进入议会且致力于动物权益保护的政党，认为对动物的遗传修饰已涉及对"物种特征的侵蚀"，并且呼吁对动物的遗传修饰仅在特别重要的领域运用，如医学、药学等方面，而非用于食品生产。

为满足人类粮食安全和疾病治疗等需求，权衡基因组编辑动物科学研究和动物福利两者利害成为科学家面临的又一大挑战。"3R"原则作为解决两者矛盾的一种有效途径，已经得到世界范围内科学家的广泛认同（Jacques, 2014）。

"3R"原则是指替代（replacement）、减少（reduction）和优化（refinement）（Rusche, 2003）。替代包括相对性替代和绝对性替代，通过使用没有知觉的实验材料替代活体动物，或使用低等动物替代高等动物进行试验，并获得相同实验效果的科学方法。减者少原则是指在动物试验时，使用较少量的动物获取同样多的试验数据或使用一定数量的动物能获得更多的试验数据的科学方法。优化原则是指尽量减少非人道程序对动物的影响范围和程度，通过改进和完善实验程序，减少或减轻给动物造成的疼痛和不安，或者为动物提供适宜的生活条件，以保证动物的健康和康乐，保证动物实验结果的可靠性和获得提高实验动物福利的科学方法。2005 年，美国芝加哥的"伦理化研究国际基金会"还在"3R"原则的基础上提出了"4R"原则，增加了"责任"（responsibility）作为第 4 个原则，要求人们在生物学实验中增强伦理观念，呼吁实验者对人类和动物都要有责任感（Baumans, 2005）。

（三）基因组编辑动物的环境安全

基因组编辑动物比基因组编辑植物具有更严重的环境风险是因为它们的流动性和潜在的侵袭能力（Waigmann et al., 2012）。对基因组编辑动物的环境安全评价主要集中于外源基因水平转移（horizontal gene transfer, HGT）、动物逃逸等方面。

外源基因水平转移是可能造成生态风险及危害生物多样性的重要因素之一（Schluter et al., 1995）。有些基因工程动物，如鱼类、蜜蜂等，活动地域比较广泛，一旦放入或逃逸到生境中就很难回收，因此可能会导致大量的外源基因进入其野生同种或相近种基因组中，随着被基因污染的种群扩大，就有可能干扰到其野生同种或相近种，对物种的生物多样性产生难以估量的影响。同时，这种外源基因就可能逐步渗入该物种所生存的生态系统的基因库中，进而可能增加该物种或种群的遗传负荷。一旦被渗入外源基因的个体生存能力超过了原自然个体的生存能力，就可能对原有物种或种群造成极大的威胁，进而会破坏该物种所参与的生态系统的生态平衡。

尽管基因组编辑技术已经实现了对动物基因组的精确修饰，但是仍存在潜在的外源基因水平转移风险。基因组编辑动物可通过微生物菌群、乳汁、血液、交配、寄生虫媒介等方式发生外源基因转移。对基因组编辑动物外源基因的水平转移的研究应着力关注外源目的基因通过不同方式转移至与该动物密切联系的野生动物、昆虫和微生物菌群基因组内及其可能造成的潜在自然生态环境危害。目前，尚未发现基因工程动物发生外源基因水平转移。研究证实了 α-乳白蛋白基因工程猪和 *sFat-1* 基因工程猪中的外源基因没有通过接触、交配、分娩和泌乳等方式发生外源基因水平转移现象（Tang et al., 2013; Wheeler et al., 2010）。

基因组编辑动物插入的基因可能会与体内肠道微生物进行基因交换重组，随着粪便、尿液等排放到环境中，就可能形成新的微生物菌群或影响了原有的微生物菌群，产生新的致病微生物传染源（如具有某种抗生素抗性），进而危害到人类及其他动物的健康。

基因组编辑行为可调节基因组编辑动物的代谢通路，影响肠道内营养环境和肠道内微生物菌群的数量和组成。基因组编辑动物的目的基因可表达特异蛋白，使动物具有某些特异抗性，特异蛋白存在可能会影响肠道内的微生物菌群，通过排泄物影响环境微生物的多样性。汤茂学（2012）对转 *sFat-1* 基因猪不同肠段和粪便中的微生物菌群结构进行了分析，未发现外源基因对宿主动物肠道微生物的影响。

动物逃逸是指基因工程动物在放牧饲养、散养或逃逸时与同类野生动物交配可以将转入的基因遗传下去，从而会对生物多样性造成影响。基因工程动物中昆虫逃逸的可能性是最高的，其次是鱼类，家畜相对来说逃逸的可能性小（NRC，2002）。就目前的研究水平来说，对基因工程动物的逃逸可通过物理、生理和生物等技术手段来控制。

（四）基因组编辑动物产品的食用安全

我国食品安全法中将食品安全定义为食品无毒、无害，符合应当有的营养要求，对人体健康不造成任何急性、亚急性或者慢性危害（《中华人民共和国食品安全法》，2009）。食品安全本质是风险事件，安全是相对的。对基因组编辑动物产品的食用安全评价主要是对其产品的致敏性、毒性、营养成分与抗营养成分和非预期效益等方面进行评价。

1. 蛋白致敏性

过敏反应（allergy）又称变态反应，是指人体接触特异性抗原后由过度的免疫保护而导致生理功能紊乱和组织损伤的反应（邢立国等，2003）。发达国家3%~4%的成年人和 5%的儿童患有食物过敏症，而蛋白质是最主要的致敏原（Sicherer and Sampson, 2010）。评价基因组编辑动物产品的致敏性主要依靠将外源基因表达蛋白与已知致敏原氨基酸序列的同源性比较，考量外源基因表达蛋白在加工过程中和胃肠消化系统中的稳定性，对于来源于已知致敏原或与已知致敏原具有序列同源性的蛋白质，如果可获得过敏血清，可采用免疫学方法评价。

肉、蛋、奶等是食物中优良蛋白质的主要来源，其本身就是主要的食物过敏原，如蛋中的卵清白蛋白，奶中的 α-酪蛋白与 β-乳球蛋白等。对于基因组编辑动物及其产品的评估，必须重视蛋白致敏性评价，分析引入外源蛋白是否是潜在过敏原，以及基因插入对动物及其产品本身的过敏原水平的影响。对重组人乳铁蛋白（rhLF）奶粉中的蛋白致敏性初步分析中，生物信息学结果显示 rhLf 与已知致敏原乳转铁蛋白和卵转铁蛋白有序列同源性，消化稳定性试验显示 rhLf 在胃液中易被消化成小片段，在肠液中不易被消化，可能存在潜在的致敏性风险（刘珊等，2013）。但是，大鼠血清学过敏性评价未发现该蛋白质对 IgE、IgG、IgG2α 和Eosinophil 有显著性影响，证实 rhLF 无潜在致敏性（周催等, 2013）。

2. 蛋白毒性

对蛋白毒性评价包括对外源基因表达蛋白的毒理学评价和全食品毒理学评价两个层面。

外源基因表达蛋白的毒理学评价是指对外源蛋白与已知有毒性的蛋白质和抗营养成分在氨基酸序列相似性上的特征进行比较，主要通过毒理学试验评价外源蛋白在加工过程中和胃肠消化系统中的稳定性，外源蛋白在可食部位的含量，结合人群的暴露水平和已有的科学数据，进行食用安全性的评估。

全食品毒理学评价是对转基因生物及其产品因基因修饰而改变特性所产生的潜在毒性效应评价，目前主要采用亚慢性毒性试验。汤茂学（2012）开展了 *sFat-1* 基因工程猪肉的食用安全评价，在对小鼠 30 天喂养试验中未发现基因工程猪肉对小鼠健康有毒副作用。

3. 营养成分与抗营养成分

对产品的营养成分和抗营养成分的评价主要包括对蛋白质及氨基酸、脂肪及脂肪酸、碳水化合物（包括膳食纤维）、矿物质、维生素等主要营养成分和抗营养因子、酶抑制剂等进行检测来评价基因组编辑动物产品与传统食品是否存在差别。

此外，还应评价因基因修饰生成的新成分和评估人群营养素摄入量是否会受到将此类食品引入食品供应而发生变化等方面内容。

4. 非预期效应（unintended effect）

经过基因修饰的基因工程动物的非预期效应是指基因操作所导致的表型性状和遗传性状在传代、生长、发育和代谢等过程中发生偏离基因工程设计目标的变异或抗性基因发生水平转移。对于基因工程动物及其产品，基因组修饰行为以及随后的杂交育种均可能引起非预期效应。非预期效应主要来源于目标性状变异、非目标性状变异及基因水平转移等方面。非预期效应可能形成新的代谢物或改变代谢物的模式，对动物的生长或动物源食品的安全性可能是有害、有益或中性的。对基因工程动物及其产品的食用安全评价应包括可能对人类产生非预期不良反应的数据和信息，全面分析基因操作对动物可能造成的变化及这些变化对食用安全性的影响。

组学技术是基于转录组学、蛋白质组学、代谢组学等不同生物学水平检测转基因生物遗传变化的新手段，不仅能分析外源基因表达产物对受体生物的影响，也能揭示各种非预期变异效应，是客观评价转基因生物及转基因技术安全性的有效新技术，使全面评价基因组编辑动物的非预期效应成为可能。代谢处于生命活动调控的末端，比转录组和蛋白质组更接近表型，代谢组学以其分析速度快、测试成本低，已经逐步得到广大科研工作者的青睐，广泛运用在非预期效应的评价工作中。

三、基因组编辑动物的生物安全管理办法

国际食品法典委员会（Codex Alimentarius Commission, CAC）是联合国粮食及农业组织（Food and Agriculture Organization of the United Nations, FAO）和世界

卫生组织（World Health Organization, WHO）于 1963 年联合设立的政府间国际组织，负责协调政府间的食品标准，建立一套完整的食品国际标准体系，颁布了转基因动物的食用安全评价指南（CAC/GL68—2008）。2011 年 4 月在挪威召开的 CAC 第 31 届年会进一步规范了转基因动物源食品的安全评价。

美国的基因工程生物安全管理主要由美国食品和药物管理局（Food and Drug Administration, FDA）、美国农业部（U.S. Department of Agriculture, USDA）和美国环境保护署（Environmental Protection Agency, EPA）等部门实施，采取以产品为基础（product-based）的监测方式，基因组编辑产品的评价遵循个案分析原则，以科学为基础开展（图 4-1）。目前，白宫已汇集来自 FDA、USDA 和 EPA 三部门的科学家，成立基因工程生物安全管理智囊团，更新现行的相关管理法律、法规，以应对基因组编辑技术革新所带来的新挑战。美国花萼（Calyxt）公司应用 TALEN 技术获得的基因组编辑土豆通过降低天冬酰胺和单糖的含量，切开的土豆不易变黑，使土豆更耐冷藏，同时减少烹饪时产生的致癌物质丙烯酰胺。美国农业部认为该土豆与传统的转基因作物不同，产品中不含任何外源的遗传物质，并认定其不在转基因法规监管内（Servick, 2015）。

图 4-1　美国 FDA 对转基因动物及其产品的审批程序

欧洲食品安全局（European Food Safety Authority, EFSA）作为生物安全管理的主体，主要基于《转基因生物有意环境释放》（EU Directive 2001/18/EC）和《转基因食品和饲料管理条例》（Regulation (EC) 1829/2003）对基因修饰生物进行评价、监督和管理。欧盟的生物安全管理采用以技术过程为基础（process-based）的评价方式，欧盟食品安全管理局的转基因生物小组也在讨论，依赖基因组编辑等新育种技术所进行的基因操作中，如果动植物及其产品中不再有重组 DNA 现象，且基因组编辑无法与自然突变区分的话，是否应纳入已定义的转基因育种范畴。

目前我国的基因组编辑生物管理依然按照《农业转基因生物安全评价管理办法》（农业部令第 8 号）执行，该条例中的第一章第三条明确规定"农业转基因生物是指利用基因工程技术改变基因组构成，用于农业生产或者农产品加工的动植物、微生物及其产品"，基因组编辑技术是基于基因组水平上的遗传修饰，属于基因工程范畴，可通过基因组编辑的生物应遵照农业转基因生物的条例办法进行（表4-1）。

表 4-1　我国转基因生物安全管理法律法规

法律法规名称	颁布时间	颁布部门
《基因工程安全管理办法》	1993 年	科技部
《新生物制品审批办法》	1999 年	国家药品监督管理局
《农业转基因生物安全管理条例》	2001 年	农业部
《农业转基因生物进口安全管理办法》	2002 年	农业部
《农业转基因生物标识管理办法》	2002 年	农业部
《农业转基因生物安全评价管理办法》	2002 年	农业部
《农业转基因生物进口安全管理程序》	2002 年	农业部
《农业转基因生物标识审查认可程序》	2002 年	农业部
《农业转基因生物安全评价管理程序》	2002 年	农业部
《进出境转基因产品检验检疫管理办法》	2004 年	国家质量监督检验检疫总局
《开展林木转基因工程活动审批管理办法》	2006 年	国家林业局
《农业转基因生物加工审批办法》	2006 年	农业部

我国农业部令第 8 号附录 II 对农业转基因产品生物安全实行分级管理评价制度。农业转基因生物按照其对人类、动植物、微生物和生态环境的危险程度，分为 I、II、III、IV 4 个等级，安全等级也是从 I 级到 IV 级。随着安全等级的逐级增大，转基因生物对人类、生态环境的危险程度逐渐增大。农业转基因产品生物安全评价和安全等级的确定应按以下步骤进行：确定受体生物的安全等级；确定基因操作对受体生物安全等级的类型；确定生产加工对转基因产品安全性的影响；确定转基因产品的安全等级。整个安全评价工作必须经过实验室研究、中间试验、环境释放、生产性试验和申请安全证书等阶段，基因组编辑动物在取得农业转基因生物安全证书后方可作为种质资源利用。

参 考 文 献

刘珊, 陈惠芳, 王小丹, 等. 2013. 重组人乳铁蛋白致敏性的初步研究. 中国食品卫生杂志, 25(2): 107-112.

农业部. 2002. 农业转基因生物安全评价管理办法. 中华人民共和国国务院公报, 235: 28-33.

汤茂学. 2012. 转线虫 ω-3 脂肪酸去饱和酶基因猪的生物安全评估. 中国农业科学院博士学位论文.

邢立国, 杨错, 王捷, 等. 2003. 转基因植物致敏性的预测方法. 中国生物工程杂志, 23(12): 31-35.

张启发. 2010. 大力发展转基因作物. 华中农业大学学报(社会科学版), 1: 1-6.

周催, 王建武, 孙娜, 等. 2013. 利用挪威棕色大鼠致敏模型评价重组人乳铁蛋白(rhLF)的致敏性. 农业生物技术学报, 12: 1544.

Baumans V. 2005. Science-based assessment of animal welfare: laboratory animals. Rev Sci Tech, 24(2): 503-513.

Berg P, Baltimore D, Brenner S, et al. 1975. Summary statement of the Asilomar conference on recombinant DNA molecules. Proc Natl Acad Sci USA, 72(6): 1981-1984.

Campbell K H, McWhir J, Ritchie W A, et al. 1996. Implications of cloning. Nature, 380(6573): 383.

FAO. 1996. Biotechnology and food safety. Joint FAO/WHO Consultation. United Nations. FAO Food Nutr Pap 61: 1-27.

Hsu P D, Scott D A, Weinstein J A, et al. 2013. DNA targeting specificity of RNA-guided Cas9 nucleases. Nat Biotechnol, 31(9): 827-832.

Jacques S. 2014. Science and animal welfare in France and European Union: rules, constraints, achievements. Meat Sci, 98(3): 484-489.

Ju H, Zhang J, Bai L, et al. 2015. The transgenic cloned pig population with integrated and controllable GH expression that has higher feed efficiency and meat production. Sci Rep, 5: 10152.

NRC. 2002. Animal Biotechnology: Science-Based Concerns. Animal Biotechnology: Science-Based Concerns. Washington DC: NRC, 82-83.

Pinker S. 2000. Precautionary principle leads to "may contain" clause for genetically modified foods. CMAJ, 162(6): 874.

Ran F A, Hsu P D, Lin C Y, et al. 2013. Double nicking by RNA-guided CRISPR Cas9 for enhanced genome editing specificity. Cell, 154(6): 1380-1389.

Rusche B. 2003. The 3Rs and animal welfare-conflict or the way forward? ALTEX, 20(Suppl 1): 63-76.

Schluter K, Futterer J, Potrykus I. 1995. "Horizontal"gene transfer from a transgenic potato line to a bacterial pathogen (Erwinia chrysanthemi) occurs, if at all, at an extremely low frequency. Biotechnology (NY), 13(10): 1094-1098.

Sendashonga C, Hill R, Petrini A. 2005. The Cartagena Protocol on Biosafety: interaction between the Convention on Biological Diversity and the World Organisation for Animal Health. Rev Sci

Tech, 24(1): 19-30.

Servick K. 2015. Science Policy. U. S. to review agricultural biotech regulations. Science, 349(6244): 131.

Sicherer S H, Sampson H A. 2010. Food allergy. J Allergy Clin Immunol, 125(2 Suppl 2): S116-S125.

Tang M X, Zheng X M, Hou J, et al. 2013. Horizontal gene transfer does not occur between *sFat-1* transgenic pigs and nontransgenic pigs. Theriogenology, 79(4): 667-672.

Van Reenen C G, Meuwissen T H, Hopster H, et al. 2001. Transgenesis may affect farm animal welfare: a case for systematic risk assessment. J Anim Sci, 79(7): 1763-1779.

Waigmann E, Paoletti C, Davies H, et al. 2012. Risk assessment of genetically modified organisms (GMOs). EFSA Journal, 10: 1-7.

Wheeler M B, Hurley W L, Mosley J, et al. 2010. Risk analysis of alpha-lactalbumin transgene transfer to non-transgenic control pigs during rearing, breeding, parturition and lactation. Transgenic Res, 19(1): 136-137.

第二节　基因组编辑动物的分子特征识别技术

对通过基因组编辑、转基因等基因工程技术制备的动物及其产品进行分子特征检测是其生物安全评价中的第一步也是最关键的一步。综合目前各种基因修饰产品的检测技术，根据检测目标分子性质，分为核酸水平的检测和蛋白质水平的检测。

一、核酸水平的检测

由于核酸稳定性强，且不需要制备特异性抗体等优势，所以基于核酸水平的检测技术已成为基因工程生物的主要检测技术，并用于实验室基因组编辑产品的常规检测。目前，基因修饰产品核酸水平检测主要分为筛选检测、基因特异性检测、构建特异性检测和转化体特异性检测，可根据不同的目的选择不同方法进行检测。现对传统的检测方法进行总结。

（一）聚合酶链反应

聚合酶链反应（polymerase chain reaction, PCR）由 Kary Mullis 于 1985 年发明，他也因此获得了 1993 年的诺贝尔化学奖。PCR 是一种用于放大扩增特定的 DNA 片段的分子生物学技术。DNA 在体外 95℃高温时变性解螺旋变成单链，低温（60℃左右）时引物与单链按碱基互补配对的原则结合，温度至 DNA 聚合酶最适反应温度（72℃左右），DNA 聚合酶沿着 5′→3′的方向合成互补链。通过对模板 DNA 的变性—退火—延伸的不断重复使模板在体外大量扩增。PCR 技术现已广泛应用于生命科学、医疗诊断、法医检测、食品卫生和环境检测等方面（杨巍巍, 2014; 陈弟和胡大春, 2010）。

在基因工程产品检测过程中，PCR 技术因其灵敏度高、重现性好等特性，应用最为广泛。以 PCR 技术为基础的检测，根据其检测特异性的高低分为筛选检测、基因特异性检测、构建特异性检测和转化体特异性检测 4 个层次（尹春光, 2005; Holst-Jensen et al., 2003; Ahmed, 2002）。其中转化体特异性检测方法特异性最高，目前我国已经针对批准进口和在国内取得安全证书的基因修饰产品建立了完善的转化体特异性检测标准体系。但在检测工作中，只采用转化体特异性检测方法进行检测非常耗时耗力。为了提高检测效率，通常先采用筛选检测或基因特异性检测方法对样品进行初步的筛查检测，然后有针对性地采用转化体特异性检测方法对样品进行身份鉴定。PCR 检测基因组编辑产品，主要分为定量 PCR 和定性 PCR 两大类。

进行定性 PCR 检测时，要以被检测动物 DNA 为模板，以外源基因 5′端序列及 3′端互补序列为引物进行扩增，然后用琼脂糖凝胶电泳分离扩增产物。若可以得到目的扩增条带，则表明被检测动物基因组 DNA 中含有外源基因，为阳性结果，否则为阴性结果。定性 PCR 具有操作简单快速、灵敏度高等特点，但假阳性率也很高，使检测结果不可靠。在此基础上发展的巢式 PCR 方法及多重 PCR 方法等与传统的定性 PCR 相比灵敏度提高，但并不能避免假阳性结果的出现 。

定量 PCR 是用来定量检测基因组修饰片段含量的方法，其中实时荧光定量 PCR 法是最常采用的。它是 20 世纪 90 年代中期发展起来的一种核酸定量技术。PCR 每个循环中的扩增产物用荧光基团进行实时监测，重复性好，灵敏度高，DNA 扩增及其分析过程均在同一封闭系统中完成，核酸交叉污染少，且不需复杂的产物后续处理，易于自动化。该技术不仅广泛应用于分子生物学的各个研究领域，而且也开始作为一种诊断手段应用于临床，包括病原体检测、基因表达的定量和染色体畸变分析等领域（Kim et al., 2015; Treml et al., 2014; 邹红霞和梁国鲁, 2011）。

按照荧光产生的原理，实时荧光定量 PCR 可分为染料法和探针法。染料法中较为常见的是 SYBR green 荧光染料，SYBR green 能与 DNA 双链结合，在激发光照射下发出荧光，模板每扩增一次，监测系统收集一次荧光信号。通过累积的荧光实时监测整个扩增过程，最后通过标准曲线对模板进行定量分析。但由于染料不能区分特异性 PCR 产物和引物二聚体等非特异性产物，也不能区分不同探针，因而具有一定的局限性。探针法可以克服这一缺陷，TaqMan 探针的应用最为广泛（Livak et al., 1995）。

（二）Southern 印迹杂交检测

自 1975 年 Southern 印迹杂交（Southern blot）技术创立以来，该技术已成为检测特定 DNA 片段的经典方法之一。当在研制基因组编辑动物时，有时转入的外源基因与受体内源基因同源性很高，对于这种情况，PCR 法检测会容易出现假阳性，因此难以达到检测目的，可采用 Southern blot 方法进行检测。Southern blot 基于分子杂交的原理，将待检测的 DNA 样品经限制性内切核酸酶处理后，通过凝胶电泳分离及印迹，由 DNA 探针的杂交情况来对待测样品的序列进行验证。印迹杂交中使用的标记探针有同位素标记与非同位素标记两种。放射性同位素标记的探针灵敏度较高，但存在半衰期限制，对操作者和环境会造成放射性辐射危害。使用非同位素标记探针可避免放射性危害，常规实验室大多采用后者，其中最常用的是地高辛标记探针（杨继山等，2010；刘立鸿，2008）。

Southern blot 法准确、灵敏，可以同时定量检测外源基因的拷贝数，目前已经广泛应用于基因修饰产品的定性鉴定，但 Southern blot 法存在着对动物 DNA 样品的质量和纯度要求较高、操作步骤烦琐、需要特异性探针、浪费人力物力等问题，不利于高通量检测。

（三）DNA 斑点杂交

DNA 斑点杂交（dot blot）是通过将变性待测 DNA 样品点在尼龙膜或者硝酸纤维素膜等固体支持物上，然后通过和探针杂交，从而检测样品中是否存在目的 DNA 序列。依据点样方式和样品点形状的不同，可以分为斑点杂交、狭缝杂交和打点杂交。该方法在分析基因组 DNA 时，对样品纯度要求低、快速、简便、经济、灵敏度高（能从 2~5μg 的基因组 DNA 中检出单拷贝基因），尤其对大批子代动物的粗筛颇具优越性，应作为首选方法。但该方法的缺点是易出现假阳性，尤其是目的基因与内源基因组 DNA 同源性较高时，出现假阳性的概率也较高。

（四）生物芯片技术

生物芯片技术是近几年生物技术领域研究的热点之一，近来开始用于基因组编辑生物检测方面。其基本原理是将已知核酸序列排列成矩阵状固定在固体表面（玻璃片或尼龙膜）上作为探针，一般为目前通用的内标准基因、选择标记基因、报道基因、抗性基因、启动子和终止子等，与标记的待测样品 DNA 或扩增样杂交，检测杂交信号，进行定性或定量分析，实现高通量的要求。该技术可以对大量的 DNA 或 RNA 分子进行检测，大大提高了检测的效率和准确性，适用于基因组编辑动物产品的初筛。芯片具有微型化、集约化的特点，多用于基因表达水平检测、疾病诊断、药物筛选、环境监测等诸多领域（Li et al., 2015; Lee, 2014）。

相比于 PCR 技术，基因芯片的优点在于能一次筛选大量不同种类的基因组编辑成分，而缺点在于每种检测样品必须有与之匹配的基因生物芯片，而且芯片检测及后续的数据分析操作复杂，且成本较高，因此基因芯片在基因修饰产品检测中的应用并不广泛。

近年来，基于芯片的基本原理，结合不同的显色、检测技术的基因组编辑检测芯片发展迅速。例如，将 DNA 探针结合于纳米金颗粒上构成纳米金生物分子复合探针，通过与被芯片上的探针所捕获的靶 DNA 杂交，再结合比色法、荧光、电化学及银染等检测方法检测目标序列（包华等，2009）。

（五）环介导恒温扩增技术

2000 年，Notomi 等（2000）报道了一种新的核酸扩增技术，即环介导恒温扩增（loop mediated isothermal amplification, LAMP）技术。该技术主要利用 4 种不同的特异性引物识别靶基因的 6 个特定区域在等温条件进行扩增反应。此反应不需要模板的热变性、长时间温度循环、烦琐的电泳、紫外观察等过程，基因的扩增和产物的检测可一步完成，扩增效率高，可在 15~60min 扩增 10^9~10^{10} 倍，具有不需要特殊仪器、快速、特异性强的特点。而且结果判定简单，既可以利用仪器检测或肉眼观察核酸扩增过程中产生的焦磷酸镁沉淀判定，也可以采用肉眼观察反应液的颜色变化来迅速判定。目前，应用 LAMP 方法进行基因组编辑成分的检测已越来越多地应用到实验室与现场检测中（张苗，2013；何琳，2012；张凤英等，2009）。2012 年，有研究者首次将 LAMP 方法应用到基因组编辑动物的检测中，建立了准确、快速、灵敏的转人乳清蛋白和人乳铁蛋白基因的基因组编辑牛的检测方法，实验得出 LAMP 方法比 PCR 方法灵敏度更高（Zhai et al., 2012）。

二、蛋白质水平的检测

目前，用于基因组编辑动物生产的基因多为功能性基因，转入的目的一般要求它们能够进行蛋白质表达。虽然 mRNA 能在一定程度上反映基因的表达情况，但由于存在 mRNA 在细胞质中被特异性地降解等情况，mRNA 的合成与蛋白质的表达相关性不高，因此 mRNA 水平并不能代表基因的最终表达。鉴于此，对基因组编辑动物有必要从蛋白质水平检测外源基因的表达情况。特别是用基因组编辑动物作为生物反应器进行药用蛋白生产时，蛋白质的定性、定量检测极为重要。此外，从蛋白质水平进行检测还有一定的优越性，对于像乳汁等动物蛋白产品，无需提取等前处理过程，可直接进行蛋白质检测，操作更快捷方便。

蛋白质检测技术经过多年的发展，已经有多种方法都较为成熟，大致可以分为 4 类：①基于蛋白质的物理化学特性的检测，如双向电泳、质谱、色谱等，这类方法能够在全蛋白质组范围内显示差异表达的蛋白质，但是对样品的制备和仪器设备的要求较高；②基于核酸与蛋白质之间互作的检测，如邻位连接技术，是一种依赖于适配子（aptamer）特异性地识别并结合蛋白质的 DNA 或 RNA，能够将对蛋白质的检测转化为对核酸的检测，通过 PCR 方法对适配子序列的扩增，显著地提高检测的灵敏度，检测限可以达到 40×10^{-21}mol/L，但是目前报道的适配子只有 100 多种（Mats et al., 2003; Simon et al., 2002）；③基于蛋白质与蛋白质之间互作的检测，如常用的免疫检测方法，包括 Western blot 和 dot blot（不需专门的仪器，但是操作烦琐，不适合做批量检测），ELISA（具有灵敏度高、特异性强、简单快速、稳定性好、便于自动化检测等特点，应用性强），以及免疫组织化学染色法（具有特异性强、灵敏度高、定位准确的特点，便于进行功能研究，但是操作复杂、假阳性率高）等；④将对蛋白质的检测转化为对核酸的检测，如生物条形码检测（bio-bar code assay），将蛋白质的抗体与一段核酸同时交联到金颗粒的表面，以此为检测探针（抗体负责对靶蛋白的特异性识别，核酸作为后续检测的对象）。通过两次放大作用（纳米金探针上较少的抗体对应着许多的 DNA 分子，以及核酸检测中的 PCR 扩增作用），可将检测的灵敏度提高到 amol/L 级，即 10^{-18}mol/L（Sadiya et al., 2005）。在此主要对常见的几种蛋白质检测的方法进行介绍。

（一）酶联免疫吸附测定

免疫测定技术是一类非常有效的蛋白质检测方法，它主要包括放射性免疫测定（radioimmunoassay）、免疫扩散（immunodiffusion）、免疫荧光（immunofluorescence）、血凝反应（haemagglutination）和免疫电泳（immunoelectrophoresis），以及酶联免疫吸附测定（enzyme-linked immunosorbent assay, ELISA）。其中，酶联免疫吸附测定是 1971 年由 Engvall 和 Perlmann 建立的一种生物活性物质微量测定技术。该方法依据抗原与抗体的免疫结合，以及酶分子催化底物随时间的信号放大作用，呈现出灵敏度高、特异性强、简单快速、可重复性好、便于制成试剂盒、自动化程度高等特点，应用性强，深受青睐，已迈出医药、临床领域对多种微生物引起的传染病、寄生虫病及非传染病等方面的检测，步入农业、渔业、畜牧业和食品加工业（苏芳等, 2013）。而且与放射性免疫测定相比，ELISA 消除了放射性同位素带来的安全隐患。

在所有的 ELISA 系统中，都包括 3 个基本过程：①反应物结合到固相载体上，通常是蛋白质（抗原或抗体）以被动吸附的形式结合到聚苯乙烯塑料上；②结合的、游离的反应物的分离，包被后以洗涤来实现；③反应结果的测定。根据结果测定中所用底物的不同，ELISA 又可以分为 2 种类型：比色 ELISA（colorimetric ELISA）和发光 ELISA，其中发光法有化学发光 ELISA（chemiluminescent ELISA）和化学荧光 ELISA（chemifluorescent ELISA）。化学发光法通过化学反应将两个处于基态的物质转化为高能态的产物，无需激发而自行发光，而且其灵敏度是化学荧光法的 10^2 倍，是比色法的 10^4 倍。目前，比色 ELISA 较为普遍。

　　根据作用方式的不同，ELISA 分为直接型、间接型及夹心型（图 4-2），基于这 3 种基本形式，每种类型又有竞争型（competitive）和抑制型（inhibitive）两种变型，以保证能够检测多种物质。根据检测对象的不同，可以选用不同的检测方法（表 4-2）。

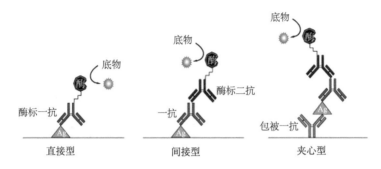

图 4-2　常用的 ELISA 类型

表 4-2　不同的 ELISA 方法

ELISA 类型	用途	所需反应物	评价
间接型	抗体筛选，抗原表位定位	抗原，酶标二抗，待测溶液	不需抗原特异性抗体，抗原需求相对较大
直接竞争型	抗原筛选，检测可溶性抗原	抗原，酶标一抗，待测溶液	快速（只需 2 步），适合检测交叉免疫原性
抗体夹心型	抗原筛选，检测可溶性抗原	包被抗体，酶标二抗，待测溶液	灵敏度高，包被抗体需求量相对较大
双抗夹心型	抗体筛选，抗原表位定位	包被抗体，酶标一抗，待测溶液	无需纯化抗原，步骤较多（5 步反应）

资料来源：Hornbeck, 2001

　　对于蛋白质的检测，可以选用夹心法或者竞争法来实现。用夹心法时，先用包被抗体包被酶标板，加入样品，其中的目的蛋白与抗体结合而被固定下来，而其他成分则被洗脱掉，之后加入的酶标抗体识别蛋白的其他抗原表位也被固定下来，利用标记在其上的酶催化底物而产生检测信号。这种方法适用于比较大的蛋白质，至少拥有 2 个以上的抗原表位，分别用来结合包被抗体和检测抗体，二者之间无干扰。而且，选用的酶标二抗只能特异性地与检测抗体结合，而不能交叉地结合包被抗体。所以，一般情况下，选用来自不同物种的包被抗体与检测抗体。

竞争法则不同，由于有限的抗体被待测样品中的蛋白质竞争结合，阳性样品中的抗体无法与包被在酶标板上的蛋白质结合而被洗脱掉，之后的二抗也就失去了结合位点，因此阳性样品中的检测信号会减弱。

（二）斑点杂交

对特定蛋白质的检测，往往需要特异性的免疫反应进行识别，蛋白质斑点杂交（dot blot）法就是各种免疫反应中较为初级的一种。该方法不需前期的电泳分离，而是直接将待测的蛋白质样品点置于硝酸纤维素膜上，之后通过特异性抗体的识别，来实现对目的蛋白的定性或者半定量检测。这种方法操作简单，但是假阳性率高（敬凌霞等, 2007）。

（三）十二烷基硫酸钠-聚丙烯酰胺凝胶电泳

十二烷基硫酸钠-聚丙烯酰胺凝胶电泳（sodium dodecyl sulfate polyacrylamide gel electrophoresis, SDS-PAGE）是一种依赖分子量的不同对蛋白质进行分离的基础方法。该方法中，SDS 与蛋白质的结合使得蛋白质变性成为线性结构，同时使其均匀地带上负电荷。所以，不同的蛋白质在凝胶中的迁移速率与蛋白质的高级结构及电荷无关，而只与它们各自的分子大小（即分子量）相关。蛋白质经电泳分离后，用考马斯亮蓝或硝酸银等方法染色后，根据分子量大小，即可对检测结果进行直观的判断。

（四）蛋白质免疫印迹法

与 dot blot 类似，蛋白质免疫印迹法（Western blot）是一种应用极其广泛的蛋白质检测方法，它结合了 SDS-PAGE 的分离作用与 dot blot 的抗体识别作用，提高了检测的特异性与灵敏度。该方法具有以下优点：将分离后的蛋白质从凝胶中转移固定到膜上，使得免疫反应得以进行，而且膜易于操作；整个反应只需少数几种试剂；转移的蛋白质能够用于多种后续分析等。Western blot 根据作用模式的不同，可以分为直接型和间接型两种（图4-3）。直接型 Western blot 采用酶标一抗对蛋白识别，所需时间更短，而且消除了由二抗的交叉反应而带来的高背景信号。间接型 Western blot 中由于酶标二抗的引入，能够使得检测信号放大，检测灵敏度更高（Alegria-Schaffer et al., 2009）。

（五）胶体金免疫层析技术

免疫层析技术是20世纪90年代发展起来的一种基于抗原-抗体的特异性结合的固相检测技术，它集胶体标记技术、免疫结合技术和层析分析方法于一体，可

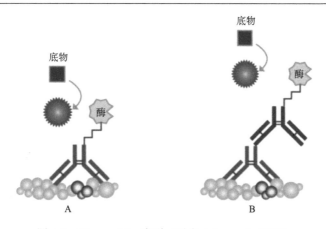

图 4-3　Western blot 类型（引自 Alice et al., 2009）

A. 直接型；B. 间接型

实现抗体或抗原的快速检测。其中，胶体金免疫层析技术（colloidal gold immunochromatography assay, GICA）具有方便快捷、特异敏感、稳定性强、不需要特殊设备和试剂、结果判断直观等优点，宜现场检测。胶体金免疫层析试纸条主要用于定性及半定量检测，定量试纸条的研发存在较大的技术困难。2012 年，Liu 等（2013）分别以金标人乳铁蛋白（human lactoferrin, hLF）和金标多克隆抗体为示踪物，初步研发出 2 种竞争型胶体金免疫层析试纸条，检测了转人乳铁蛋白的基因工程牛，得到了与常规检测方法一致的检测结果。

　　胶体金免疫层析试纸条由样品垫、金标垫、层析膜、吸水纸及塑料衬板组成（图 4-4）。其中，金标垫上吸附着金标蛋白（包括抗体），在检测时金标蛋白会复溶到样品溶液中，在毛细作用下随着样品一起迁移；层析膜负责蛋白质的结合、固定及层析，它是试纸条研发过程中材料选择的重要考虑对象；在层析膜上，

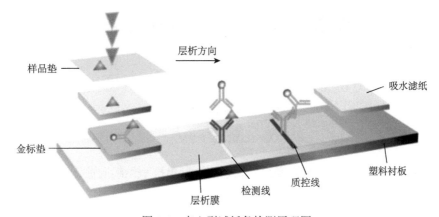

图 4-4　夹心型试纸条检测原理图

分别画有检测线和质控线，一般地，在检测线处包被固定有能够特异性地识别目的蛋白的抗体，通过形成胶体金-抗体 1-蛋白质-抗体 2 的夹心结构，将金标抗体捕获而呈现红色的检测线；而质控线处固定有能够与金标抗体相互作用的二抗，通过形成胶体金-抗体 1-二抗结构的复合物，将金标抗体 1 捕获而出现质控线，质控线用来指示在检测条件下免疫反应能否顺利进行，以及试纸条是否有效，以排除假阳性反应；吸水纸用来吸收反应剩余的液体，提供层析动力；塑料衬板作为支持骨架，所有的其他部件都按照顺序依次在其上搭建。

　　胶体金免疫层析试纸条根据检测原理的不同,可以分为夹心型和竞争型两种。夹心型试纸条用来对蛋白质进行检测，在这种试纸条中，目的蛋白的一种单抗被标记到胶体金颗粒上，形成了金标单抗 1，而检测线处包被着该蛋白质的另外一种抗体——单抗 2（单抗 1 与单抗 2 识别同一蛋白质的不同抗原表位）。当样品中存在目的蛋白时，样品滴加到样品垫后，金标单抗 1 便能识别该蛋白质，并与其结合，形成金标单抗 1-蛋白复合物。该复合物在毛细作用下向前层析，就会被检测线处的单抗 2 捕获（图 4-5）。

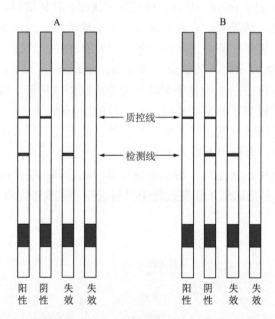

图 4-5　试纸条检测结果判定

A. 夹心型；B. 竞争型

　　由此而形成一条红色的检测线；剩余的金标单抗 1 继续向前迁移，到质控线时被二抗识别而固定凝集，因而出现质控线，检测结果判为阳性。当样品中没有目的蛋白存在时，由于没有蛋白质的介导，在检测线处金标单抗 1 无法被单抗 2

捕获，则检测线不会出现。但是蛋白质的缺失不会影响二抗对金标单抗 1 的特异性识别，依然会形成质控线，此时检测结果判为阴性（图 4-5A）。如果在检测过程中，发现没有形成质控线，不论是否有检测线，都判为试纸条失效，检测结果无效。

竞争型试纸条主要用于抗体的检测。反应过程与夹心型试纸条基本相同，所不同的是检测线处包被着蛋白质。当样品中存在抗体时，它就会与金标抗体竞争性地结合检测线处蛋白质，造成检测线的消失。所以，只出现质控线时为阳性结果，即样品中存在抗体；反之，则为阴性；同样，若质控线缺失，则判为试纸条失效（图 4-5B）。

三、分子特征检测新方法

理想的检测方法应具有快速、灵敏、特异、准确、安全、价廉的特点，且应拥有自动化、现场检测的潜力。上述常见的核酸、蛋白质水平的基因组编辑检测方法都存在各自的优缺点，不能很好地满足实际检测需求。核酸水平检测相对更加方便、快捷。例如，LAMP 方法可以不借助精密的实验仪器，在恒温条件下，只需要 60min 左右即可用肉眼观察到检测结果，该方法已越来越多地应用到实验室与现场检测中。LAMP 方法无法获得可测序的扩增片段，因此 PCR 方法在现在越来越多的基因组编辑检测中仍是无法取代的经典方法之一。PCR 方法对操作场所和仪器设备的局限性致使其无法满足现场检测方便快捷的要求。生物芯片技术已经取得了长足的发展，得到世人的瞩目，一次筛选大量不同种类的基因修饰后成分，但缺点在于每种检测样品必须有与之匹配的基因芯片，成本昂贵复杂，分析范围较狭窄等。蛋白质水平的检测方法比核酸水平检测方法要更加复杂，但是对于向受体动物插入有功能的外源基因或敲除有功能的基因的情况，必须要进行蛋白质水平的检测。其中 Western blot 方法更多被应用，它可以更加直观地看到是否有目的蛋白的表达和表达量的多少。ELISA 可以定量地检测蛋白质的具体含量，但假阳性结果较多。而胶体金免疫层析试纸条符合现场检测方便、操作简单、结果直观、可靠性高的要求，在基因工程动物的检测中越来越多地被采用，但其开发过程复杂，适合于大规模生产的基因修饰动物、植物及其产品的检测。近年来，生物传感器、蛋白质组学和近红外光谱等一系列用于基因组编辑检测的新技术不断涌现。

（一）生物传感器技术

生物传感器正是在生命科学和信息科学之间发展起来的一门技术，旨在使分子检测更简单、速度更快、成本更低。作为新一代的分析工具，生物传感器已经取得了突破性进展，在食品工业、环境监测、发酵工业、医学等领域得到了高度重视和广泛应用，可简单、快速、准确地检测生物分子相关参数，并可以现场检测。近几年来，随着基因工程技术的突飞猛进和生物产业发展取得的突出成绩，生物传感器在基因工程产品检测方面的研究也取得了突破性进展（马艳平等，2009；黄新等，2009）。

生物传感器是将生物识别元件和信号转换元件紧密结合，从而检测目标化合物的分析装置。生物传感器中生物识别元件又称生物敏感膜，是生物传感器的关键元件，直接决定传感器的功能与质量。生物传感器的信号转换元件（又称换能器）则包括电化学电极、半导体、光学元件、热敏元件、压电装置等。它的作用是将各种生物、化学和物理的信息转变成光电等信号。生物学反应产生的信息是多元化的，微电子学和传感技术的现代成果为检测这些信息提供了丰富的手段，使研究者在设计生物传感器时有足够的回旋余地。总之，生物传感器的基本原理为分子识别元件与待测物质特异性结合，发生生物化学反应，将产生的生物学信息通过物理、化学信号转换器转化为离散或连续的可以定量处理的光电等信号表达出来，从而得到被测物质的浓度。

生物传感器是极具发展潜力的学科领域，近年来，得益于材料科学、生命科学，以及纳米技术、半导体微加工技术、电子技术的快速发展，生物传感器无论在基础研究还是在应用开发方面都取得了很大进展。尽管现在生物传感器的应用受到稳定性、重现性和使用寿命等诸多限制，但由于其具有高选择性、响应快、操作简单、携带方便、适合于现场检测等优点，仍是重点研究的对象（Chen et al.，2012）。

（二）蛋白质组学技术

由于现有的常规基因组编辑生物检测和研究方法不能满足快速、准确、灵敏和完整分析基因组修饰生物的需求，而多数外源基因的表达或调控产物是蛋白质，因而在蛋白质水平上对基因组修饰生物进行检测和研究显得尤为重要，蛋白质组学为实现上述目标提供了坚实的保障（方献平等，2013；潘映红，2010）。

蛋白质组学技术是一类以先进仪器设备为支撑，对生物体蛋白质的组成与变化进行高通量、高灵敏度、高分辨率分析研究的新技术（Garcia-Canas et al.，2011）。近年来，国内外利用高通量、高灵敏度的蛋白质组学新技术开展了涉及蛋白质的各个方面的研究（Mauro et al.，2015；Majeran et al.，2008；Zybailov et al.，2008），旨在阐明生命过程中蛋白质的组成、结构、功能和相互作用。目前，蛋白质组学技术仍在快速发展完善中，新的仪器设备和技术方案正在不断推出，为我们深入开展分析和研究提供了坚实的保障。

（三）近红外光谱分析

近红外光谱（near infrared spectroscopy, NIRS）分析是一种利用波长在700~2500nm 范围内的透射及反射光谱，得到样品中所有有机分子含氢基团的特征信息，从而对研究对象进行定性和定量分析的新技术（Ahmed, 2002），其可以用于区分是否经过人工的基因组修饰。而且 NIRS 分析不需对样品做任何预处理，可对特殊农产品进行无损检测，同时还具有快速、稳定、测试简便及反应指标多等优点，近年来在食品分析和农产品品质分析中得到了广泛的应用（Travers et al., 2014; Esteve Agelet et al., 2013; Li and Wen, 2013; Esteve Agelet et al., 2012; Michelini et al., 2008）。

近年来，用于基因修饰产品检测的新技术不断涌现，其中质谱技术具有大规模、高通量、灵敏、准确等许多无可比拟的优势，解决了基因组编辑蛋白准确定量比较的问题，是今后基因组编辑检测技术发展的方向。

尽管如此，由于包括基因组编辑技术在内的基因工程技术本身还处于不断完善和发展的过程中，针对基因工程动物的分子特征识别技术研究任重道远，随着全球经济一体化的发展，为了满足进出口国际贸易的要求，基因工程动物及其产品的检测已显得十分迫切。研究快速、便捷、准确、高通量的定量检测方法，研制相应的标准物质，探索生物计量和全程溯源技术成为政府部门和科研工作者的主要努力方向。检测方法蓬勃发展，但在实际检测中，并非任何一种检测方法对某种基因组编辑动物及其产品的检测都行之有效。完善基因工程动物及其产品的安全监管体系，提高检测技术水平，细化、规范检测方法，这样才可以使基因工程动物及其产品的检测方法向着更准确、更灵敏、成本更低的方向发展（Broeders et al., 2012）。

参 考 文 献

包华, 贾春平, 周忠良, 等. 2009. 基于纳米金探针和基因芯片的 DNA 检测新方法. 化学学报, 67(18): 2144-2148.

陈弟, 胡大春. 2010. PCR 在临床常见病原微生物检测中的应用进展. 中国卫生检验杂志, 12: 3553-3554, 3557.

方献平, 马华升, 余红, 等. 2013. 转基因常见检测技术与蛋白质组学的应用. 浙江农业科学, 10: 1328-1330.

何琳. 2012. 环介导等温扩增技术快速检测水产动物病原的研究. 浙江大学博士学位论文.

黄新, 郭欣硕, 李明福, 等. 2009. 生物传感器在转基因产品检测中的研究进展. 生物技术通报, 10: 83-87.

敬凌霞, 蔡雪飞, 慕生枝, 等. 2007. 抗 CP4-EPSPS 单克隆抗体的制备和生物学特性的鉴定. 细胞与分子免疫学杂志, 23(5): 457-459.

刘立鸿, 许璐, 汪凯, 等. 2008. 地高辛标记探针 Southern 印迹杂交技术要点及改进. 生物技术通报, 3: 57-59.

马艳平, 丁耀忠, 金雷, 等. 2009. 生物传感器在动物医学中应用的研究进展及展望. 黑龙江畜牧兽医, 1: 20-22.

潘映红. 2010. 蛋白质组学在转基因生物检测和研究中的应用前景. 中国农业科技导报, 12(1): 31-34.

苏芳, 易翠平, 付冠艳, 等. 2013. ELISA 法在检测食品中镉的研究进展. 粮食与食品工业, 20(3): 65-68, 71.

杨继山, 潘庆杰, 董晓. 2010. 转基因动物检测方法的研究进展. 中国农业科技导报, 12(3): 45-49.

杨巍巍. 2014. PCR 技术在医学检验乙肝中的应用. 齐齐哈尔医学院学报, 17: 2576-2577.

尹春光. 2005. 转基因动物的检测方法. 生物学杂志, 22(1): 37-39.

张凤英, 徐兆礼, 马凌波, 等. 2009. 环介导恒温扩增技术快速检测米氏凯伦藻方法的建. 海洋学报(中文版), 31(6): 170-175.

张苗. 2013. 转基因产品快速、高通量检测方法研究. 上海交通大学硕士学位论文.

邹红霞, 梁国鲁. 2011. 实时荧光定量 PCR 及其在传染性疾病检测中的应用. 生物技术通讯, 22(5): 751-754.

Ahmed F E. 2002. Detection of genetically modified organisms in foods. Trends Biotechnol, 20(5): 215-223.

Alegria-Schaffer A, Lodge A, Vattem K. 2009. Performing and optimizing western blots with an emphasis on chemiluminescent detection. Methods Enzymol, 463: 573-599.

Broeders S R, De Keersmaecker S C, Roosens N H. 2012. How to deal with the upcoming challenges in GMO detection in food and feed. J Biomed Biotechnol, (1): 402-418.

Chen K, Han H, Luo Z, et al. 2012. A practicable detection system for genetically modified rice by SERS-barcoded nanosensors. Biosens Bioelectron, 34(1): 118-124.

Esteve Agelet L, Armstrong P R, Tallada J G, et al. 2013. Differences between conventional and glyphosate tolerant soybeans and moisture effect in their discrimination by near infrared spectroscopy. Food Chem, 141(3): 1895-1901.

Esteve Agelet L, Gowen A A, Hurburgh C R, et al. 2012. Feasibility of conventional and Roundup Ready(R) soybeans discrimination by different near infrared reflectance technologies. Food Chem, 134(2): 1165-1172.

Garcia-Canas V, Simo C, Leon C, et al. 2011. MS-based analytical methodologies to characterize genetically modified crops. Mass Spectrom Rev, 30(3): 396-416.

Holst-Jensen A, Ronning S B, Lovseth A, et al. 2003. PCR technology for screening and quantification of genetically modified organisms (GMOs). Anal Bioanal Chem, 375(8): 985-993.

Hornbeck P. 2001. Enzyme-linked immunosorbent assays. In: Coligan J E. Current Protocols in Immunology. New York: John Wiley & Sons. Inc.

Kim J H, Park S B, Roh H J, et al. 2015. A simplified and accurate detection of the genetically modified wheat MON71800 with one calibrator plasmid. Food Chem, 176: 1-6.

Lee S H. 2014. Screening DNA chip and event-specific multiplex PCR detection methods for biotech crops. J Sci Food Agric, 94(14): 2856-2862.

Li G, Wen Z Q. 2013. Screening soy hydrolysates for the production of a recombinant therapeutic protein in commercial cell line by combined approach of near-infrared spectroscopy and chemometrics. Appl Microbiol Biotechnol, 97(6): 2653-2660.

Li X, Wu Y, Li J, et al. 2015. Development and validation of a 48-target analytical method for high-throughput monitoring of genetically modified organisms. Sci Rep, 5: 7616.

Liu C, Zhai S, Zhang Q, et al. 2013. Immunochromatography detection of human lactoferrin protein in milk from transgenic cattle. J AOAC Int, 96(1): 116-120.

Livak K J, Flood S J, Marmaro J, et al. 1995. Oligonucleotides with fluorescent dyes at opposite ends provide a quenched probe system useful for detecting PCR product and nucleic acid hybridization. PCR Methods Appl, 4(6): 357-362.

Majeran W, Zybailov B, Ytterberg A J, et al. 2008. Consequences of C4 differentiation for chloroplast membrane proteomes in maize mesophyll and bundle sheath cells. Mol Cell Proteomics, 7(9): 1609-1638.

Mats G, Simon F, Michael T, et al. 2003. A sense of closeness: protein detection by proximity ligation. Current Opinion in Biotechnology, 14: 82-86.

Mauro S, Colignon B, Dieu M, et al. 2015. Three-dimensional electrophoresis for quantitative profiling of complex proteomes. Methods Mol Biol, 1295: 427-440.

Michelini E, Simoni P, Cevenini L, et al. 2008. New trends in bioanalytical tools for the detection of genetically modified organisms: an update. Anal Bioanal Chem, 392(3): 355-367.

Notomi T, Okayama H, Masubuchi H, et al. 2000. Loop-mediated isothermal amplification of DNA. Nucleic Acids Res, 28(12): E63.

Sadiya K, William K, Chad M, et al. 2005. Fluorescent and scanometric ultrasensitive detection technologies with the bio-bar code assay for Alzheimer's disease diagnosis. NanoScape, 2(1): 7-15.

Simon F, Mats G, Jonas J, et al. 2002. Protein detection using proximity-dependent DNA ligation assays. Nature, 20: 473-477.

Travers S, Bertelsen M G, Kucheryavskiy S V. 2014. Predicting apple (cv. Elshof) postharvest dry matter and soluble solids content with near infrared spectroscopy. J Sci Food Agric, 94(5): 955-962.

Treml D, Venturelli G L, Brod F C, et al. 2014. Development of an event-specific hydrolysis probe quantitative real-time polymerase chain reaction assay for Embrapa 5.1 genetically modified common bean (*Phaseolus vulgaris*). J Agric Food Chem, 62(49): 11994-12000.

Zhai S, Liu C, Zhang Q, et al. 2012. Detection of two exogenous genes in transgenic cattle by loop-mediated isothermal amplification. Transgenic Res, 21(6): 1367-1373.

Zybailov B, Rutschow H, Friso G, et al. 2008. Sorting signals, N-terminal modifications and abundance of the chloroplast proteome. PLoS One, 3(4): e1994.

第五章 基因组编辑动物的应用

自 1953 年 DNA 双螺旋结构被发现以后，生命奥秘的"黑匣子"被打开，开启了生命科学研究的分子生物学时代。21 世纪初，随着人类全基因组测序的完成，生命科学研究进入了一个以揭示基因功能为目的的后基因组时代，而在这一时代，基因组编辑技术毫无疑问成为重要的研究工具和手段。

目前，被广泛应用的人工内切核酸酶技术包括 3 种：锌指核酸酶（ZFN）技术、转录激活因子样效应物核酸酶（TALEN）技术及 CRISPR/Cas 技术。基因组编辑技术因其对基因的修饰精确度高而成为理想的基因操作工具。科研工作者在科研实践中不断完善，提高了基因组编辑效率和编辑特异性及防止脱靶效应等，显著地提高了这些技术的应用能力，使基因组编辑技术正在逐渐走向成熟。

本章将讨论 ZFN、TALEN 及 CRISPR/Cas 这 3 种技术的应用情况，并对其前景进行了展望。

第一节 研究基因功能，建立动物模型

随着多个物种全基因组测序的完成，阐释基因功能是生命科学在后基因组时代的研究重点之一。借助基因组编辑修饰技术建立相关动物模型就显示出巨大的优势，已取得初步成效。目前，已经在酿酒酵母、拟南芥、果蝇、斑马鱼、小鼠、大鼠、猴等多个物种中实现了基因组 DNA 的编辑，为这些物种功能基因的研究做出了贡献（表 5-1）。

表 5-1 基因组编辑技术在不同物种中的应用

物种	基因组编辑技术	靶基因	参考文献
拟南芥	ZFN	*ABI4*	Osakabe et al., 2010
拟南芥	TALEN	*ADH1*	Cermak et al., 2011
拟南芥	CRISPR/Cas	*FT* 和 *SPL*	Hyun et al., 2015
烟草	ZFN	*ALS SurA/B*	Townsend et al., 2009
烟草	TALEN	*SurA/B*	Zhang et al., 2013
水稻	TALEN	*Os11N3*	Li et al., 2012
水稻	CRISPR/Cas	*CAO1*	Feng et al., 2013
酿酒酵母	CRISPR/Cas	*CAN1*	DiCarlo et al., 2013

续表

物种	基因组编辑技术	靶基因	参考文献
线虫	ZFN	*Nw sequence*	Morton et al., 2006
线虫	TALEN	*SCID*	Cheng et al., 2013
线虫	CRISPR/Cas	*dpy-11、unc-4*	Chiu et al., 2013
果蝇	ZFN	*PASK*	Beumer et al., 2008
果蝇	TALEN	*Dmel*	Zhang et al., 2014a
果蝇	CRISPR/Cas	*YE1*	Gratz et al., 2013
家蚕	TALEN	*BmBlos2*	Ma et al., 2012
家蚕	CRISPR/Cas	*Bm-ok、BmKMO、BmTH、Bmtan*	Wei et al., 2014
斑马鱼	ZFN	*Kdra* 和 *ntl*	Doyon et al., 2008; Meng et al., 2008
斑马鱼	TALEN	*TH*	Zu et al., 2013
斑马鱼	CRISPR/Cas	*Etsrp/GATA4/GATA5*	Chang et al., 2013
小鼠	ZFN	*Mdr1a/Jag1/Notch3*	Carbery et al., 2010
小鼠	TALEN	*Lepr*	Qiu et al., 2013
小鼠	CRISPR/Cas	*Mecp2*	Yang et al., 2013
大鼠	ZFN	*IgM/Rab38*	Geurts et al., 2009
大鼠	TALEN	*IgM*	Tesson et al., 2011
大鼠	CRISPR/Cas	*Mc4R*	Li D et al., 2013
大鼠	CRISPR/Cas	*Tet1/Tet2/Tet3*	Li W et al., 2013
兔	ZFN	*IgM*	Flisikowska et al., 2011
兔	CRISPR/Cas	*IL2rg、Rag1、Rag2、TIKI1、ALB*	Yan et al., 2014
猪	ZFN	*eGFP*	Whyte et al., 2011
猪	TALEN	*GGTA1*	Xin et al., 2013
猪	CRISPR/Cas	*vWF*	Hai et al., 2014
牛	ZFN	*BLG*	Yu et al., 2011
牛	TALEN	*MSTN*	Proudfoot et al., 2015
食蟹猴	CRISPR/Cas	*Ppar-γ/Rag1*	Niu et al., 2014
恒河猴	CRISPR/Cas	*dystrophin*	Chen Y et al., 2015

人类疾病的动物模型一般是指通过人为控制使动物患上与人类症状相似的疾病，从而为研究该病的发生、发展及治疗提供动物模型。基因组编辑技术的发展 使建立特定遗传缺陷的动物模型非常便利。目前，通过基因组编辑技术建立了多 种人类疾病的动物模型，为相应人类疾病的研究奠定了基础。

Niu 等（2014）使用 CRISPR/Cas 系统对猴胚胎细胞引导修饰了 3 个基因：调节代谢基因 *Ppar-γ*、免疫功能调节基因 *Rag1* 及调节干细胞和性别决定的基因。研究人员对 15 个修饰过胚胎的基因组 DNA 进行测序后，发现其中有 8 个胚胎两个靶基因同时突变。将基因修饰胚胎移植给代孕猴后，诞生了世界上首对孪生靶向基因编辑猴。对遗传修饰猴后代的检测也证实了突变的存在。猴基因组编辑的成功将有助于建立人类疾病的灵长类模型，更好地模拟人类疾病表型，同时降低药物研究的成本和风险。

动脉粥样硬化（atherosclerosis, AS）就是动脉壁上沉积了一层小米粥样的脂类，使动脉弹性减低、管腔变窄的疾病。动脉粥样硬化又可引起继发性高血压。研究发现，在该病的发生过程中，载脂蛋白 E（*ApoE*）基因和低密度脂蛋白受体（*LDLR*）基因起到了关键性的作用。正常饮食的 *ApoE* 基因缺失小鼠血液中的低密度脂蛋白（low-density lipoprotein, LDL）大量滞留在血管中，表现为严重的动脉粥样硬化症状。而 *LDLR* 基因缺失小鼠的表型与 *ApoE* 基因缺失小鼠类似，因此 *ApoE* 基因和 *LDLR* 基因缺失小鼠被广泛应用于动脉粥样硬化的研究（Jawien, 2012）。

糖尿病（diabetes）是由胰岛素分泌缺陷或胰岛素作用障碍所致的以高血糖为特征的代谢性疾病。为了研究糖尿病的发病机理，在小鼠中建立了人类糖尿病的模型，但由于小鼠与人类心血管系统的结构差异较大，试验结果并不能用于临床。目前，通过 ZFN 技术在猪中实现了 *Ppar-γ* 基因的缺失，这是首次在大动物模型中实现 ZFN 技术介导的基因缺失。由于猪的心血管系统与人类的解剖结构和生理特性相似，故得到的 *Ppar-γ* 基因缺失猪模型对于人类糖尿病及心血管并发症的研究具有重要意义（Yang et al., 2011）。

非洲青鳉鱼（African turquoise killifish）生活在非洲的干旱季节就消失的临时水塘中，它们的寿命只有 4~6 个月，因此它们是研究衰老的理想生物。研究人员使用 CRISPR/Cas 基因组编辑技术，构建出了可在自然短寿的非洲青鳉鱼中研究衰老和老年疾病的平台（Harel et al., 2015）。其中一种鳉鱼突变体重演出了由端粒缺陷所导致的先天性角化不良（dyskeratosis congenita）疾病。并且这些鳉鱼突变体像人类一样在血液及肠道有缺陷，并具有一些生育问题。研究人员因此可以利用非洲青鳉鱼来筛查延缓或逆转衰老或年龄相关疾病的基因和药物。

大肠癌是临床上常见的一种消化道恶性肿瘤，造成癌症患者死亡的主要原因是癌症的侵袭和转移。大肠癌的发展一般始于一种良性肿瘤——腺瘤的形成。这种良性肿瘤或息肉属于癌症前期的病变，病变进一步累积就会发展成为大肠癌。研究人员发现，大肠癌中 Wnt、丝裂原活化蛋白激酶（MAPK）、转化生长因子-β（TGF-β）、肿瘤蛋白 53（TP53）和磷脂酰肌醇 3-激酶（PI3K）等通路中的编码基因频频发生突变。这些通路能影响肠道干细胞巢（niche）的信号转导，但人们并不清楚突变是如何影响大肠癌发展的。Keio 大学的 Matano 等（2015）建立了源自正常肠道上皮的类器官（organoid）组织，并用 CRISPR/Cas 系统对肿瘤抑制基因 *APC*、*SMAD4* 和 *TP53* 及癌基因 *KRAS* 和 *PIK3CA* 引入突变。研究发现，表达全部 5 种突变的类器官组织在不依赖干细胞巢因子的条件下就能在体外生长，而且移植到小鼠肾包膜下会形成肿瘤。进一步研究显示，将类器官组织注射到小鼠脾脏后会发生微转移（含有休眠的肿瘤起始细胞），但癌细胞并不能在肝脏立足。染色体不稳定的类器官组织在移植后会形成大的转移集落。该研究为人们展示了突变对大肠癌侵袭性的影响，是研究癌症侵袭的模型。

Ablain 等（2015）使用组织特异性的 GATA1 启动子在以 CRISPR/Cas9 为基础的载体系统，实现了斑马鱼组织特异性基因敲除。该系统引导 Cas9 在红细胞谱系中使与血红素的生物合成有关的尿卟啉原脱羧酶（*urod*）基因沉默。研究显示，*urod* 的沉默使斑马鱼胚胎出现了红色荧光的红细胞，与 *yquem* 突变体表型类似。虽然 F_0 代胚胎中出现镶嵌基因中断，但在 F_1 代斑马鱼中这种表型非常明显。该斑马鱼是研究人类卟啉症的良好动物模型。

Chen Y 等（2015）使用 CRISPR/Cas9 系统靶向恒河猴的肌萎缩蛋白 *dystrophin* 基因，在恒河猴的肌肉中打靶效率达到 87%，并成功产生了雄性和雌性恒河猴杜氏肌营养不良（DMD）疾病模型，模型具有早期 DMD 疾病中所看到的显著耗尽的肌萎缩蛋白和肌肉变性表型。

第二节　在疾病治疗中的应用

基因治疗是基于对细胞内基因修饰的策略来治疗各种疾病。单基因疾病是由碱基突变引起的，可通过恢复基因的表达水平实现疾病的治疗。而多基因疾病的治疗相对来说比较困难。传统的基因治疗手段通过正常基因的导入弥补缺陷基因，但是基因导入的效率又是一个难题。寻找特异、高效修复的打靶工具在基因治疗领域中备受关注。基因组编辑技术的出现和应用为人类疾病的治疗提供了有力的手段。主要途径是通过体外修复致病基因并回输体内用于疾病治疗研究。近年来 ZFN、TALEN 和 CRISPR/Cas9 系统在遗传缺陷性疾病、传染性疾病和癌症的治疗方面取得许多可喜的成绩（表 5-2），并推动了基因治疗领域发展的步伐。

表 5-2　基因组编辑技术在疾病治疗模型中的应用

疾病类型	技术平台	参考文献
血友病 B	ZFN	Li et al., 2011
α1-抗胰蛋白酶缺陷症	ZFN	Yusa et al., 2011

续表

疾病类型	技术平台	参考文献
帕金森病	ZFN	Soldner et al., 2011
β-地中海贫血症	TALEN	Ma et al., 2013
X 连锁慢性肉芽肿病	ZFN	Zou et al., 2011b
艾滋病	ZFN 和 CRISPR/Cas9	Tebas et al., 2014; Ye et al., 2014; Holt et al., 2010; Perez et al., 2008
杜氏肌营养不良	TALEN 和 CRISPR/Cas9	Long et al., 2014; Ousterout et al., 2013
乙型肝炎	ZFN、TALEN 和 CRISPR/Cas9	Cradick et al., 2010; Bloom et al., 2013; Chen et al., 2014; Zhen et al., 2015
X-SCID	ZFN	Genovese et al., 2014
遗传性白内障	CRISPR/Cas9	Wu et al., 2013
囊性纤维化	CRISPR/Cas9	Schwank et al., 2013
遗传性酪氨酸血症	CRISPR/Cas9	Yin et al., 2014
宫颈癌	CRISPR/Cas9	Zhen et al., 2014

一、杜氏肌营养不良

杜氏肌营养不良（Duchenne muscular dystrophy, DMD）疾病是由于基因的移码突变导致编码基因不能形成有功能活性的抗肌萎缩蛋白。DMD 这种单基因遗传病仅仅通过基因打靶工具对移码突变进行修复即可，不需要外源供体 DNA 模板的辅助。针对这一疾病机理，Ousterout 等（2013）使用 TALEN 技术靶向 *dystrophin* 基因的第 5 外显子，通过基因修复实现该基因的正确翻译并形成有功能的抗肌萎缩蛋白。结果证实，经 TALEN 编辑修复后的靶细胞（骨骼肌成肌细胞、皮肤成纤维细胞）可以正常表达 dystrophin 蛋白并有正常的生物学活性。Long 等（2014）在 DMD 疾病的 mdx 小鼠模型体内试验，使用 CRISPR/Cas9 系统在小鼠生殖系中成功修复了 DMD 突变。在对产生的嵌合体小鼠的肌肉结构和功能的监测中发现，肌肉表型的修复效率高于基因的修复效率。这使得 CRISPR/Cas9 系统在人体内的应用更进了一步。

二、帕金森病

α-突触核蛋白（α-synuclein）是导致帕金森病（Parkinson's disease, PD）发病的关键蛋白质，异常聚集的 α-突触核蛋白是散发性和家族性 PD 中常出现的特征性病理变化。其编码基因的点突变可直接导致常染色体显性遗传的家族性、早发性 PD。Soldner 等（2011）和 Ding 等（2013）使用 ZFN 技术，在人类干细胞中

针对 α-突触核蛋白基因点突变致病位点插入或是删除单个碱基,从而在细胞水平成功对 PD 进行基因治疗。他们将 ZFN 技术与 iPSC 技术的结合使用使该疾病的基因治疗显现了美好的前景。为了将 ZFN 与 TALEN 技术作比较,实验人员使用 TALEN 系统重复了上述 ZFN 实验(Hockemeyer et al., 2011)。结果显示,无论从效率还是从准确度上看,TALEN 都与 ZFN 一样,在人类 ES 细胞和 iPS 细胞中效果类似。

富亮氨酸重复激酶 2(LRRK2)的 G2019S 突变是 PD 的另一个常见的遗传变异。Reinhardt 等(2013)首先获得了来自 PD 患者的诱导多能干细胞,然后将 LRRK2 的 G2019S 突变矫正。结果显示,PD 的症状得到较大改善,这为研究 LRRK2 基因突变引起的 PD 的发病机理和潜在的治疗提供了便利。

三、血友病

血友病是以出血为主要症状的遗传性凝血障碍性疾病。其症状是具有活性的凝血酶生成障碍致使凝血时间延长,患者轻微创伤后即出血不止,重症患者没有明显外伤亦可发生"自发性"出血。该病分为血友病 A(缺乏凝血因子Ⅲ)、血友病 B(缺乏凝血因子Ⅸ)和血友病 C(缺乏凝血因子Ⅺ)三种类型。血友病 B 是由于肝脏缺乏凝血因子Ⅸ的 X 染色体连锁的遗传性疾病,主要特征为凝血因子Ⅸ表达水平极低,通常不足正常水平的 1%。早在 20 多年前,科学家就致力于通过基因重组对 DNA 片段进行置换来治疗,然而由于其 DNA 重组效率仅能达到百万分之一,因而无法用于临床。ZFN 技术的出现为突变型凝血因子Ⅸ表达水平的修复提供了希望。美国费城儿童医院的研究人员 Li 等(2011)通过腺相关病毒(AAV)病毒载体将靶向凝血因子Ⅸ的 ZFN 导入其缺陷的人源小鼠模型中,通过 ZFN 介导 HR 途径对突变基因凝血因子Ⅸ基因 *F9* 进行替换(Li et al., 2011)。结果显示,经 ZFN 介导修饰的小鼠的血液在 44s 内快速自行凝结,这些小鼠中的凝血因子表达水平为正常水平的 6%~7%,足以维持正常的凝血功能。经历 8 个月的持续观察证实这一治疗未对实验鼠的生长、体重及肝功能造成任何毒性效应。这也是研究人员首次成功在活体动物体内进行基因组编辑操作。Park 等(2014)基于 TALEN 技术在 hiPSC 中将含有 *F8* 基因的 140kb 染色体片段倒置,建立了人源化的血友病 A 小鼠模型。此外,为了能够更好地验证 TALEN 技术可以修复该疾病致病基因,研究人员再次通过 TALEN 基因组编辑工具将其之前倒置的 140kb 的染色体片段重新恢复到正常,结果显示,经 TALEN 介导修饰的疾病细胞可以检测到 *F8* 基因的 mRNA,而未经 TALEN 介导修饰的细胞却未检测到 *F8* 基因的 mRNA。由于人血友病的小鼠模型不能很好地模拟人类症状,中国科学院动物研究所的周琪团队利用 CRISPR/Cas9 技术获得了 *vWF* 基因双等位基因敲除的小型猪,建立了血管性血友病的小型猪模型(Hai et al., 2014)。

四、β-地中海贫血症

β-地中海贫血症（β-thalassemia, β-Thal）是由编码 β 珠蛋白的基因突变或碱基缺失造成的一种遗传性血液疾病。全球约有 4.5%的人群携带这种突变基因。修复致病基因是此病治疗的理想方案。Ma 等（2013）以患者来源的 hiPSC 为靶细胞，通过 TALEN 技术对疾病基因 *HBB* 进行修复，实现了对 β-地中海贫血症的治疗。结果表明，TALEN 技术介导的 hiPSC 中的突变基因得到修复，同时，hiPSC 分化产生的造血干细胞及红细胞能够正常表达的 β 珠蛋白。

五、遗传性酪氨酸血症

遗传性酪氨酸血症（hereditary tyrosinemia）又称先天性酪氨酸血症，是一种因延胡索酰乙酰乙酸水解酶（fumarylacetoacetate hydrolase, FAH）缺乏引起的酪氨酸代谢异常、肝严重损伤及肾小管缺陷的常染色体隐性遗传性综合征。急性患者有肝大、肝细胞脂肪浸润或坏死症状；慢性患者可有肝纤维化、肝硬化，甚至发生肝癌。Yin 等（2014）利用 CRISPR/Cas9 技术对携带突变 FAH 的成年小鼠肝细胞中的突变基因进行修复，通过高压注射方法（hydro-dynamic injection）将修复后的细胞快速释放到静脉血液中，最后通过血液回流到肝脏以行使生理功能。研究结果显示，约 1/250 的肝细胞中的致病基因修复成了正常基因。在接下来的30 天中，含有正常 FAH 基因的肝细胞通过增殖逐渐取代了病变的细胞，最终约1/3 的肝细胞含有正常基因，使小鼠能够在脱离尼替西农（NTBC）药物后生存下来。

六、镰状细胞贫血

血红蛋白疾病是血红蛋白分子突变致使血红蛋白结构或合成异常导致的一类疾病，包括血红蛋白病和地中海贫血两大类。前者表现为镰状细胞贫血（sickle cell anemia, SCD），其血红蛋白分子的珠蛋白肽链结构异常，主要是由人 β 球蛋白（human β-globin）基因点突变引起的遗传性疾病。研究人员使用 ZFN 技术对致病基因 *HBB* 进行修复（Sebastiano et al., 2011; Zou et al., 2011a），结果显示，ZFN 技术介导突变基因 *HBB* 的修复效率达到 25%~40%。此后，Suzuki 等（2014）使用 TALEN 技术在患者皮肤细胞来源的 iPSC 中修复了突变基因 *HBB*，并且通过转座酶将外源的异常序列（ectopic sequence）从基因组中剔除，保证了治疗的安全性。经 TALEN 技术操作后的 hiPSC 可以保持完整的分化潜能和正常的核型。最新结果显示，分别使用第三代腺病毒载体（helper-dependent adenovirus vector, HDAdV）、TALEN 和 CRISPR/Cas9 3 种不同工具，对 SCD 患者的 hiPSC 中的突变基因 *HBB* 进行修复，这 3 种基因修饰技术介导的基因修复效率相近。但是，基因组测序结果显示，TALEN 和 HDAdV 对突变基因 *HBB* 的修复过程中脱靶效应较低。为了能够提高基因靶向修饰效率，研究人员将 TALEN 和 HDAdV 整合在一起，构建一种兼有特异性切割基因组 TALEN 和高效导入途径的 HDAdV 整合载体。实验结果表明，重组打靶载体介导的基因修复效率要比单独使用 TALEN 或 CRISPR/Cas9 高很多，相信该项技术的不断优化，会在不同种类的血红蛋白疾病的基因修复过程中得到广泛应用。

七、X 连锁的严重联合免疫缺陷病

ZFN 在人体干细胞中的优化和筛选为该技术介导的单基因遗传性疾病的治疗提供了有力的手段。目前对遗传病的治疗可以通过外源基因对疾病基因进行修饰，从而恢复正常基因的表达水平。该技术介导的遗传性疾病的治疗实例较多，其中 ZFN 技术针对引起 X 连锁的严重联合免疫缺陷病（X-linked form of severe combined immunodeficiency, X-SCID）的白细胞介素 2 受体链（*interleukin 2 receptor gamma chain, IL2RG*）突变基因进行修饰为一个例子。Urnov 等（2005）通过 ZFN 介导的 HR 途径在慢性髓原白血病细胞 K-562 中对两条 X 染色体中第 5 号外显子突变的 *IL2RG* 基因进行修复，约有 7%的突变基因恢复到原有基因的表达水平。而在体内观察经 ZFN 修复后的细胞相对原始突变的细胞具有一定的选择优势，因此，该技术介导突变基因 *IL2RG* 的修复可为该疾病的基因治疗提供新的前景。2014 年，Genovese 等（2014）首先通过细胞因子对造血干细胞（HSC）进行 48h 的预刺激，目的有两个：一是降低预处理的细胞对核酸酶的进入引起的毒性效应的敏感性；二是促使细胞进入细胞周期介导同源重组。随即利用非整合型慢病毒载体将用于对突变基因 *IL2RG* 修复的 DNA 模板导入细胞中，随后通过电击方法对细胞进行锌指核酸酶基因转染。此外，为了保持干细胞状态，避免其过早分化，Genovese 课题组成员用两种芳（香）烃受体蛋白抑制剂 dmPGE2 和 SR1 处理了细胞，这一实验方案使得研究人员在 HSC 中实现位点特异性基因组编辑，并在免疫缺陷小鼠模型体内证实，经 ZFN 修饰的 HSC 可以维持正常的造血功能并生成有功能的淋巴细胞。这一可喜成果为治疗 X-SCID 和其他基因缺陷疾病开辟了一条新途径，解决了 HSC 这些静息细胞编辑效率低下的局限。Matsubara 等（2014）利用 TALEN 技术在 *IL2RG* 基因缺陷的细胞模型中也成功实现了基因的修复。

以前治疗 X-SCID 的尝试包括骨髓移植或基因治疗，或者两者结合。在始于 20 世纪 90 年代的一项临床试验中，研究人员使用病毒载体工具进入患者的骨髓，并提供新细胞生长所需的基因。虽然这种基因治疗最初治愈了疾病，但是基因的人工添加最终在一些患者中导致了白血病。此后，也有研究人员开发出其他基因治疗方法，但这些方法通常适合于较温和形式的疾病，而且需要骨髓移植，这对危重新生儿来说是一个艰难的过程。

现在，美国索尔克生物研究所的研究人员找到了一种方法，首次将来自 X-SCID 患者的细胞转化为干细胞样状态，修复基因突变，并在实验室中促使修复的细胞成功产生自然杀伤（natural killer, NK）细胞（Menon et al., 2015）。这一新技术的成功指出将遗传修饰过的细胞植入患者体内产生免疫系统的可能性。

八、X 连锁的慢性肉芽肿病

慢性肉芽肿病（chronic granulomatous disease, CGD）是一种少见的遗传性疾病，分为 X 连锁的 CGD（X-CGD）和常染色体隐性遗传 CGD 两种。X-CGD 为最常见的一种类型，其致病基因为编码还原型烟酰胺腺嘌呤二核苷酸磷酸（reduced nicotinamide adenine dinucleotide phosphate, NADPH）亚单位 GP91-PHOX 蛋白的细胞色素 b-245（cytochrome b-245 beta polypeptide, CYBB）基因。研究人员通过 ZFN 对 X-CGD 来源的 hiPSC 中的致病基因进行修饰，结果显示，修复后的细胞分化形成的中性粒细胞表型与正常的很相似，具有抵抗外界菌源的作用（Zou et al., 2011b）。

九、大疱性表皮松解症

大疱性表皮松解症（epidermolysis bullosa, EB）是一种由皮肤和黏膜因机械损伤而形成以大疱为特征的遗传性皮肤病。针对这一发病机制，Osborn 等（2013）使用 ZFN 技术在体外将致病的缺陷性基因 COL7A1（collagen type Ⅶ, alpha 1）失活。研究人员首先将患者皮肤干细胞利用基因工程手段改造成携带绿色荧光蛋白（GFP）的细胞，随后用 ZFN 对缺陷基因进行修饰，结果显示，每 5 个处理的细胞就会有一个荧光蛋白不表达，并且皮肤干细胞仍然具有再生潜力。隐性营养障碍大疱性表皮松解症（recessive dystrophic epidermolysis bullosa, RDEB）主要是由编码胶原蛋白Ⅶ的 COL7A1 基因缺陷所致。研究人员在原代纤维母细胞中通过 TALEN 介导的 HR 途径对突变基因 COL7A1 进行修复，结果显示，修复后的细胞可以正常表达胶原蛋白Ⅶ，同时基因组扫描测序显示 TALEN 导致的脱靶位点有 3 处，该项结果证实 TALEN 介导的位点靶向修饰在基因治疗领域中显示了一定的安全性和特异性（Osborn et al., 2013）。

十、α1-抗胰蛋白酶缺陷症

α1-抗胰蛋白酶（α1-antitrypsin, α1AT）缺陷症是由血中 α1AT 缺乏引起的一种先天性常染色体性遗传代谢类疾病。针对其发病机制，研究人员使用 ZFN 基因组编辑技术对患者皮肤细胞来源的 iPSC 中的缺陷 α1AT 基因为靶位点进行修复，通过 HR 途径将利于阳性重组子筛选的正负标记基因插入基因组中，最后再通过转座酶（transposase）将其外源插入片段从细胞中剔除，在靶位点处不存在 DNA

被破坏的痕迹，最终获得由 hiPSC 转化后的肝细胞。随后，研究人员在试管和小鼠实验中证实 ZFN 修复后的肝细胞活力很好，从而证明基于 ZFN 技术可以实现对 α1-抗胰蛋白酶基因缺陷引起的肝病的基因治疗（Yusa et al., 2011）。这一事例也用 TALEN 技术得到证实（Choi et al., 2013）。

十一、遗传性白内障

老化、遗传等因素会引起眼睛晶状体囊膜损伤，从而使其渗透性增加，导致眼睛晶状体蛋白发生变性、代谢紊乱，形成混浊而导致白内障。Wu 等（2013）建立了人类白内障疾病的小鼠模型。该模型小鼠的 *Crygc* 基因为显性突变，携带一个突变位点的新生小鼠即表现出白内障症状。研究人员利用 CRISPR/Cas9 系统针对 *Crygc* 突变基因进行修复，发现 1/3 新生小鼠的白内障症状得到治愈（Wu et al., 2013）。治愈后的小鼠其后代也不再患有白内障疾病，这为人类遗传性白内障疾病的根治带来了福音。

十二、囊性纤维化

囊性纤维化（cystic fibrosis, CF）症状表现为外分泌腺的腺体增生和功能紊乱，分泌液黏稠，汗液氯化钠含量增高。囊性纤维化是一种常染色体隐性遗传性疾病，30%的患者是成人，是白人中最常见的致寿命缩短的遗传性疾病。CF 相关基因位于染色体 7q（长臂），它编码囊性纤维化跨膜转导调节器（*cystic fibrosis transmembrane conductance regulator, CFTR*）基因。该病最常见的基因突变是ΔF508，即 CFTR 蛋白的 508 位置上的苯丙氨酸缺失。Schwank 等（2013）使用CRISPR/Cas9 系统成功修复了来自 CF 患者小肠干细胞中的 CFTR 位点，并在体外实验的监测中发现修复后的等位基因获得了完整的功能，为该病的治疗带来了希望。

十三、传染性疾病

（一）艾滋病

传统药物治疗艾滋病都有一个问题：它们无法真正地清除隐藏在细胞 DNA内的病毒拷贝。由于 HIV 拷贝可以多年保持休眠状态，条件成熟后再度激活，患者通常需要终身每天或每周服药，这耗费了大量的时间和金钱。"柏林病人"蒂莫西·雷·布朗同时患有白血病和艾滋病，但是经骨髓移植后竟然痊愈，成为世界上首例治愈的艾滋病患者，这为艾滋病的治疗带来了希望。以后的研究发现，HIV感染细胞需要首先与主受体外的辅助受体 CCR/CXCR4 （C-C chemokine receptor/C-X-C chemokine receptor type 4）结合，提示通过基因治疗的方法敲除

CCRS/CXCR4 位点来治疗艾滋病的可能性。

对于 HIV-1 基因治疗而言，细胞表面抗原分化簇 4 受体阳性（cluster of differentiation 4 receptor, CD4$^+$）T 细胞和 CD34$^+$HSC 表面的 CCRS 位点就是一个理想的靶位点。Perez 等（2008）通过 ZFN 介导的原代 CD4$^+$T 细胞表面的 CCRS 分子敲除，脱靶效率＜5%，而敲除效率则达到了 50%。经体外扩大培养修饰的 CD4$^+$T 细胞回输到免疫缺陷 NOG（NOD/Shi-*scid*/IL-2 receptor gamma null, non-obese diabetic）小鼠后，表现出明显的抗病毒能力。Holt 等（2010）通过使用 ZFN 系统对 CD34$^+$HSC 的 *CCRS* 基因进行定点修饰，并将修饰后的 HSC 回输到免疫缺陷的 NSG（NOD-SCID IL-2 receptor gamma null）小鼠中，发现小鼠体内免疫细胞被激活，并且数量增多，表现出良好的抗病毒效果。ZFN 介导的 *CCRS* 基因修饰已经证明在人类造血干细胞中取得成功。Yao 等（2012）相继证实 ZFN 也可以在 ESC 和 iPSC 中对 *CCRS* 基因进行定点修饰。此外，Lombardo 等（2007）利用非整合型慢病毒载体（integrase-defective lentiviral vector, IDLV）介导 ZFN 靶向修饰 HSC 中的 *CCRS* 基因，修复效率约为 5%。在后续报道中，该课题组利用嵌合型腺病毒载体介导 ZFN 对原代 T 细胞（primary T cell）、人类神经干细胞（human neural stem cell, hNSC）和 iPSC 中的 *CCRS* 基因进行修复。Li L 等（2013）在体外使用腺病毒载体介导 ZFN 靶向修饰成人造血干细胞（adult hematopoietic stem cell, adult HSC）表面的 *CCRS*，敲除效率大于 25%，回输到 NSG 小鼠模型后表现出抗 HIV/AIDS 的能力。Tebas 等（2014）从 12 名 HIV 感染者体内提取的未被感染的 T 细胞，使用 ZFN 靶向修饰 *CCRS* 基因，并以每人一次性输入 100 亿个 T 细胞的量回输到患者体内用以检测抗感染效果。停止服用抗 HIV 药物 12 周后的检测结果表明，在停药的 6 名感染者中，4 人体内的 HIV 数量变少，1 人由于先天存在 *CCRS* 突变基因使得病毒检测结果显示阴性，提示基因组编辑技术治疗艾滋病具有有效性和可行性。

Ye 等（2014）利用 TALEN 和 CRISPR/Cas9 技术以人源 *CCRS* 基因为靶位点，在体外 hiPSC 中形成 *CCRS* 缺失的突变细胞，并将其诱导成单核巨噬细胞。结果显示，TALEN 和 CRISPR/Cas9 对单等位基因敲除效率为 100%，而对双等位基因的敲除效率分别为 14%（TALEN）和 33%（CRISPR/Cas9），均获得了抗 HIV-1 的单核巨噬细胞。相比于之前的 HIV-1 基因治疗而言，这种方法克服了 HSC 分离困难的局限，可以利用正常健康的 hiPSC 诱导分化成 CCR5Δ32 缺失的抗 HIV-1 细胞，并剔除了 *CCRS* 敲除位点整合的外源基因，保留了 *CCRS* 天然缺失的基因组痕迹。

随着对病毒感染过程研究的深入，研究人员发现 CCRS 分子并不是 HIV-1 感染所需的唯一辅助受体，而 CXCR4 是病毒后期感染靶细胞的重要分子。因此，需要寻找阻断 CXCR4 病毒感染的方法。Wilen 等（2011）首次利用 Ad5/35 型嵌合型病毒载体介导 ZFN 靶向修饰 CD4⁺T 细胞表面的 CXCR4 分子,体外检测发现 CD4⁺T 细胞内 CXCR4 表达量降低、功能正常且对 CXCR4 病毒株表现出抗病毒能力。将此修复后的 CD4⁺T 细胞回输到 NSG 小鼠后检测到仍然具有一定的抗病毒能力。Yuan 等(2012)在 HSC 内相继使用 shRNA 干扰 CXCR4 和 ZFN 介导修饰 CXCR4,并回输到小鼠体内比较抗病毒效果。结果表明,shRNA 干扰 CXCR4 后一定程度上可以降低 CXCR4 分子的表达量,但是并未彻底敲除,所以病毒还有继续感染的可能;ZFN 介导的 CXCR4 修饰可以对 CXCR4 分子进行敲除,从而从根本上阻断病毒感染,抗病毒效果显著。

上述策略是基于 ZFN 介导 CCR5 或 CXCR4 基因突变的细胞回输到体内对病毒产生抵抗能力,但是,已整合在宿主细胞基因组中的 HIV-1 前病毒却难以根除。残存的病毒使疾病出现反弹的可能,而根除这些潜伏在宿主基因组中的残余 HIV-1 是抗 HIV/AIDS 治疗的另一个关键。如果整合的 HIV-1 前病毒在宿主细胞基因组上消失,则可从根本上解决 HIV/AIDS 不能治愈的问题。Qu 等(2013)使用 ZFN 靶向多数 HIV 亚型基因的保守区长末端重复序列(long terminal repeat, LTR),在多种细胞系上证实了 ZFN 能特异靶向整合并高效切除 HIV-1 的前病毒 LTR 序列,具有显著的抗 HIV 感染效果,提示该方法作为根治 HIV 治疗手段的可行性。

Ebina 等(2013)利用 CRISPR/Cas9 技术以 HIV-1 的 LTR 序列为靶位点,在病毒潜伏感染的细胞模型中证实 CRISPR/Cas9 介导的 HIV-1 前病毒在基因组中的敲除效率可达 20%。Hu 等(2014)利用 CRISPR/Cas9 技术以 HIV-1 基因组的 LTR 序列为靶位点,在潜伏感染的小神经胶质细胞、前体单核细胞和 T 细胞中证实 CRISPR/Cas9 技术能够介导潜伏的 HIV-1 前病毒在宿主细胞的基因组中根除,同时对宿主细胞没有毒性。

Liao 等(2015)使用 CRISPR 系统在人类细胞中成功地切割了 HIV 的基因组,并且效率高达 72%。在接下来的研究中,他们在 HIV 感染之前将 CRISPR 系统添加到细胞中,证实 CRISPR 在 HIV 开始复制之前切碎了所有的病毒拷贝。该研究的亮点不仅在 HIV 开始感染细胞时切断了释放的病毒拷贝,也切碎了潜伏在细胞 DNA 内的 HIV。这项研究证实了这种方法有效对抗的是活化的、全长 HIV 而不是缩短的、失活的病毒。或许在不久的将来,人类不仅能够除去整合到人类基因组中的病毒 DNA,还能够通过注射疫苗来预防艾滋病。

(二)乙型肝炎

乙型肝炎是由于乙型肝炎病毒(hepatitis B virus, HBV)感染所引起的疾病,病毒能够通过血液与体液传播。乙型肝炎在中国流行广泛,在某些地区感染率达 35% 以上,目前仍缺乏有效治疗手段。Cradick 等(2010)设计针对 HBV 特异性的 ZFN 在基因组特异性位点进行切割，结果显示，至少 36%的病毒基因组失活、30%的前病毒 RNA 表达下调。该项结果提示，在今后的 HBV 基因治疗中可以应用病毒载体高效导入 ZFN 用以提高切除病毒基因组的效率。Bloom 等（2013）利用 TALEN 技术靶向 HBV 基因组中的特异性位点，实现约 35%的共价闭合 DNA 的突变，在后续的小鼠模型实验中进一步证实 HBV 的复制受到抑制；此外，他们也对 TALEN 介导修饰的细胞做了安全评价，结果显示在人类基因组中可能脱靶位点处并未检测到突变。Chen 等（2014）利用 TALEN 技术靶向不同基因型 HBV 的保守区序列，在体外细胞实验和小鼠模型中证实 TALEN 可以特异性结合并切割 HBV 基因组的靶序列。该课题组还发现，TALEN 基因靶向敲除技术和干扰素的结合应用可以增强对病毒复制的抑制效果。这不仅为 HBV 治疗领域提供新的思路，也会为其他病毒引起的疾病的治疗研究提供更广泛的平台。

Zhen 等（2015）使用 CRISPR/Cas9 系统靶定 HBV 表面抗原（HBsAg）的编码区进行体外和体内试验。研究人员分析了细胞培养基和小鼠血清中的 HBsAg 水平并评估了小鼠肝脏组织中的 HBV DNA 水平。结果发现，经过 CRISPR/Cas9 处理后，细胞培养物和小鼠血清所分泌的 HBsAg 量降低，小鼠肝脏组织中几乎没有 HBsAg 阳性细胞。表明该系统可有效地突变 HBV DNA，暗示着可能是 HBV 感染治疗的一种新策略。

（三）其他传染类疾病

疟疾是由蚊子传播疟原虫属（*Plasmodium*）寄生虫感染人类引起的，非洲是疟疾的高发区，其仍然是一个全球性的公共卫生疾病。研究人员以 CRISPR/Cas9 系统为基础，将位点特异性 DNA 双链断裂引入约氏疟原虫（*Plasmodium yoelii*）基因组中。利用这个系统，研究人员实现了多个寄生虫基因的高效基因删除、标记和等位基因替换（Zhang et al., 2014b）。该系统将大大提高人们修改疟原虫基因组的能力，从而研究疟原虫的基因功能，找到致病机理，并有望最终控制疟疾这种致命的疾病。

十四、癌症

恶性肿瘤就是人们所说的癌症，癌基因及它们的作用机制在过去的几十年里已被确定。癌基因和突变型的肿瘤抑制因子是对癌细胞基因治疗的靶位点。ZFN 已成功对特异性肿瘤生长因子表达水平进行下调或是对突变型 *TP53* 基因的替换。Maeder 等（2008）在经长春碱处理和未处理的 K-562 细胞中分别转入针对肿瘤血管内皮生长因子 A（vascular endothelial growth factor A, VEGFA）的 ZFN，结果显示，处理细胞组中 ZFN 介导修饰效率为 7.7%，而未处理细胞组为 54%。此外，通过 ZFN 技术在肿瘤细胞模型上对突变型 *TP53*（tumor protein p53）基因的修复效率约为 0.1%（Herrmann et al., 2011）。以上结果显示，HR 途径在肿瘤细胞中的修复效率不是很理想，但是对肿瘤细胞的基因治疗提供了路径。为了能够提高 ZFN 在癌细胞中的修复效率，需要寻求一种高效导入工具和生物活性高的候选 ZFN，相信在不久的将来，肿瘤基因的治疗将会有很大程度的进步。

在子宫颈癌的发病过程中，人乳头状瘤病毒（human papillomavirus, HPV）的感染与之密切相关。HPV 的致癌作用主要体现在癌蛋白 E6 和 E7 的作用机制上。E6 和 E7 通过与 p53 和 Rb 蛋白作用使后者失活，导致细胞周期调节紊乱。E6、E7 将是 HPV 基因治疗研究领域中的理想靶位点。Zhen 等（2014）利用 CRISPR/Cas9 技术介导 *E6/E7* 基因的启动子区域和编码基因的敲除，在肿瘤小鼠模型中证实，经 CRISPR/Cas9 技术介导修复的宫颈癌细胞生长受到抑制。该项成果为 HPV 诱发的宫颈癌或 HPV 相关的癌症治疗提供了应对策略。

Chen S 等（2015）利用"小鼠全基因组 CRISPR 敲除文库 A"（mGeCKOa）（靶向小鼠基因组中所有基因的 CRISPR 向导 RNA 汇合文库）及 Cas9 DNA 切割酶处理了来自非小细胞肺癌（NSCLC）小鼠模型的细胞。这一系统将突变导入了一些特定基因中，破坏了它们的序列并阻止了这些基因生成蛋白质。这一方法确保了在每个细胞中只有一个基因被敲除，在培养的异质细胞群中则以小鼠基因组中的所有基因作为靶标。研究人员随后将这些细胞移植到小鼠体内，发现用这一基因敲除文库处理的一些细胞形成了高转移性肿瘤。利用新一代测序，科学家们鉴别出了在原发肿瘤及转移灶中敲除的基因，指出了一些基因有可能是抑制肿瘤生长的肿瘤抑制基因，当敲除它们时会促进肿瘤生长。研究结果突出显示了一些在人类肿瘤中众所周知的肿瘤抑制基因，包括 *PTEN*（*phosphate and tension homology deleted on chromosome ten*）、*Cdkn2A*（*cyclin-dependent kinase inhibitor 2A*）和 *Nf2*（*neuro fibromatosis type 2*），也涵盖了一些从前未与癌症关联的基因。此外，这一筛查系统还揭示了几个与癌症关联的 microRNA。研究人员可利用这一系统来检测基因过表达的效应，筛查循环肿瘤细胞或其他细胞系，探讨其他的癌症表型，如癌症干细胞、宿主-环境互作和血管发生。

两个研究小组（Drost et al., 2015; Matano et al., 2015）通过 CRISPR/Cas 技术，在体外培养的人类正常肠道干细胞中联合导入 4 个结直肠癌突变基因（p53、APC、KRAS 和 SMAD4）而建立了结直肠癌细胞模型。该细胞模型在移入小鼠体内后形成浸润性肿瘤，一定程度上反映了结直肠癌的体内发生、发展过程。

科学家曾利用 CRISPR/Cas9 技术在一些细胞模型中完成了全基因筛查，但这种方法并没有捕捉到在整个生物体内起作用的复杂过程。这是 CRISPR/Cas9 基因组编辑技术第一次被用于整体生物模型中系统地靶向基因组中的每一个基因，在小鼠癌症动物模型中系统地"敲除"了整个基因组的所有基因，揭示出哪些基因与肿瘤进化和转移相关，这为在其他细胞类型和疾病中从事类似的研究铺平了道路。

第三节　基因组编辑技术在生物制药中的应用

用于新药研发的细胞模型：动物生理、病理模型是药物靶位点和药物筛选的重要基础，但某些动物模型无法模拟人类的生理或病理特征，如人类的胆固醇代谢、冠状动脉病变和丙型肝炎感染等动物模型无法模拟。基因组编辑技术与多能干细胞技术结合后，可以获得多种符合人类生理、病理特征的细胞模型，为新药研发、筛选和评估奠定基础。例如，载脂蛋白 B（apolipoprotein B, ApoB）基因编码载脂蛋白 B，有 ApoB-100 和 ApoB-48 两个亚类，在人类丙型肝炎病毒侵染过程中发挥重要作用。利用 TALEN 技术敲除人肝脏细胞系的 *ApoB* 基因，建立的丙型肝炎病毒侵染模型比传统的细胞模型具有更彻底的载脂蛋白 B 表达缺失；分拣蛋白 1（sortilin-1, SORT1）由 *SORT1* 基因编码，可调控 ApoB-100 蛋白分泌，影响血液中低密度脂蛋白及胆固醇水平。以前，小鼠细胞模型的 SORT1 与 ApoB-100 蛋白研究结果并不一致。基因组编辑技术出现后，Ding 等（2013）利用 TALEN 技术敲除人胚胎干细胞 *SORT1* 基因，建立了人类冠状动脉类疾病的细胞模型，可排除前人研究中种属差异的影响，另外发现了 SORT1 蛋白可调控运动神经元的死亡；敲除编码 RAC-β 丝/苏氨酸蛋白激酶的 *AKT2* 基因后建立了胰岛素抵抗和脂肪代谢相关疾病的细胞模型；敲除编码载脂蛋白的 PLIN 1（perilipin 1）基因后建立了甘油三酯存储和游离脂肪酸的释放相关的细胞模型。新一代基因组编辑技术在此方面的应用表现出了灵活、高效、基因敲除彻底等多方面优势（Ding et al., 2013）。

第四节　基因组编辑技术在畜牧生产中的应用

基因组编辑技术在畜牧生产中有着良好的应用前景（表 5-3）。

表 5-3　基因组编辑技术在猪牛羊大家畜中的应用

方法	物种	基因中文名称	基因名称	突变类型	参考文献
ZFN	猪	生长激素受体	*GHR*	缺失和移码突变	Kang et al., 2014
ZFN	猪	瘦素	*Leptin*	缺失和移码突变	Kang et al., 2014
ZFN	牛	β-乳球蛋白	*BLG*	缺失和移码突变	Yu et al., 2011
TALEN	猪	低密度脂蛋白受体	*LDLR*	插入和移码突变	Carlson et al., 2012

续表

方法	物种	基因中文名称	基因名称	突变类型	参考文献
TALEN	猪	腺瘤样结肠息肉易感基因	*APC*	插入和移码突变	Kang et al., 2014
TALEN	猪	肿瘤蛋白 53	*TP53*	插入和移码突变	Kang et al., 2014
TALEN	猪	生长激素释放激素受体	*GHRHR*	插入和移码突变	Carlson et al., 2012
TALEN	猪	白细胞介素 2 受体	*IL2RG*	插入和移码突变	Carlson et al., 2012
TALEN	猪	杜氏肌营养不良	*DMD*	插入和移码突变	Carlson et al., 2012
TALEN	猪	Y 连锁成釉蛋白	*AMELY*	插入和移码突变	Carlson et al., 2012
TALEN	猪	重组激活基因 2	*RAG2*	插入和移码突变	Carlson et al., 2012
TALEN	猪	Y 染色体的性别决定区	*SRY*	插入	Carlson et al., 2012
TALEN	猪	吻肽受体	*KissR*	插入和移码突变	Kang et al., 2014
TALEN	猪	真核细胞翻译起始因子 4GI	*elF4GI*	缺失和移码突变	Kang et al., 2014
TALEN	猪	核转录因子 NF-κB p65 亚基	*RelA（p65）*	SNP	Carlson et al., 2012
TALEN	猪	肌肉抑素	*GDF8*	SNP	Carlson et al., 2012
TALEN	猪	α-1,3-半乳糖基转移酶	*GGTA1*	缺失	Xin et al., 2013; Carlson et al., 2012
TALEN	牛	基因友好位点	*Rosa26*	插入	Kang et al., 2014
TALEN	牛	肌肉抑素	*GDF8*	SNP	Kang et al., 2014
TALEN	牛	肌肉抑素	*GDF8*	SNP	Carlson et al., 2012
TALEN	山羊	多胎基因	*FecB*	SNP	Kang et al., 2014
TALEN	山羊	美臀基因	*CLPG*	SNP	Kang et al., 2014
CRISPR/Cas	猪	核转录因子 NF-κB p65 亚基	*p65*	SNP	Kang et al., 2014
CRISPR/Cas	猪	腺瘤样结肠息肉易感基因	*APC*	插入和移码突变	Kang et al., 2014
CRISPR/Cas	山羊	肌肉抑素	*GDF8*	缺失和移码突变	Kang et al., 2014
ZFN	牛	肌肉抑素	*MSTN*	缺失	Luo et al., 2014
TALEN	牛	肌肉抑素	*MSTN*	缺失	Proudfoot et al., 2015
CRISPR/Cas	绵羊	肌肉抑素	*MSTN*	缺失和移码突变	Han et al., 2014
TALEN	绵羊	肌肉抑素	*MSTN*	缺失	Proudfoot et al., 2015
CRISPR/Cas	山羊	肌肉抑素	*MSTN*	缺失	Ni et al., 2014
ZFN 和 TALEN	猪	核转录因子 NF-κB p65 亚基	*RelA*	缺失	Lillico et al., 2013
ZFN	牛	β-酪蛋白基因和溶葡球菌酶	*CSN2* 和 *lysostaphin*	插入和缺失	Liu et al., 2013
ZFN	牛	β-酪蛋白基因溶菌酶	*CSN2* 和 *lysozyme*	插入和缺失	Liu et al., 2014
TALEN	牛	胞内病原体抗性基因	*SP110*	敲入	Wu et al., 2015

注：改自 Kang et al., 2014

2011 年，Yu 等（2011）在牛中利用 ZFN 敲除了 β-乳球蛋白（β-lactoglobulin），Hauschild 等（2011）在猪中利用 ZFN 完成了 α-1,3-半乳糖基转移酶基因（*GGTA1*）的敲除，验证了锌指核酸酶技术在大家畜中的应用能力。Xin 等（2013）使用 TALEN 系统同样在猪中高效失活了 *GGTA1*。2012 年，Carlson 等（2012）在牛和猪的原代细胞中实现了 TALEN 介导的基因敲除，可见 TALEN 在家畜改良中能够发挥作用。而 CRISPR/Cas9 在多种模式动物，包括人类细胞上的良好适用性也显示了它的应用前景，基因组编辑技术可以预期将被应用在家畜改良的各个方面。

产肉、产蛋、产奶、瘦肉率等生产性状的改良是畜禽育种面临的主要问题。生长激素基因 *GH*、类胰岛素样生长因子 1 基因 *IGF-1* 是与生长性状相关的主效基因，传统转基因动物中也出现过转 *GH* 或 *IGF-1* 基因的家畜，但外源生长激素基因的持续作用致使家畜健康状况不理想。McPherron 和 Lee（1997）在研究生长分化因子（growth differentiation factor, GDF）家族成员 GDF-β 时发现了肌肉抑素基因（*MSTN*），又称 *GDF8*。肌肉生长抑制素可以抑制骨骼肌细胞的增殖与分化，决定最终肌纤维的数目和粗细。*MSTN* 基因缺失的纯合小鼠骨骼肌纤维的数目比野生小鼠多 86%（McPherron et al., 1997），体重增加约 30%，其肌肉明显比野生型小鼠粗壮，而没有其他异常表型。后来，在以产肉多著称的比利时蓝牛和皮埃蒙特牛中检测到了 *MSTN* 的自然突变（Grobet et al., 1998; Grobet et al., 1997; Kambadur et al., 1997），以后又陆续在人（Schuelke et al., 2004）、绵羊（Clop et al., 2006）、惠比特犬（Mosher et al., 2007）中检测到 *MSTN* 的自然突变。至此，*MSTN* 基因沉默或突变成为一种新的育种思路。Beever（2013）利用 ZFN 技术敲除了猪的 *MSTN* 基因，敲除猪骨骼肌纤维数目增多，瘦肉率显著提升。Luo 等（2014）使用 ZFN 系统在牛体细胞中敲除了 *MSTN* 基因，单等位基因和双等位基因的敲除效率分别为 20% 和 8.3%。并且经过克隆和胚胎移植等过程获得了 *MSTN* 突变牛。一月龄牛股四头肌的肌纤维明显肥大，具有 *MSTN* 突变的典型"双肌"特征。Zhang 等（2014a）使用 ZFN 系统同样在羊成纤维细胞中敲除了 *MSTN* 基因。Dong 等（2011）使用 ZFN 系统在鲶鱼中敲除了 *MSTN* 基因，并且获得了稳定遗传的后代。本课题组于 2011 年采用 ZFN 技术在中国地方猪种——梅山猪体内突变 *MSTN* 基因，建立了梅山猪 *MSTN* 基因突变品系，另外，还使用 ZFN 技术和 TALEN 技术在猪体内模拟比利时蓝牛的 *MSTN* 自然突变，*MSTN* 基因突变猪在细胞水平有明显的生物学效应，以此制备的 MSTN-313 突变猪已经完成中间试验。韩国也成功获得了 *MSTN* 突变猪（Cyranoski, 2015）。

通过基因组编辑改良的家畜肉质，其营养成分和家畜的生产价值均有提高，其中最具有代表性的是 *Fat1*。*Fat1* 来源于线虫，编码 ω-3 脱氢酶，可以生成 ω-3

长链多不饱和脂肪酸。ω-3 长链多不饱和脂肪酸（omega-3 long-chain polyunsaturated fatty acid, ω-3 LC-PUFA），尤其是二十碳五烯酸（eicosapentaenoic acid, EPA）和二十二碳六烯酸（docosahexaenoic acid, DHA），对预防和治疗心脑血管疾病、肿瘤、神经类疾病等有重要作用。由于人类缺乏 Δ-12 脱氢酶和 ω-3 脱氢酶，已经失去了合成 EPA 和 DHA 的能力。目前已经在斑马鱼中实现了人源化的 *Fat1* 基因的稳定整合（Pang et al., 2014），也有研究组在做猪的转 *Fat1* 基因相关工作。

疯牛病又称为"牛海绵状脑病"，是一种牛的进行性中枢神经系统病变，症状与羊瘙痒病类似，俗称"疯牛病"。该病的发生是因为给牛饲喂了含有患瘙痒病的羊的肉骨粉而引起。疯牛病是一种朊蛋白（prion）类疾病，是由正常的朊蛋白 PrPC 被转化成异构体 PrPSC 的形式导致。如果能从家畜基因组中敲除编码 PrPC 的基因 *PRNP*，就能从根本上消除疯牛病和羊瘙痒病。Richt 等（2007）使用克隆的方法获得了 *PRNP* 基因双位点敲除牛，其脑部的 PrPC 蛋白表达明显下调，为消除疯牛病带来了希望。

Wu 等（2015）使用 TALEN 系统在荷斯坦奶牛基因组中的特定位点敲入了 *SP110* 基因，产生了抗肺结核的牛。体外和体内的使用均证明基因工程牛能够抗牛型结核分枝杆菌。β-乳球蛋白是牛奶中的一个主要过敏原，Yu 等（2011）使用 ZFN 技术成功敲除了牛 *BLG* 基因，提高了奶牛的生产价值。

以前动物转基因技术由于效率低，常使用筛选标记基因获得阳性细胞克隆进而获得基因工程动物，但是筛选标记的存在可能影响目的基因及其邻近基因的表达，同时也可能带来转基因生物安全的问题。因此，有必要建立简单、高效的大动物标记基因删除技术。细胞穿膜肽（cell-penetrating peptide, CPP）是一种能够促进细胞摄取各种分子"货物（cargo）"（从纳米颗粒的化学小分子到大片段的 DNA）的短肽。细胞穿膜肽通过与"货物"共价键或非共价键相互作用将其运入细胞内。研究者认为，细胞穿膜肽运送"货物"主要有两种机制：第一，非能量依赖的直接跨膜；第二，能量依赖的内吞。中国农业大学研究者将细胞穿膜肽蛋白 R9 及 CPP5 与 Cre 重组酶构建成融合表达载体，并纯化了高质量的融合蛋白，试验证明融合蛋白具有正常的蛋白质活性。随后进一步开展了对猪原代细胞的入膜效率、重组效率、细胞毒性及穿膜机制等试验研究。中国农业大学研究者利用高活性的 CPP5-Cre 蛋白成功制备了标记基因删除的 *MSTN* 基因敲除猪，证明了两种细胞穿膜肽 R9 及 CPP5 介导 Cre 蛋白进入猪原代细胞是能量依赖的内吞机制（图 5-1 和图 5-2）。

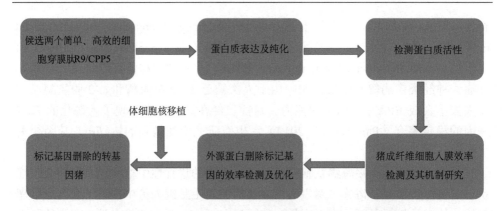

图 5-1 细胞穿膜肽介导的标记基因删除动物的制备流程

图 5-2 细胞穿膜肽介导的标记基因删除猪

第五节 基因组编辑技术存在的潜在问题

一、技术问题

化学诱变等传统育种方法产生完全随机的突变，后来出现的基因工程技术可以产生位点特异性突变，基因组编辑技术则可以产生更加精确地改变基因组结构（如制造点突变等）。目前，基因组编辑技术可以实现单基因敲除、多基因敲除、大片段敲除、外源基因插入、基因靶向修复、基因表达调控等诸多遗传修饰。尽管基因组编辑技术与传统的基因工程技术相比有很大的优势，但要真正大规模应用还存在着一些问题，主要是基因组编辑技术也会出现脱靶效应，即在靶位点以外的地方引起突变。脱靶可能会产生细胞毒性，进而可能使细胞凋亡或死亡。脱靶率不仅取决于不同的基因组编辑技术，也与靶向序列、细胞类型及脱靶率的检测方法有关。虽然基因组编辑技术脱靶效率很低，但是这也是该技术广泛应用的最大障碍。尽管基因组编辑技术目前还存在诸多不足，但随着技术的不断发展和完善，基因组编辑技术必将被广泛应用，促进功能基因组学和基因治疗技术的发展和应用。

二、生态和生物安全问题

基因组编辑技术遇到的生态和生物安全问题也是整个基因工程技术的普遍问题。生态环境是人类生存和繁衍的物质基础。那些经过遗传修饰的生物体可能具有尚不可知的生物学功能，一旦逃逸到环境中，可能会引起该生物体所处生态系统或社会环境的改变，从而打破其在进化过程中所处的某种平衡体系。小规模试验证明安全的试验材料，在大规模试验时可能产生某种危害。在短期研究或使用的生物材料证明是安全的，在长期使用后产生无法预料的危害。二噁英和双氯苯基三氯乙烷（DDT）就是著名的负面教材。为此，我国 2001 年颁布了《农业转基因生物安全管理条例》，对农业转基因生物的研究试验、生产加工、经营、进口、出口、监督检查等都做出了详细的规定。正确的评估和科学的管理必将为生物技术的发展提供有力的保障，也必将为人类的发展带来更美好的明天。

三、伦理问题

目前，基因组编辑技术已经被应用到了诸多领域。生殖细胞的基因组编辑（改造胚胎、卵子或精子）会代代相传并可能影响后代。为此美国 *Science* 杂志等（Baltimore et al., 2015; Vogel, 2015）发表评论，号召研究人员暂时不要对人类生殖细胞进行基因组编辑。因为这可能对后代产生无法预测的后果。例如，经 CRISPR 技术编辑的猴子胚胎一半会死于流产，并且出生的猴子也不是所有细胞都携带相关改变。因此意图使用基因组编辑技术治疗疾病的前景并不乐观，甚至可能由于"脱靶效应"给机体造成不可逆损伤。虽然基因组编辑技术可以被用来治疗疾病，但是这一技术如果被用于进行非治疗性的基因组编辑，由此产生的伦理问题可能会引起公众抗议，影响基因组编辑技术在医疗领域的应用前景。现在有许多研究团队正尝试使用基因组编辑工具（尤其是 CRISPR）治疗人类的基因缺陷疾病，用基因组编辑技术制造的"设计婴儿（designer baby）"可能会使这一技术遭到全面的抵制。

另外，接受基因工程药物或基因治疗的患者首先要将自己的"遗传隐私"告知医疗工作者，由此而导致的个人隐私公开化对自己在求职、婚姻、保险或人际交往方面可能产生不利的影响。

第六节　展　　望

　　生物医药工程是 21 世纪活跃的研究领域之一。基因组编辑技术扩充了生物工程的基因改造工具库，为研究提供了便利。纵观生命科学研究的历史，生物技术的创新和发展对生命科学的研究起着重要的推动作用。在后基因组时代，以 ZFN 技术、TALEN 技术和 CRISPR/Cas9 技术为代表的新一代遗传编辑技术必将对生命科学的发展做出不可磨灭的贡献，基因组编辑技术必将进入发展的快车道，为现代生物技术产业带来丰硕的成果。

参 考 文 献

Ablain J, Durand E M, Yang S, et al. 2015. A CRISPR/Cas9 vector system for tissue-specific gene disruption in zebrafish. Dev Cell, 32(6): 756-764.

Baltimore D, Berg P, Botchan M, et al. 2015. Biotechnology. A prudent path forward for genomic engineering and germline gene modification. Science, 348(6230): 36-38.

Beever J E. 2013. Gene-Editing of Porcine Myostatin using Zinc-Finger Nucleases. Plant and Animal Genome XXI Conference, Plant and Animal Genome. San Diego, CA.

Beumer K J, Trautman J K, Bozas A, et al. 2008. Efficient gene targeting in *Drosophila* by direct embryo injection with zinc-finger nucleases. Proc Natl Acad Sci USA, 105(50): 19821-19826.

Bloom K, Ely A, Mussolino C, et al. 2013. Inactivation of hepatitis B virus replication in cultured cells and *in vivo* with engineered transcription activator-like effector nucleases. Mol Ther, 21(10): 1889-1897.

Carbery I D, Ji D, Harrington A, et al. 2010. Targeted genome modification in mice using zinc-finger nucleases. Genetics, 186(2): 451-459.

Carlson D F, Tan W, Lillico S G, et al. 2012. Efficient TALEN-mediated gene knockout in livestock. Proc Natl Acad Sci USA, 109(43): 17382-17387.

Cermak T, Doyle E L, Christian M, et al. 2011. Efficient design and assembly of custom TALEN and other TAL effector-based constructs for DNA targeting. Nucleic Acids Res, 39(12): e82.

Chang N, Sun C, Gao L, et al. 2013. Genome editing with RNA-guided Cas9 nuclease in zebrafish embryos. Cell Res, 23(4): 465-472.

Chen J, Zhang W, Lin J, et al. 2014. An efficient antiviral strategy for targeting hepatitis B virus genome using transcription activator-like effector nucleases. Mol Ther, 22(2): 303-311.

Chen S, Sanjana N E, Zheng K, et al. 2015. Genome-wide CRISPR screen in a mouse model of tumor growth and metastasis. Cell, 160(6): 1246-1260.

Chen Y, Zheng Y, Kang Y, et al. 2015. Functional disruption of the dystrophin gene in rhesus monkey using CRISPR/Cas9. Hum Mol Genet, 24(13): 3764-3774.

Cheng Z, Yi P, Wang X, et al. 2013. Conditional targeted genome editing using somatically expressed TALENs in *C. elegans*. Nat Biotechnol, 31(10): 934-937.

Chiu H, Schwartz II T, Antoshechkin I, et al. 2013. Transgene-free genome editing in *Caenorhabditis elegans* using CRISPR-Cas. Genetics, 195(3): 1167-1171.

Choi S M, Kim Y, Shim J S, et al. 2013. Efficient drug screening and gene correction for treating liver disease using patient-specific stem cells. Hepatology, 57(6): 2458-2468.

Clop A, Marcq F, Takeda H, et al. 2006. A mutation creating a potential illegitimate microRNA target site in the myostatin gene affects muscularity in sheep. Nat Genet, 38(7): 813-818.

Cradick T J, Keck K, Bradshaw S, et al. 2010. Zinc-finger nucleases as a novel therapeutic strategy for targeting hepatitis B virus DNAs. Mol Ther, 18(5): 947-954.

Cyranoski D. 2015. Super-muscly pigs created by small genetic tweak. Nature, 523(7558): 13-14.

DiCarlo J E, Norville J E, Mali P, et al. 2013. Genome engineering in *Saccharomyces cerevisiae* using CRISPR-Cas systems. Nucleic Acids Res, 41(7): 4336-4343.

Ding Q, Lee Y K, Schaefer E A, et al. 2013. A TALEN genome-editing system for generating human stem cell-based disease models. Cell Stem Cell, 12(2): 238-251.

Dong Z, Ge J, Li K, et al. 2011. Heritable targeted inactivation of myostatin gene in yellow catfish (*Pelteobagrus fulvidraco*) using engineered zinc finger nucleases. PLoS One, 6(12): e28897.

Doyon Y, McCammon J M, Miller J C, et al. 2008. Heritable targeted gene disruption in zebrafish using designed zinc-finger nucleases. Nat Biotechnol, 26(6): 702-708.

Drost J, van Jaarsveld R H, Ponsioen B, et al. 2015. Sequential cancer mutations in cultured human intestinal stem cells. Nature, 521(7550): 43-47.

Ebina H, Misawa N, Kanemura Y, et al. 2013. Harnessing the CRISPR/Cas9 system to disrupt latent HIV-1 provirus. Sci Rep, 3: 2510.

Feng Z, Zhang B, Ding W, et al. 2013. Efficient genome editing in plants using a CRISPR/Cas system. Cell Res, 23(10): 1229-1232.

Flisikowska T, Thorey I S, Offner S, et al. 2011. Efficient immunoglobulin gene disruption and targeted replacement in rabbit using zinc finger nucleases. PLoS One, 6(6): e21045.

Genovese P, Schiroli G, Escobar G, et al. 2014. Targeted genome editing in human repopulating hematopoietic stem cells. Nature, 510(7504): 235-240.

Geurts A M, Cost G J, Freyvert Y, et al. 2009. Knockout rats via embryo microinjection of zinc-finger nucleases. Science, 325(5939): 433.

Gratz S J, Cummings A M, Nguyen J N, et al. 2013. Genome engineering of *Drosophila* with the CRISPR RNA-guided Cas9 nuclease. Genetics, 194(4): 1029-1035.

Grobet L, Martin L J, Poncelet D, et al. 1997. A deletion in the bovine myostatin gene causes the double-muscled phenotype in cattle. Nat Genet, 17(1): 71-74.

Grobet L, Poncelet D, Royo L J, et al. 1998. Molecular definition of an allelic series of mutations disrupting the myostatin function and causing double-muscling in cattle. Mamm Genome, 9(3): 210-213.

Hai T, Teng F, Guo R, et al. 2014. One-step generation of knockout pigs by zygote injection of CRISPR/Cas system. Cell Res, 24(3): 372-375.

Han H B, Ma Y H, Wang T, et al. 2014. One-step generation of myostatin gene knockout sheep via the CRISPR/Cas9 system. Frontiers of Agricultural Science and Engineering, 1(1): 2-5.

Harel I, Benayoun B A, Machado B, et al. 2015. A platform for rapid exploration of aging and diseases in a naturally short-lived vertebrate. Cell, 160(5): 1013-1026.

Hauschild J, Petersen B, Santiago Y, et al. 2011. Efficient generation of a biallelic knockout in pigs using zinc-finger nucleases. Proc Natl Acad Sci USA, 108(29): 12013-12017.

Herrmann F, Garriga-Canut M, Baumstark R, et al. 2011. *p53* gene repair with zinc finger nucleases optimised by yeast 1-hybrid and validated by Solexa sequencing. PLoS One, 6(6): e20913.

Hockemeyer D, Wang H, Kiani S, et al. 2011. Genetic engineering of human pluripotent cells using TALE nucleases. Nat Biotechnol, 29(8): 731-734.

Holt N, Wang J, Kim K, et al. 2010. Human hematopoietic stem/progenitor cells modified by zinc-finger nucleases targeted to CCR5 control HIV-1 *in vivo*. Nat Biotechnol, 28(8): 839-847.

Hu W, Kaminski R, Yang F, et al. 2014. RNA-directed gene editing specifically eradicates latent and prevents new HIV-1 infection. Proc Natl Acad Sci USA, 111(31): 11461-11466.

Hyun Y, Kim K, Cho S W, et al. 2015. Site-directed mutagenesis in *Arabidopsis thaliana* using dividing tissue-targeted RGEN of the CRISPR/Cas system to generate heritable null alleles. Planta, 241(1): 271-284.

Jawien J. 2012. The role of an experimental model of atherosclerosis: apoE-knockout mice in developing new drugs against atherogenesis. Curr Pharm Biotechnol, 13(13): 2435-2439.

Kambadur R, Sharma M, Smith T P, et al. 1997. Mutations in myostatin (GDF8) in double-muscled Belgian Blue and Piedmontese cattle. Genome Res, 7(9): 910-916.

Kang Q, Hu Y, Zou Y, et al. 2014. Improving pig genetic resistance and muscle production through molecular biology. 10th World Congress of Genetics Applied to Livestock Production. DOI: 10. 13140/2.1.2894.0806.

Li D, Qiu Z, Shao Y, et al. 2013. Heritable gene targeting in the mouse and rat using a CRISPR-Cas system. Nat Biotechnol, 31(8): 681-683.

Li H, Haurigot V, Doyon Y, et al. 2011. *In vivo* genome editing restores haemostasis in a mouse model of haemophilia. Nature, 475(7355): 217-221.

Li L, Krymskaya L, Wang J, et al. 2013. Genomic editing of the HIV-1 coreceptor CCR5 in adult hematopoietic stem and progenitor cells using zinc finger nucleases. Mol Ther, 21(6): 1259-1269.

Li T, Liu B, Spalding M H, et al. 2012. High-efficiency TALEN-based gene editing produces disease-resistant rice. Nat Biotechnol, 30(5): 390-392.

Li W, Teng F, Li T, et al. 2013. Simultaneous generation and germline transmission of multiple gene mutations in rat using CRISPR-Cas systems. Nat Biotechnol, 31(8): 684-686.

Liao H K, Gu Y, Diaz A, et al. 2015. Use of the CRISPR/Cas9 system as an intracellular defense against HIV-1 infection in human cells. Nat Commun, 6: 6413.

Lillico S G, Proudfoot C, Carlson D F, et al. 2013. Live pigs produced from genome edited zygotes. Sci Rep, 3: 2847.

Lin S R, Yang H C, Kuo Y T, et al. 2014. The CRISPR/Cas9 system facilitates clearance of the intrahcpatic IIBV templates *in vivo*. Mol Ther Nucleic Acids, 3: e186.

Liu X, Wang Y, Guo W, et al. 2013. Zinc-finger nickase-mediated insertion of the lysostaphin gene into the beta-casein locus in cloned cows. Nat Commun, 4: 2565.

Liu X, Wang Y, Tian Y, et al. 2014. Generation of mastitis resistance in cows by targeting human lysozyme gene to beta-casein locus using zinc-finger nucleases. Proc Biol Sci, 281(1780): 1728.

Lombardo A, Genovese P, Beausejour C M, et al. 2007. Gene editing in human stem cells using zinc finger nucleases and integrase-defective lentiviral vector delivery. Nat Biotechnol, 25(11): 1298-1306.

Long C, McAnally J R, Shelton J M, et al. 2014. Prevention of muscular dystrophy in mice by CRISPR/Cas9-mediated editing of germline DNA. Science, 345(6201): 1184-1188.

Luo J, Song Z, Yu S, et al. 2014. Efficient generation of myostatin (MSTN) biallelic mutations in cattle using zinc finger nucleases. PLoS One, 9(4): e95225.

Ma N, Liao B, Zhang H, et al. 2013. Transcription activator-like effector nuclease (TALEN)-mediated gene correction in integration-free beta-thalassemia induced pluripotent stem cells. J Biol Chem, 288(48): 34671-34679.

Ma S, Zhang S, Wang F, et al. 2012. Highly efficient and specific genome editing in silkworm using custom TALENs. PLoS One, 7(9): e45035.

Maeder M L, Thibodeau-Beganny S, Osiak A, et al. 2008. Rapid "open-source" engineering of customized zinc-finger nucleases for highly efficient gene modification. Mol Cell, 31(2): 294-301.

Matano M, Date S, Shimokawa M, et al. 2015. Modeling colorectal cancer using CRISPR-Cas9-mediated engineering of human intestinal organoids. Nat Med, 21(3): 256-262.

Matsubara Y, Chiba T, Kashimada K, et al. 2014. Transcription activator-like effector nuclease-mediated transduction of exogenous gene into IL2RG locus. Sci Rep, 4: 5043.

McPherron A C, Lee S J. 1997. Double muscling in cattle due to mutations in the myostatin gene. Proc Natl Acad Sci USA, 94(23): 12457-12461.

McPherron A C, Lawler A M, Lee S J. 1997. Regulation of skeletal muscle mass in mice by a new TGF-beta superfamily member. Nature, 387(6628): 83-90.

Meng X, Noyes M B, Zhu L J, et al. 2008. Targeted gene inactivation in zebrafish using engineered zinc-finger nucleases. Nat Biotechnol, 26(6): 695-701.

Menon T, Firth A L, Scripture-Adams D D, et al. 2015. Lymphoid regeneration from gene-corrected SCID-X1 subject-derived iPSCs. Cell Stem Cell, 16(4): 367-372.

Morton J, Davis M W, Jorgensen E M, et al. 2006. Induction and repair of zinc-finger nuclease-targeted double-strand breaks in *Caenorhabditis elegans* somatic cells. Proc Natl Acad Sci USA, 103(44): 16370-16375.

Mosher D S, Quignon P, Bustamante C D, et al. 2007. A mutation in the myostatin gene increases muscle mass and enhances racing performance in heterozygote dogs. PLoS Genet, 3(5): e79.

Ni W, Qiao J, Hu S, et al. 2014. Efficient gene knockout in goats using CRISPR/Cas9 system. PLoS One, 9(9): e106718.

Niu Y, Shen B, Cui Y, et al. 2014. Generation of gene-modified cynomolgus monkey via Cas9/RNA-mediated gene targeting in one-cell embryos. Cell, 156(4): 836-843.

Osakabe K, Osakabe Y, Toki S. 2010. Site-directed mutagenesis in *Arabidopsis* using custom-designed zinc finger nucleases. Proc Natl Acad Sci USA, 107(26): 12034-12039.

Osborn M J, Starker C G, McElroy A N, et al. 2013. TALEN-based gene correction for epidermolysis bullosa. Mol Ther, 21(6): 1151-1159.

Ousterout D G, Perez-Pinera P, Thakore P I, et al. 2013. Reading frame correction by targeted genome editing restores dystrophin expression in cells from Duchenne muscular dystrophy patients. Mol Ther, 21(9): 1718-1726.

Pang S C, Wang H P, Li K Y, et al. 2014. Double transgenesis of humanized *fat1* and *fat2* genes promotes omega-3 polyunsaturated fatty acids synthesis in a zebrafish model. Mar Biotechnol (NY), 16(5): 580-593.

Park C Y, Kim J, Kweon J, et al. 2014. Targeted inversion and reversion of the blood coagulation factor 8 gene in human iPS cells using TALENs. Proc Natl Acad Sci USA, 111(25): 9253-9258.

Perez E E, Wang J, Miller J C, et al. 2008. Establishment of HIV-1 resistance in CD4$^+$ T cells by genome editing using zinc-finger nucleases. Nat Biotechnol, 26(7): 808-816.

Proudfoot C, Carlson D F, Huddart R, et al. 2015. Genome edited sheep and cattle. Transgenic Res, 24(1): 147-153.

Qiu Z, Liu M, Chen Z, et al. 2013. High-efficiency and heritable gene targeting in mouse by transcription activator-like effector nucleases. Nucleic Acids Res, 41(11): e120.

Qu X, Wang P, Ding D, et al. 2013. Zinc-finger-nucleases mediate specific and efficient excision of HIV-1 proviral DNA from infected and latently infected human T cells. Nucleic Acids Res, 41(16): 7771-7782.

Reinhardt P, Schmid B, Burbulla L F, et al. 2013. Genetic correction of a LRRK2 mutation in human iPSCs links parkinsonian neurodegeneration to ERK-dependent changes in gene expression. Cell Stem Cell, 12(3): 354-367.

Richt J A, Kasinathan P, Hamir A N, et al. 2007. Production of cattle lacking prion protein. Nat Biotechnol, 25(1): 132-138.

Schuelke M, Wagner K R, Stolz L E, et al. 2004. Myostatin mutation associated with gross muscle hypertrophy in a child. N Engl J Med, 350(26): 2682-2688.

Schwank G, Koo B K, Sasselli V, et al. 2013. Functional repair of CFTR by CRISPR/Cas9 in intestinal stem cell organoids of cystic fibrosis patients. Cell Stem Cell, 13(6): 653-658.

Sebastiano V, Maeder M L, Angstman J F, et al. 2011. In situ genetic correction of the sickle cell anemia mutation in human induced pluripotent stem cells using engineered zinc finger nucleases. Stem Cells, 29(11): 1717-1726.

Soldner F, Laganiere J, Cheng A W, et al. 2011. Generation of isogenic pluripotent stem cells differing exclusively at two early onset Parkinson point mutations. Cell, 146(2): 318-331.

Suzuki K, Yu C, Qu J, et al. 2014. Targeted gene correction minimally impacts whole-genome mutational load in human-disease-specific induced pluripotent stem cell clones. Cell Stem Cell,

15(1): 31-36.

Tebas P, Stein D, Tang W W, et al. 2014. Gene editing of CCR5 in autologous CD4 T cells of persons infected with HIV. N Engl J Med, 370(10): 901-910.

Tesson L, Usal C, Menoret S, et al. 2011. Knockout rats generated by embryo microinjection of TALENs. Nat Biotechnol, 29(8): 695-696.

Townsend J A, Wright D A, Winfrey R J, et al. 2009. High-frequency modification of plant genes using engineered zinc-finger nucleases. Nature, 459(7245): 442-445.

Urnov F D, Miller J C, Lee Y L, et al. 2005. Highly efficient endogenous human gene correction using designed zinc-finger nucleases. Nature, 435(7042): 646-651.

Vogel G. 2015. Embryo engineering alarm. Science, 347(6228): 1301.

Wei W, Xin H, Roy B, et al. 2014. Heritable genome editing with CRISPR/Cas9 in the silkworm, *Bombyx mori*. PLoS One, 9(7): e101210.

Whyte J J, Zhao J, Wells K D, et al. 2011. Gene targeting with zinc finger nucleases to produce cloned eGFP knockout pigs. Mol Reprod Dev, 78(1): 2.

Wilen C B, Wang J, Tilton J C, et al. 2011. Engineering HIV-resistant human CD4[+] T cells with CXCR4-specific zinc-finger nucleases. PLoS Pathogens, 7(4): e1002020.

Wu H, Wang Y, Zhang Y, et al. 2015. TALE nickase-mediated *SP110* knockin endows cattle with increased resistance to tuberculosis. Proc Natl Acad Sci USA, 112(13): 1530-1539.

Wu Y, Liang D, Wang Y, et al. 2013. Correction of a genetic disease in mouse via use of CRISPR-Cas9. Cell Stem Cell, 13(6): 659-662.

Xin J, Yang H, Fan N, et al. 2013. Highly efficient generation of GGTA1 biallelic knockout inbred mini-pigs with TALENs. PLoS One, 8(12): e84250.

Yan Q, Zhang Q, Yang H, et al. 2014. Generation of multi-gene knockout rabbits using the Cas9/gRNA system. Cell Regen (Lond), 3(1): 12.

Yang D, Yang H, Li Y, et al. 2011. Generation of PPARgamma mono-allelic knockout pigs via zinc-finger nucleases and nuclear transfer cloning. Cell Res, 21(6): 979-982.

Yang H, Wang H, Shivalila C S, et al. 2013. One-step generation of mice carrying reporter and conditional alleles by CRISPR/Cas-mediated genome engineering. Cell, 154(6): 1370-1379.

Yao Y, Nashun B, Zhou T, et al. 2012. Generation of CD34[+] cells from CCR5-disrupted human embryonic and induced pluripotent stem cells. Hum Gene Ther, 23(2): 238-242.

Ye L, Wang J, Beyer A I, et al. 2014. Seamless modification of wild-type induced pluripotent stem cells to the natural CCR5Δ32 mutation confers resistance to HIV infection. Proc Natl Acad Sci USA, 111(26): 9591-9596.

Yin H, Xue W, Chen S, et al. 2014. Genome editing with Cas9 in adult mice corrects a disease mutation and phenotype. Nat Biotechnol, 32(6): 551-553.

Yu S, Luo J, Song Z, et al. 2011. Highly efficient modification of beta-lactoglobulin (*BLG*) gene via zinc-finger nucleases in cattle. Cell Res, 21(11): 1638-1640.

Yuan J, Wang J, Crain K, et al. 2012. Zinc-finger nuclease editing of human cxcr4 promotes HIV-1 CD4[+] T cell resistance and enrichment. Mol Ther, 20(4): 849-859.

Yusa K, Rashid S T, Strick-Marchand H, et al. 2011. Targeted gene correction of alpha1-antitrypsin deficiency in induced pluripotent stem cells. Nature, 478(7369): 391-394.

Zhang C, Wang L, Ren G, et al. 2014a. Targeted disruption of the sheep *MSTN* gene by engineered zinc-finger nucleases. Mol Biol Rep, 41(1): 209-215.

Zhang C, Xiao B, Jiang Y, et al. 2014b. Efficient editing of malaria parasite genome using the CRISPR/Cas9 system. mBio, 5(4): e01414.

Zhang X, Ferreira I R, Schnorrer F. 2014. A simple TALEN-based protocol for efficient genome-editing in *Drosophila*. Methods, 69(1): 32-37.

Zhang Y, Zhang F, Li X, et al. 2013. Transcription activator-like effector nucleases enable efficient plant genome engineering. Plant Physiol, 161(1): 20-27.

Zhen S, Hua L, Liu Y H, et al. 2015. Harnessing the clustered regularly interspaced short palindromic repeat (CRISPR)/CRISPR-associated Cas9 system to disrupt the hepatitis B virus. Gene Ther, 22: 404-412.

Zhen S, Hua L, Takahashi Y, et al. 2014. *In vitro* and *in vivo* growth suppression of human papillomavirus 16-positive cervical cancer cells by CRISPR/Cas9. Biochem Biophys Res Commun , 450(4): 1422-1426.

Zou J, Mali P, Huang X, et al. 2011a. Site-specific gene correction of a point mutation in human iPS cells derived from an adult patient with sickle cell disease. Blood, 118(17): 4599-4608.

Zou J, Sweeney C L, Chou B K, et al. 2011b. Oxidase-deficient neutrophils from X-linked chronic granulomatous disease iPS cells: functional correction by zinc finger nuclease-mediated safe harbor targeting. Blood, 117(21): 5561-5572.

Zu Y, Tong X, Wang Z, et al. 2013. TALEN-mediated precise genome modification by homologous recombination in zebrafish. Nat Methods, 10(4): 329-331.

索　引